城市建筑节能改造技术与典型案例

高　兴　编著
高　元　参编

中国建筑工业出版社

图书在版编目（CIP）数据

城市建筑节能改造技术与典型案例/高兴编著；高元参编. —北京：中国建筑工业出版社，2017.12
ISBN 978-7-112-21268-2

Ⅰ.①城… Ⅱ.①高… ②高… Ⅲ.①城市建筑-节能-技术改造-案例 Ⅳ.①TU111.4

中国版本图书馆CIP数据核字（2017）第236489号

本书紧扣城市建筑节能（热源、管网、建筑）“三步走”规划主题，就城市既有住宅建筑和大型商业建筑节能改造技术途径和改造方案等问题进行了论述。针对既有住宅建筑，从技术途径、保温材料技术性能、施工工艺和成本造价三个角度论述了使用国产新型A级防火无机轻质保温材料进行围护结构节能改造的优越性，并介绍了实现65%节能围护结构改造的成功案例。针对大型商业建筑，从空调水系统大温差温度梯级利用技术、空调变风量送风变频控制技术、冷却塔免费制冷技术、空调通风换气系统补风技术、蒸汽凝结水回收再利用技术、高效热交换器新设备、设备系统集成控制技术、LED照明系统应用等几个方面论述了节能改造的基本原理、技术方案、成本造价和节能效果，并介绍了节能改造的成功案例。针对集中供热管网系统存在的主要问题、一级管网水力工况对能耗的影响和运行调控方式对能耗的影响作了详细分析、诊断和评价，并介绍了节能改造的成功案例；对热电联产系统进行了节能分析，介绍了热泵余热回收再利用集中供热的改造案例。

本书对推进城市建筑节能“三步走”工作具有一定的参考价值，可供相关单位技术人员参考使用，也可作为高等院校师生作为建筑节能技术课程的参考书籍。

责任编辑：张文胜
责任设计：李志立
责任校对：焦　乐　王　瑞

城市建筑节能改造技术与典型案例
高　兴　编著
高　元　参编
*
中国建筑工业出版社出版、发行（北京海淀三里河路9号）
各地新华书店、建筑书店经销
北京佳捷真科技发展有限公司制版
北京君升印刷有限公司印刷
*
开本：787×1092毫米　1/16　印张：14½　字数：360千字
2018年2月第一版　2018年2月第一次印刷
定价：**45.00**元
ISBN 978-7-112-21268-2
（30919）

前言

我国北方住宅建筑冬季集中供暖和全国大型商业建筑已成为高能耗建筑的典型代表。无论从建筑围护结构还是供暖空调系统来衡量，我国既有建筑绝大多数均属于高耗能建筑，达400多亿m^2。特别是20世纪80年代至2000年期间，北方地区既有住宅建筑冬季供暖耗能高达20～30kg标准煤/(m^2·a)，围护结构保温隔热性能差，室外空气渗透现象严重，60%左右的热能损失掉。目前，大型商业建筑总建筑面积约1.6亿m^2，占城镇建筑总量的0.4%左右，消耗了建筑能耗总量的22%，耗电量为200～300kWh/(m^2·a)，成为建筑能耗的高密度领域。

针对既有住宅建筑，北方许多地区已经对建筑围护结构保温隔热性能较差的住宅进行有序地改造。但是各个地区所采用的保温材料不同，耐火等级不同，节能改造方案差异也较大，因此保温隔热效果、改造成本造价均出现一定的差异，甚至一部分住宅改造后并没有达到节能率50%，若要实现65%的安全节能目标，还需要制定出更先进的技术方案。

针对既有商业建筑，特别是2005年以前竣工使用的大型商业建筑，机电设备系统原设计落后、自动化程度较低、系统集成不健全，已不能满足节能运行的要求。近年来，出现了许多节能新技术，但是业主担心是否节能和投资回报问题，不敢对原设备系统进行节能改造投资。

针对集中供热系统，多数城市是在末端进行改造。而对一级管网和热源的节能诊断能力较差，改造力度不大，这也是各城市遇到的技术难题。

就上述三个方面的节能改造问题，需要依靠先进的节能改造技术和成功案例作指导。本书介绍了解决上述三个方面问题的新技术、新设备和取得良好节能效果的经典案例，详细分析了节能改造技术原理、设计要点、施工工艺、投资成本和投资回报问题。

本书由大连海洋大学高兴主编，中国建筑东北建筑设计研究院有限公司高元参编。可供建筑节能设计、建筑节能改造工程参考；也可作为建筑、暖通、电气等机电相关专业的教学用参考书及节能培训教材。在编写过程中得到中国建筑东北设计研究院有限公司、吉林建筑设计研究院有限公司提供技术资料的帮助和指导，表示衷心感谢!

目录

第1章　北方地区既有住宅建筑节能改造技术途径…… 1

1.1　北方地区住宅建筑冬季供暖能耗及围护结构热损失现状 …… 1
1.2　北方地区既有住宅建筑节能改造项目内容 …… 2
1.3　外墙、屋面和地面隔热保温系统节能技术 …… 2
1.3.1　保温系统 …… 3
1.3.2　传统的墙体保温材料 …… 3
1.3.3　国际新型墙体保温材料 …… 5
1.3.4　国产新型A级防火轻质泡沫混凝土 …… 6
1.3.5　国产新型A级防火无机轻集料保温砂浆 …… 10
1.3.6　国产新型A级防火无机轻集料憎水型膨胀珍珠岩保温板 …… 11
1.3.7　难燃、不燃保温材料综合性能比较 …… 11
1.4　窗户节能改造技术 …… 12
1.4.1　窗墙比 …… 12
1.4.2　窗体材料 …… 13
1.4.3　窗用玻璃 …… 13
1.5　分户计量 …… 13
1.6　小区换热站自动温控变频供热 …… 13
1.7　提高集中供热管网热力平衡、热源、能源系统效率 …… 14
1.8　集中供热管网定期维护 …… 14
本章参考文献 …… 14

第2章　既有住宅建筑节能改造典型案例 …… 15

2.1　某城市既有住宅建筑基本情况 …… 15
2.2　案例住宅建筑围护结构热工诊断 …… 16
2.2.1　调查住宅信息，了解围护结构热工性能指标 …… 16
2.2.2　估算各类围护结构能耗比例，确定保温隔热的薄弱环节 …… 16
2.2.3　理论传热系数验算 …… 17
2.3　原建筑围护结构传热系数与当地节能标准限值比较 …… 18
2.4　节能设计要点 …… 18
2.4.1　外墙和封闭阳台节能改造的设计要点 …… 18
2.4.2　外窗节能改造的设计要点 …… 19
2.4.3　屋面节能改造的设计要点 …… 19

2.4.4 供暖与非供暖空间的隔墙、地下室顶板节能改造的设计要点 …… 20
2.4.5 供暖系统计量与节能改造的设计要点 …… 20
2.4.6 热源和室外管网节能改造的设计要点 …… 20
2.5 拟定节能改造方案 …… 20
2.5.1 城市冬季气候特点 …… 20
2.5.2 选择保温材料 …… 20
2.5.3 改造方案分项内容与造价 …… 21
2.5.4 分户计量、换热站改造技术方案 …… 24
2.6 节能改造方案传热系数理论计算值 …… 24
2.7 薄抹灰外保温系统的性能指标 …… 25
2.8 施工条件 …… 25
2.9 外墙保温施工工艺流程说明 …… 25
2.9.1 阳台使用挤塑板保温材料施工工艺流程 …… 25
2.9.2 墙体使用国产新型A级防火轻质泡沫混凝土保温板施工工艺流程 …… 28
2.9.3 墙体使用国产新型A级防火无机轻集料憎水型膨胀珍珠岩保温板施工工艺流程 …… 30
2.10 安装允许偏差 …… 30
2.11 节点图 …… 31
2.12 改造后传热系数测试结果 …… 32
本章参考文献 …… 33

第3章 大型商业建筑节能改造技术与典型案例 …… 34

3.1 大型商业建筑能耗现状及节能潜力 …… 34
3.2 空调水系统大温差梯级利用变频节能技术与典型案例 …… 36
3.2.1 夏季空调水系统大温差梯级利用能耗理论分析 …… 36
3.2.2 空调冷冻水大温差梯级利用系统方案论证 …… 42
3.2.3 大温差梯级利用变频控制技术应用典型案例 …… 48
3.3 冷却塔免费供冷节能技术与典型案例 …… 57
3.3.1 冷却塔供冷系统模式 …… 57
3.3.2 开放式冷却塔供冷系统特性 …… 58
3.3.3 封闭式冷却塔直接供冷系统特性 …… 61
3.3.4 冷却塔供冷系统形式对运行能耗的影响比较分析 …… 64
3.3.5 室内负荷对冷却塔供冷系统运行能耗的影响 …… 64
3.3.6 气候条件对冷却塔供冷系统运行能耗的影响 …… 65
3.3.7 冷却塔供冷温度对供冷系统运行能耗的影响 …… 65
3.3.8 冷却塔供冷系统设计要点 …… 65
3.3.9 开放式冷却塔间接供冷技术应用典型案例 …… 68
3.3.10 封闭式冷却塔直接供冷技术应用典型案例 …… 74
3.4 空调通风换气系统置换补风技术与典型案例 …… 76

3.4.1 污染物浓度分布 …… 76
3.4.2 空调通风换气系统置换补风技术与改进方案 …… 77
3.4.3 新方案设计参数 …… 78
3.4.4 试验测试运行效果 …… 78
3.4.5 改造工程造价与投资回报 …… 79
3.5 空调变风量送风技术与典型案例 …… 79
3.5.1 变风量系统与风机盘管+新风系统性能比较 …… 80
3.5.2 普通温差的变风量系统与风机盘管+新风系统能耗比较 …… 81
3.5.3 结合低温送风的变风量系统与风机盘管+新风系统能耗比较 …… 84
3.5.4 变风量空调系统与风机盘管+新风系统造价比较 …… 84
3.5.5 某办公建筑空调 VAV 系统改造典型案例 …… 89
3.5.6 将双管定风量系统改造为变风量系统典型案例 …… 91
3.6 蒸汽系统 SECESPOL-JAD 热交换器应用 …… 94
3.6.1 传统的管壳式热交换器的缺点 …… 94
3.6.2 新型 SECESPOL-JAD 热交换器性能优势 …… 95
3.6.3 应用案例 …… 97
3.7 蒸汽凝结水回收再利用技术与典型案例 …… 97
3.7.1 蒸汽凝结水回收的经济性 …… 98
3.7.2 蒸汽凝结水回收技术 …… 98
3.7.3 蒸汽凝结水回收再利用改造案例 …… 99
3.7.4 用水终端加装节水器控制用水量 …… 102
3.8 建筑设备系统集成技术与典型案例 …… 103
3.8.1 设备系统集成分类 …… 104
3.8.2 系统集成组成结构 …… 104
3.8.3 建筑设备管理系统 BA …… 105
3.8.4 设备系统集成典型案例 …… 112
3.9 LED 人工照明系统节能技术与典型案例 …… 140
3.9.1 建筑照明能耗构成分析 …… 140
3.9.2 建筑照明节能措施 …… 141
3.9.3 LED 光源基本特征 …… 141
3.9.4 LED 光源种类 …… 142
3.9.5 性能指标 …… 142
3.9.6 应用范围 …… 143
3.9.7 应用案例 …… 143
本章参考文献 …… 146

第 4 章 区域集中供热管网系统节能改造技术与典型案例 …… 148

4.1 集中供热企业普遍存在的问题 …… 149
4.1.1 落后的供热系统艰难地运行 …… 149

4.1.2 各种供热系统都存在许多技术缺陷 …… 149
4.1.3 供热质量合格率不高 …… 150
4.1.4 供热新技术推广缓慢 …… 150
4.2 集中供热系统普遍存在的问题 …… 150
4.2.1 循环水泵选型错误具有普遍性 …… 150
4.2.2 循环水泵传统安装方式问题 …… 153
4.2.3 锅炉房热力系统常见问题 …… 155
4.2.4 锅炉燃烧系统常见问题 …… 157
4.2.5 热网系统水力平衡失调问题 …… 158
4.2.6 热网水力平衡调控设备不可靠 …… 159
4.2.7 直埋热水网安装补偿器降低了热网安全性 …… 160
4.2.8 不同的供热系统共用一个管网 …… 160
4.2.9 除污器选型与结构常见的问题 …… 161
4.2.10 热用户供暖系统常见问题 …… 163
4.3 集中供热系统运行中的常见问题 …… 164
4.4 先进的集中供热系统运行调控方式 …… 165
4.5 集中供热系统节能改造现状及工作重点 …… 166
4.5.1 集中供热系统改造现状 …… 166
4.5.2 集中供热系统节能改造的重点 …… 167
4.6 分布式变频泵系统供热新技术及应用案例 …… 167
4.6.1 分布式变频泵系统的优点 …… 168
4.6.2 分布式变频泵供热系统应用案例 1 …… 168
4.6.3 分布式变频泵供热系统优化方案应用案例 2 …… 173
4.7 分布式变频泵供热系统热量调控技术及应用案例 …… 178
4.7.1 分布式变频泵供热系统的形式 …… 178
4.7.2 分布式变频泵供热系统的控制策略 …… 179
4.7.3 实际工程中热量控制法应用案例 …… 181
4.8 SCADA 远程监控系统在热水供热管网水力平衡的应用案例 …… 183
4.8.1 原集中供热系统一级管网水力失调现象 …… 183
4.8.2 利用 SCADA 系统应对一级管网水力失调的措施 …… 183
4.8.3 原二级管网水力失调现象 …… 185
4.8.4 利用 SCADA 系统应对二级管网水力失调的措施 …… 185
4.9 集中供热一级管网水力工况对能耗的影响分析及诊断案例 …… 186
4.9.1 热源概况 …… 186
4.9.2 一级管网、换热站及热用户概况 …… 187
4.9.3 一级管网节能检测目的及方法 …… 189
4.9.4 一级管网调查与实测结果 …… 192
4.9.5 一级管网水力工况实测分析与评价 …… 198
4.9.6 一级管网能耗分析诊断 …… 202

4.10 集中供热一级管网运行调节方式对能耗的影响分析与诊断 …… 210
4.10.1 分阶段变流量质调能耗分析 …… 210
4.10.2 分阶段变流量质调节水温设定 …… 212
本章参考文献 …… 214

第5章 集中供热热源节能技术与典型案例 …… 215

5.1 热电联产节能技术及经济分析 …… 215
5.1.1 热电联产装置热量分析和㶲分析 …… 215
5.1.2 背压式机组㶲分析法计算例 …… 216
5.1.3 超临界350MW大型抽汽供热机组的㶲分析 …… 216
5.1.4 大型凝汽机组的抽汽方式对能耗的影响 …… 218
5.1.5 㶲效率与供热单价 …… 218
5.2 2×660MW机组辅机循环水热泵余热回收利用集中供热 …… 218
5.2.1 吸收式热泵工作原理 …… 218
5.2.2 改造技术方案 …… 219
5.2.3 设备配置 …… 219
5.2.4 系统结构组成 …… 220
5.2.5 运行效果 …… 222
5.2.6 节能减排效果 …… 223
本章参考文献 …… 223

第1章 北方地区既有住宅建筑节能改造技术途径

建筑节能是指在保证提高建筑舒适性的条件下，合理使用能源，不断提高能源利用效率[1]。针对既有高能耗建筑，只有通过节能改造，利用可再生能源，采用节能新技术、新工艺、新设备、新材料和新产品，提高保温隔热性能和供暖空调制热制冷系统效率，规范建筑物用能系统的运行操作管理，才能达到节能建筑标准的要求。显然，建筑节能改造技术涉及多种学科、多种专业知识，是实践性极强的综合性技术[2]。其技术途径决定了建筑节能改造的性价比。我国建筑能耗现状概括为以下三点：

（1）建筑能耗约占社会总能耗的1/3。我国建筑能耗的总量逐年上升，在能源总消费量中所占的比例已从20世纪70年代末的10%，上升到27.45%。研究表明，随着城市化进程的加快和人民生活质量的改善，我国建筑耗能比例最终还将上升至35%左右。比重庞大的建筑耗能已经成为制约我国经济发展的一大因素。

（2）高耗能建筑比例大，加剧能源危机。目前我国节能建筑面积仅有3亿 m^2 左右。已建房屋有400亿 m^2 以上属于高耗能建筑，总量庞大，潜伏巨大能源危机。2011年，全国北方集中供热面积47.13亿 m^2，集中供热耗煤5860万t；非集中供暖面积近30亿 m^2，耗煤1.2亿万t以上。集中供热面积平均每年增长7.66亿 m^2，到2025年，集中供热面积将达到119.57亿 m^2，耗煤可达到2.91亿t[3]。建筑能耗的增加对全国温室气体排放的“贡献率”已经达到了25%。若按“十二五”期间每年新建23亿～25亿 m^2 建筑推算，到2025年城镇民用建筑总量将达到600多亿 m^2，建筑总能耗将高达到11.1亿吨标准煤[2]。这将带来巨大的能源和资源需求，并将加剧环境污染。而若按采取强有力的节能减排政策措施的煤控情景计算，总能耗将可控制在10.6亿吨标准煤，其中煤炭消费可控制在2.35亿吨标准煤以内[3]。

（3）建筑节能状况落后，亟待改善。在20世纪70年代能源危机后，发达国家开始致力于研究与推行建筑节能技术。我国建筑节能水平远远落后于发达国家，国内绝大多数供暖地区围护结构的热功能都比气候相近的发达国家差许多，外墙的传热系数为3.5～4.5倍，外窗为2～3倍，屋面为3～6倍，门窗的空气渗透为3～6倍。欧洲国家住宅年供暖能耗已普遍达到每平方米8.57千克标准煤，我国达到节能50%的建筑供暖耗能为每平方米12.5千克标准煤，约为欧洲国家的1.5倍。德国，1984年以前建筑供暖能耗为每平方米24.6～30.8千克标准煤，而2001年这一数字却降低至每平方米3.7～8.6千克标准煤，其建筑能耗降低至原有的1/3左右。可见我国必须实施各项节能工程，来赶超发达国家的节能水平。据估算，全国若实现建筑节能65%水平以上，则需增量投资约3.6万亿元以上[3]。

1.1 北方地区住宅建筑冬季供暖能耗及围护结构热损失现状

住宅建筑占城镇民用建筑总量的70%左右，北方地区如何降低冬季供暖能耗、南方地区如何降低夏季空调能耗成为节能的关键。北方地区集中供暖能耗占城镇建筑总能耗比例，详见表1-1；2005年以前的北方住宅建筑围护结构热损失量所占比例的测试结果，详见表1-2。可见，北方既有住宅建筑围护结构隔热效果比较差，热能损失比例高达70%左右，成为节能改造极其重要项目。

北方地区集中供热采暖能耗占城镇建筑总能耗比例[4,5] **表1-1**

年份	2007	2011	2012	2013	2015
供暖面积（万 m^2）	251649.1	471389.6	533657.2	594967.4	712183.6
供暖能耗标准煤（万 t/m^2）	4059.09	5860.41	6692.06	7211.03	8696.35
单位面积能耗（kg/m^2）	16.13	12.11	12.54	12.12	11.93
占城镇建筑总能耗比例（%）	22.19	22.89	23.55	23.21	21.35

北方住宅建筑围护结构热损失量所占比例[3] **表1-2**

地区	围护结构耗热比例(%)	外墙	窗	地面	屋顶	门	空气渗透耗热比例(%)	窗户及空气渗透耗热比例(%)
严寒	71.0	27.9	29.5	3.8	8.8	1	29	58.5
寒冷	67.2	23.5	31.5	3.2	7.5	1.5	32.8	64.3

注：围护结构耗热比例=围护结构耗热/建筑物总耗热量。

1.2 北方地区既有住宅建筑节能改造项目内容

既有住宅建筑节能改造项目包括表1-3所示10个分项内容。需要调查原建筑的基本信息，拟定节能方案，进行论证之后才能进入节能设计阶段。

北方地区既有住宅建筑节能改造工程项目内容 **表1-3**

序号	分项	改造内容
1	修复	局部拆除与结构抗震加固补强、外墙、屋面、地面、门窗等
2	外墙保温	采用外墙外保温
3	屋面保温	采用正置屋面、倒置屋面方式
4	地面保温	地面铺贴保温材料
5	窗	改为单框双玻中空(12mm 空气层)或三玻窗
6	门	改为夹芯保温门
7	分户计量	供暖系统供暖分户计量、分室控制、安装热计量表、温控阀等
8	灯具	电气采用感应开关、节能灯具等
9	热源管网	集中供热系统管网优化改造
10	设备系统	应用新的节能技术节能改造

1.3 外墙、屋面和地面隔热保温系统节能技术

针对不节能建筑进行围护结构节能改造，增加的费用仅为总投资的3%～6%，而节能

率却可达50%以上。保温系统起着决定性作用。

1.3.1 保温系统

墙体保温技术经历了外墙内保温、夹芯层保温和外墙外保温技术的发展历程。外墙内保温存在热工效率较低，外墙有些部位如丁字墙、圈梁难以处理而形成“热桥”，使保温性能有所降低；对二次装修、增设吊挂设施不便，维修时会对住户造成很大困扰；占用室内空间，减少了住户的使用面积等问题，目前已基本不用。夹芯层保温技术即对外围护墙采用分层处理的措施，形成“墙体—保温材料—墙体”体系，虽然达到保温节能目的，但不能有效地解决建筑中存在的“冷桥”问题，夹层保温的做法逐渐被墙体外保温的做法所取代。

外墙外保温技术即在建筑物外墙外侧附加保温材料达到节能目的，是当今大力推广的一种建筑节能技术。其节能构造技术合理、节能效果好。外墙外保温技术不仅适用于新建建筑，也适用于既有建筑的节能改造，有效减少建筑结构“热桥”，保护建筑的主体结构，延长建筑物的使用寿命；增加建筑的有效使用空间。外保温系统主要组成包括：（1）基层，外保温系统所依附的外墙；（2）保温层，由保温材料组成，在外保温系统中起保温作用的构造层；（3）抹面层，抹在保温层或防火找平层上，中间夹有增强网，保护保温层或防火找平层，起到防裂、防水和抗冲击等作用；（4）饰面层，外保温系统外装饰层。其他还包括一些辅助构造，比如：防火构造：由具有提高系统防火功能的难燃或不燃保温材料组成，起防火灾蔓延的作用。

屋面和地面的保温、隔热也是围护结构节能的重点之一。在寒冷地区屋面和地面设保温层，以阻止室内热量散失；在炎热的地区屋顶设置隔热降温层以阻止太阳的辐射热传至室内；而在夏热冬冷地区，建筑节能则要求冬、夏兼顾。常用的保温技术措施是在屋顶防水层下设置导热系数小的轻质保温材料。如北方地区使用挤塑板、憎水型膨胀珍珠岩等。按照65%节能标准要求，屋面传热系数 $K \leqslant 0.45W/(m^2 \cdot K)$，常见的传统做法是：120mm厚现浇混凝土楼板+20mm厚水泥砂浆找平层+30mm厚泡沫混凝土找坡层最薄+50mm厚的挤塑板XPS或80mm厚的憎水型膨胀珍珠岩+防水层+20mm厚水泥砂浆保护层，就可以达到 $K \leqslant 0.45W/(m^2 \cdot K)$。

1.3.2 传统的墙体保温材料

建筑墙体保温材料主要分为无机保温材料，如岩棉、玻璃棉等和有机合成保温材料，如聚苯乙烯、聚氨酯两大类。传统的无机保温材料，耐火等级达到A级，固有的导热系数较低、保温性能良好，但其生产加工及施工复杂、价格高、保温效果不稳定等缺点限制了应用范围；有机合成保温材料的保温效果更好、成本更低，使聚苯板EPS、XPX和聚氨酯泡沫PU板等保温材料在我国建筑墙体使用率高达90%，但其耐火等级为B1或B2级，属于可燃材料，存在火灾隐患。国内常见的传统墙体保温绝热材料技术性能，详见表1-4。而现代建筑墙体保温需要更加安全、达到耐火A级、保温隔热效果优良、施工方便、经济可行的新型墙体保温材料。

国内传统墙体保温绝热材料技术性能　　表 1-4

材料类型	密度 (kg/m³)	导热系数 [W/(m·K)]	传热系数 [W/(m²·K)]	吸水率 (%)	抗压强度 (kPa)	抗冻融性
聚苯乙烯泡沫板 EPS	18～20	0.042	0.36	2～4	70	弱
挤塑聚苯乙烯泡沫板 XPS	22～40	0.029	0.32	0.3～0.5	150	强
聚苯乙烯颗粒泡沫混凝土	230～300	0.055	3.59	5.35	200	强
膨胀珍珠岩泡沫保温板	100	0.035	3.13	3～5	150	强
岩棉	150	0.044	0.75	3～6	N/A	强
硬质聚氨酯泡沫板 PU	30～45	0.025	0.36	2～4	200	弱
酚醛泡沫 PF	20	0.023	0.71	1	150	弱

注：1. 导热系数是指在稳定传热的条件下，1m 厚的材料，两侧表面的温度差为 1℃，在 1h 内通过 1m² 面积传递的热量，单位为 W/(m·K)。导热系数与材料的组成结构、密度、含水率、温度等因素有关。非晶体结构、密度较低的材料，导热系数较小。材料的含水率、温度较低时，导热系数较小。通常把导热系数较低的材料称为保温材料，而把导热系数小于 0.05W/(m·K) 的材料称为高效保温材料。
2. 传热系数 K 值，是指在稳定传热条件下，围护结构两侧空气温度差为 1℃，1h 内通过 1m² 面积传递的热量，单位 W/(m²·K)。
3. 传热阻 R 是传热系数 K 的倒数。即 $R=1/K$，单位是 m²·K/W。围护结构的传热系数 K 越小，或传热阻 Ro 越大，保温性能越好。

1. 聚苯乙烯泡沫保温板

聚苯乙烯泡沫保温板是一种有机材料，分为模塑聚苯乙烯板 EPS 和挤塑聚苯乙烯泡沫板 XPS。EPS 聚苯板的导热系数≤0.042W/(m·K)，所以该材料具有优异的保温隔热性能，其防水性能及抗风压、抗冲击性能也很优异；质量轻、易加工、成本低，曾经占据了我国墙体保温材料的主导地位。但是，EPS 的耐火等级仅为 B2 级，受热变形温度仅为 70～98℃，受热容易燃烧并产生大量浓烟，放出大量的热。近期有研究通过向该材料中添加阻燃剂、优化生产工艺和配比等方法致力于改善 EPS 的性能，最终其耐火等级也仅能提高到 B1 级。2009 年，公安部、住房和城乡建设部联合发布的《民用建筑外保温系统及外墙装饰防火暂行规定》(公通字［2009］46 号) 指出："民用建筑外保温材料的燃烧性能宜为 A 级，且不应低于 B2 级。" 2011 年 3 月 14 日公消［2001］65 号文件指出：民用建筑外保温材料采用燃烧性能为 A 级的材料。2011 年 12 月 30 日国务院下发《国务院关于加强和改进消防工作的意见》、2012 年 7 月 17 日新颁布《建设工程消防监督管理规定》中，B1 及 B2 级保温材料属于可用范围。虽然目前还可以继续使用，但是，可以断定 EPS 等传统的有机类可燃保温材料因耐火等级达不到 A 级，会逐渐退出市场。

XPS 是 20 世纪 60 年代研制成功的有机保温材料，与 EPS 相比，其强度、保温、抗水汽渗透等性能有较大提高，导热系数≤0.03W/(m·K)，显然 XPS 板在保温性和强度等方面都提高了一个档次。但由于两者材质相同，耐火性也为 B2 级。经过改性之后的 XPS 的耐火等级勉强能达到 B1 级。2009 年发生火情的央视大楼墙体保温材料就是 XPS，成为大火的帮凶。可以断定，传统的 XPS 保温材料，也因耐火等级不理想，会逐渐退出市场。

2. 硬质聚氨酯泡沫塑料板 PU

硬质聚氨酯泡沫塑料板 PU 有着极好的保温性能，其导热系数为 0.022W/(m·K)，远低于其他的传统保温材料，保温隔热性能好。该材料具有高抗压、低吸水率、防潮、不透气、质轻、耐腐蚀、不降解等特点，在浸水条件下其保温性能和抗压强度仍然毫无损失，具有隔热保温、防潮作用。可是，PU 也是有机材料，耐火等级为 B2 级，为可燃材料，特别是受热时容易分解产生大量的一氧化碳、氰化氢、甲醛等有毒性气体并伴有大量的浓烟，直接对人的生命安全构成危害。即使添加阻燃剂后，其耐火等级也只达到 B1 级，达不到 A 级标准。

3. 岩棉

岩棉属无机类保温材料，作为建筑墙体保温材料，在欧洲已形成了成熟的产品标准和系统认证指南。主要包括矿渣棉、岩棉、玻璃棉和陶瓷纤维等，其导热系数小于 0.44W/(m·K)，不燃、耐久、不受虫蛀，属不燃材料，防火等级为 A 级。但由于其吸水性较强、容重较大、内部强度较低，施工中必须对岩棉行密封和固定处理，加大了施工的复杂性和成本，否则将大大降低了保温效果。上述缺陷导致岩棉使用受到限制。

4. 膨胀珍珠岩保温板

膨胀珍珠岩保温板属无机类保温材料，常温导热系数为 0.035W/(m·K)，膨胀珍珠岩的颗粒本身具有内部多孔的特点，质轻、吸声，耐火度>1250℃，但膨胀珍珠岩吸水率较高，吸水容易产生膨胀而开裂。

5. 聚苯颗粒泡沫混凝土

泡沫混凝土是以水泥、粉煤灰、水、发泡剂为主要成分的无机发泡体材料，虽然同样具备无缝整浇、保温隔声、耐火等特点，但是由于缺少聚苯颗粒的作用，存在诸多缺点：密度较大，在 400kg/m^3 左右；导热系数较高，在 0.09W/(m·K) 以上；吸水率和含水率较高；保温性能较差，若要达到同样热阻厚度须增加 50%左右。高吸水、不抗冻、易龟裂、不排汽，形体稳定性差，易损伤防水层，寒冷地区和倒置式防水结构不能使用。早期强度低，一般需 4 天以上方可上人，施工周期长。浆料为水状物，流动性极强，难以一次完成找坡作业。

聚苯颗粒泡沫混凝土一般采取现场浇筑施工，与基层无缝隙紧密结合，其较低的收缩率、较高的抗压强度及粘接强度，能保持各类填充结构与建筑主体实现良好的整体性。从根本上解决了传统保温隔热材料与基层分离、密实性差、粘接性不牢等因素造成的表面空鼓、塌陷、开裂等质量问题。适合于屋面、地面保温。

6. 酚醛树脂发泡保温材料 PF

酚醛树脂发泡保温材料属于有机高分子型材料，耐火等级为 B1 级。改性后的酚醛复合保温材料的耐火型达到 A 级，并且这种保温材料具有质轻、无毒、无滴落等优点。酚醛树脂发泡材料由于闭孔率高而使得其导热系数低，仅为 0.023W/(m·K) 左右，改性后的酚醛复合保温板导热系数为 0.035W/(m·K) 左右，因此其具有非常优异的保温隔热性能，并且其抗水性和隔汽性也非常突出，但成本为 800～1000 元/m^3，远高于其他传统保温材料。改性后的酚醛树脂保温材料是很有前途的墙体保温材料之一。

1.3.3 国际新型墙体保温材料

1. 发泡矿物聚合物保温材料

发泡矿物聚合物以粉煤灰基发泡地质聚合物为代表。粉煤灰基矿物聚合物的研究随着粉煤灰利用的加强，越来越受到各国研究人员的重视。粉煤灰基泡沫矿物聚合物具有节能、环保、利废、降低建筑成本等优点。以粉煤灰为原料，通过碱性激发剂对其进行激发，并通过化学或物理等方法进行发泡，可以制备出容重不同的发泡地质聚合物。密度为 1000～1200kg/m^3 的泡沫矿物聚合物的抗压强度为 2.9～9.5MPa，密度为 400～1200kg/m^3 的泡沫矿物聚合物经过 1050℃的高温烧结的抗压强度为 5～32MPa，耐火等级为 A 级，不燃，导热系数可达到 0.048W/(m·K) 左右。其保温性和防火性都很好。该材料用作墙体保温材料的操作工艺简单而且成本低廉。但发泡地质聚合物表面易开裂、易吸水等问题在一定程度上限制了其作为墙体保温材料的应用，应进一步改进。

2. 泡沫玻璃

泡沫玻璃是由碎玻璃、发泡剂、改性添加剂和发泡促进剂等，经过细粉碎和均匀混合后，再经过高温熔化、发泡、退火而制成的无机非金属玻璃材料，被誉为“无需更换的永久保温隔热材料”。

这种保温材料容重较低，机械强度大，导热系数为 0.058W/(m·K) 左右，故有着很好的保温效果。另外，泡沫玻璃容易加工、使用寿命长，与建筑物同寿命，而且耐火等级为 A 级，是一种性能优越的防火保温、抗腐蚀、吸声材料。但其生产成本约 1000 元/m^3，与其他保温材料相比还缺乏竞争力。

3. STP 真空绝热板

STP 真空绝热板是目前世界上最为先进的高效保温材料之一，它是真空保温材料中的一种，主要由填充芯材与真空保护表层复合而成，它能有效地避免空气对流引起的热传递，因此具有极低的导热系数 [≤0.008W/(m·K)]。其耐火等级为 A 级，使用寿命可与建筑物同寿命。因是真空材料，不能现场切割弯曲，严禁重物敲击、锐物刺穿。作为墙体保温材料，其生产成本约 1200 元/m^3，目前还很难取代传统低成本的保温材料，但属于一次性投资、高效环保的新型保温材料，因此未来有着广阔的应用前景。

4. 无机纤维保温防火吸声材料喷涂体系

无机纤维喷涂建筑材料，主要由无机纤维与水基型胶粘剂组成，经拌和后通过空压泵进行喷涂，与雾化水混合喷到需要保护的基材上形成涂层。该涂层可满足吸声、保温、防火的要求。无机纤维喷涂具有质轻、无毒无味、吸声、耐候性好、高效隔热、耐火可靠等优点，可实现 5h 以上高耐火极限保护。2003 年我国引进该技术，并出台了行业标准《矿物棉喷涂绝热层》JC/T 909-2003，规范了无机纤维喷涂保温层的施工和应用。无机纤维喷涂保温材料耐火等级为 A 级，防火优势突出，其生产成本为 500～700 元/m^3，在保温领域的发展非常迅速，已形成年产值数亿元的市场，曾应用于北京奥运会“鸟巢”、国家体育馆、国家会议中心、国家奥林匹克地下空间等一大批奥运工程和上海世博配套工程——轨道交通 11 号线工程建设。无机纤维喷涂保温在我国的设计量和使用量在快速增长当中。

1.3.4　国产新型 A 级防火轻质泡沫混凝土

A 级防火轻质泡沫混凝土保温板是由国家建筑材料工业监督技术研究中心最新研制出的新型防火节能保温材料，以普通硅酸盐水泥为主，辅助多种组分，通过化学发泡方式制成。具有轻质保温、A 级防火、低吸水率、高粘接性、低碳节能、环保利废、耐久性好等特点，适用于外墙保温及其防火隔离带，满足了建筑节能市场对防火安全型保温材料的急迫需要。经过多年的研发，该技术已逐渐成熟，并在全国各地得到成功生产和应用。随着建筑防火力度的加大，会逐步发展成为建筑保温的主导产品之一。该产品生产成本低、性能可靠，生产过程无需蒸养、蒸压、高温熔融等高能耗环节、安全环保。样品图片如图 1-1 所示。

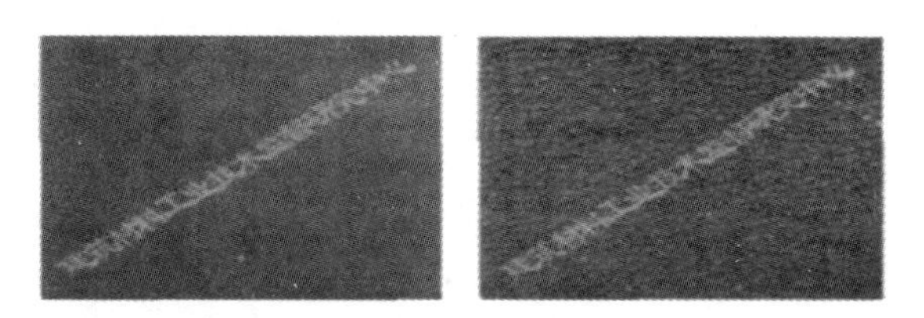

图 1-1 国产新型 A 级防火轻质泡沫混凝土保温板

1. 生产工艺流程

A 级防火轻质泡沫混凝土保温板生产工艺流程如图 1-2 所示。

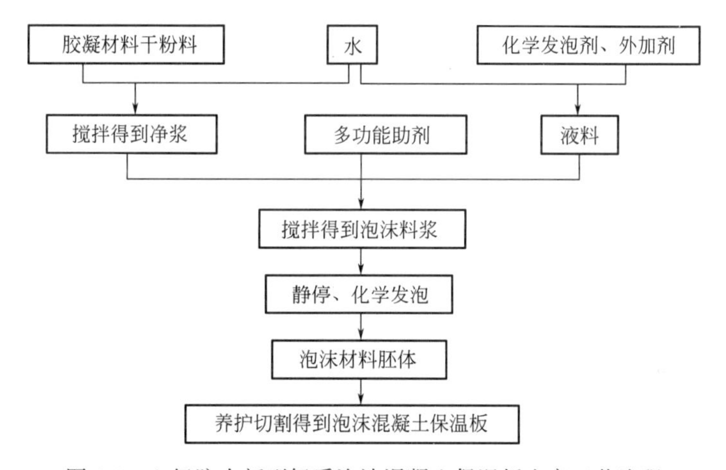

图 1-2 A 级防火新型轻质泡沫混凝土保温板生产工艺流程

2. 主要特点

1）A 级防火，高耐久，建筑节能可达 65%以上；

2）性价比高，经济实用，在 A 级不燃的保温材料中最为经济；

3）产品干密度为 100～300kg/m^3，导热系数为 0.042～0.070W/(m·K)，轻质保温；

4）高强度，采用普通硅酸盐水泥发泡，干密度为 160kg/m^2，1d 抗压强度达 0.25MPa，28d 抗压强度 0.40MPa；粘接力强。

该保温板为水泥基材料，与建筑主体墙材相容性、亲和力好，粘接牢固，不易脱落，保温系统具有透气性，抗风压、抗震性好；施工方便。

该保温板可粘贴或干挂施工，可用于外墙内保温、外墙外保温，也可用于屋面保温隔热，施工方式灵活多样，适应性强，应用面广；绿色环保、无毒、无污染、无公害，并能利用工业废渣，节能利废；耐久性好，与建筑物同寿命，生产成本较低，约 350 元/m^3。

3. 主要技术性能

国产新型 A 级防火轻质泡沫混凝土保温板主要技术性能如表 1-5 所示。

A 级防火轻质泡沫混凝土保温板技术性能　　表 1-5

项目	性能指标						
干表观密度(kg/m³)	100	120	150	180	200	250	300
28d 抗压强度/(kPa)	100	150	280	450	500	800	1200
导热系数[W/(m·K)]	0.042	0.045	0.050	0.054	0.057	0.064	0.07
吸水率(%)	小于 1.5						
碳化系数	大于 0.7						
软化系数	大于 0.7						
干收缩值(mm/m)	小于 1						

鉴于当前我国建筑节能市场对安全环保型外墙保温材料的急迫需求，2011 年 4 月，工业和信息化部《2011 年第一批行业标准制修订计划的通知》（工信厅科［2011］75 号文）规定，由建筑材料工业技术监督研究中心负责组织行业标准《泡沫混凝土保温板》的编制工作。

4. A 级防火轻质泡沫混凝土保温板外墙外保温系统构造

该泡沫混凝土板外墙外保温系统的基层墙体可以是各种砌体或混凝土墙，饰面层可采用涂料，也可干挂石材，其基本构造如图 1-3 和图 1-4 所示。该泡沫混凝土保温板也可用于外墙外保温防火隔离带，防火隔离带的结构及排布分别如图 1-5 和图 1-6 所示。泡沫混凝土保温板薄抹灰外墙外保温系统由粘结砂浆、A 级防火轻质泡沫混凝土保温板保温层、抹面砂浆和饰面涂层构成，若必要可粘锚结合，泡沫混凝土保温板用粘结砂浆、满粘法固定在基层上，薄抹面层中满铺玻纤网。

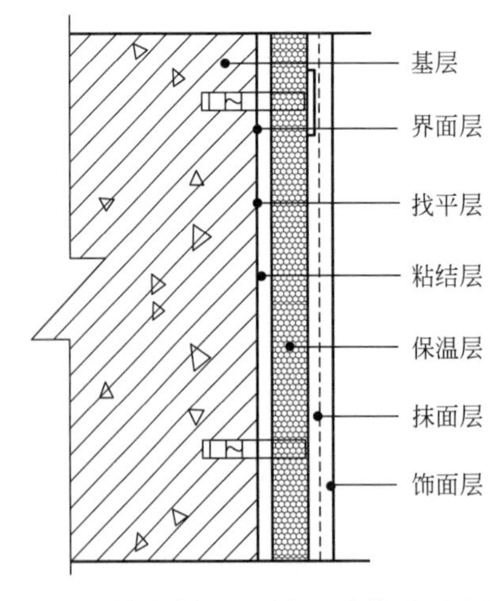

图 1-3　外墙外保温系统基本构造示意图

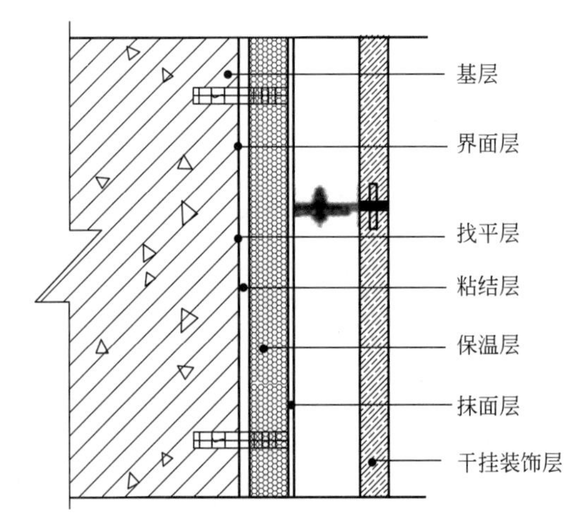

图 1-4　干挂外墙外保温系统构造示意图

如果要求民用建筑外保温必须采用燃烧性能为 A 级的保温材料，这种 A 级防火泡沫混凝土保温板可替代聚苯板等有机材料。

5. 技术经济性比较分析

以北京65%节能率为例，A级防火轻质泡沫混凝土保温板厚度应为80mm；相当于EPS70mm厚的保温效果，二者每平方米的技术经济性比较结果如表1-6所示。

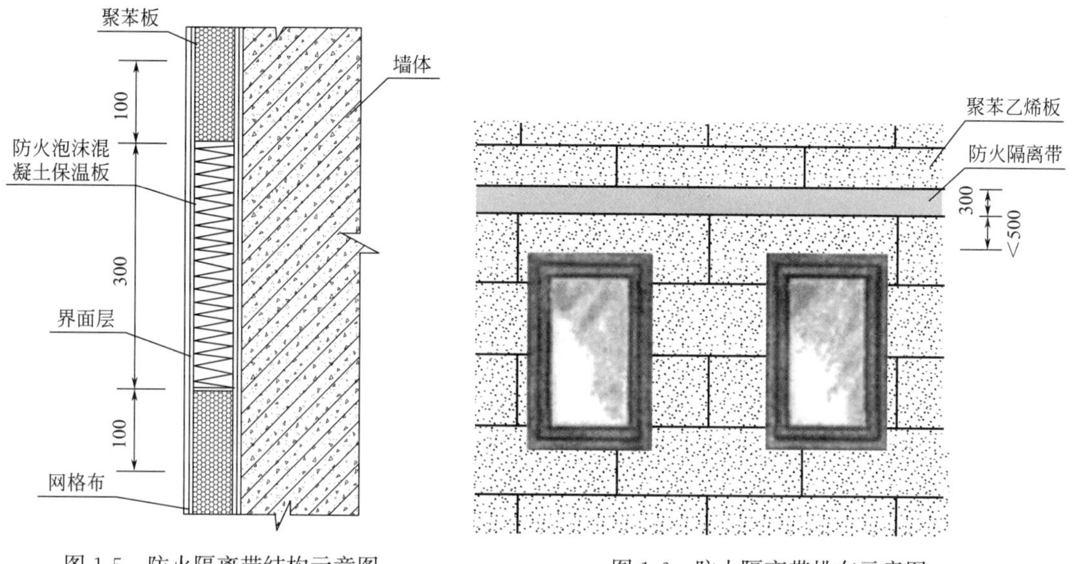

图1-5 防火隔离带结构示意图　　图1-6 防火隔离带排布示意图

技术经济性比较分析　　表1-6

材料	厚度(mm)	耐火等级	使用寿命	造价(元/m^2)
A级防火轻质泡沫混凝土保温板	80	A	与建筑同寿命	106
EPS	70	B2	25年	100
挤塑板XPS	100	B2	25年	117
	100	B1	25年	146
岩棉	100	B1	30年	146

若聚苯板做1m^2保温，粘接砂浆+抹面砂浆需12kg、费用18元，70mm厚聚苯板费用42元，饰面层+施工费用+利税按40元/m^2计，合计100元/m^2，保温系统使用寿命25年，防火等级B2级。

若A级防火轻质泡沫混凝土保温板做1m^2保温，粘接砂浆+抹面砂浆需12kg、费用18元，80mm厚保温板费用48元，饰面层+施工费用+利税按40元/m^2计，合计106元/m^2，耐火性能达到A级。

如按一次性投资，则本系统比聚苯板系统多6%，但本系统达到A级防火，人身和财产安全，且耐候性好、经久耐用，与建筑物同寿命。在建筑物使用期内无需多次进行保温层更换，综合经济效益明显有优势。若建筑物寿命按50年计，则聚苯板系统共需投入50÷25×100=200元/m^2；而泡沫混凝土保温板系统共需投入106元/m^2。

使用安全环保的建筑保温材料是科技进步的必然。在无机不燃材料中，某些烧结类泡沫保温材料价格很高，较难大规模推广应用。综合比较，这种A级防火泡沫混凝土技术经济合理，技术渐趋成熟。

1.3.5　国产新型A级防火无机轻集料保温砂浆

在无机不燃材料中，泡沫玻璃、泡沫铝、泡沫陶瓷因其价格高，不能成为取代品。而岩棉、矿棉等纤维保温材料虽然价格略低，但不是硬质块材料，遇湿保温性能大大降低，应用起来也比较困难。普通膨胀珍珠岩、膨胀蛭石等颗粒状松散保温材料吸水率高，制品不抗冻融，松散，应用也受到限制。

无机轻集料保温砂浆是以无机轻集料，如憎水型膨胀珍珠岩、玻化微珠、闭孔珍珠岩、膨胀蛭石、陶砂等为保温材料，以水泥等无机胶凝材料为主要胶结料并掺加高分子聚合物及其他功能性添加剂而制成的建筑保温干粉砂浆，由无机轻集料保温砂浆保温层、抗裂防护层及饰面层组成的保温系统。为加强与基层之间的粘接，可根据不同基层材料设置界面粘接层。根据无机轻集料保温砂浆的位置分布可分为墙体外保温、内保温、分户墙保温和楼地面保温。无机轻集料保温砂浆具有节能利废、保温隔热、防火防冻、耐老化与建筑墙体同寿命等优异性能，且其价格低廉、蓄热性能远大于有机保温材料，可用于夏热冬冷地区夏季隔热，如浙江、安徽、上海、湖北等地有着广泛的市场需求。无机轻集料保温砂浆系统主要性能指标如表1-7所示。

无机轻集料保温砂浆系统主要性能指标　　表1-7

项目	性能要求
耐候性	涂料饰面经80次高温(70℃)—淋水(15℃)和5次加热(50℃)—冷冻(－20℃)循环后不得出现开裂、空鼓或脱落；面砖饰面则增加至30次加热(50℃)—冷冻(－20℃)循环。抗裂面层与保温层的拉伸粘结强度A、B型保温砂浆不得小于0.15MPa，C型不得小于0.10MPa，并且破坏部位应位于保温层内
抗风荷载性能	系统抗风压值不小于6.0kPa
抗冲击性	普通型：≥3J，且无宽度大于0.1mm的裂缝；加强型：≥10J，且无宽度大于0.1mm的裂缝
饰面砖粘结强度（耐候性试验后）	平均值不得小于0.4MPa，可有一个试样粘结强度小于0.4MPa，但不得小于0.3MPa
水蒸气湿流密度	不得小于0.85/(m^2·h)
热　阻	符合设计要求

注：无机轻集料保温砂浆分为A、B、C三个型号，其中A型主要用于辅助保温、复合保温及楼地面保温，B型主要用于外保温，C型主要用于内保温及分散墙保温。

膨胀玻化微珠保温砂浆是无机轻集料保温砂浆的一个品种。玻化微珠是一种酸性玻璃质熔岩矿物质，经过特种技术处理和生产工艺加工形成内部多孔、表面玻化封闭，呈球状体细径颗粒，是一种具有高性能的新型无机轻质绝热材料。由于表面玻化形成一定的颗粒强度，理化性能十分稳定，耐老化耐候性强，导热系数为0.33W/(m·K)左右，耐火等级为A级，是阻燃材料，具有优异的绝热、防火、吸声性能。膨胀玻化微珠保温砂浆用玻化微珠作为轻质骨料，大大提高了砂浆的易流动性和自抗强度，减少材性收缩率，提高产品综合性能，降低综合生产成本。克服了普通膨胀珍珠岩吸水性大、易粉化和空鼓开裂等现象，弥补了聚苯颗粒有机材料易燃、防火性能差等缺陷。膨胀玻化微珠保温砂浆保温体系是以玻化微珠干混保温砂浆为保温层，在保温层面层涂抹一层具有防水抗渗、抗裂性能的抗裂砂浆，与保温层复合形成一个集保温隔热、抗裂、防火、抗渗于一体的完整体系，属新型建筑保温材料。

1.3.6 国产新型A级防火无机轻集料憎水型膨胀珍珠岩保温板

膨胀珍珠岩要用到墙体外保温必须进行改性处理，使膨胀珍珠岩保温板隔热保温能力、防水能力、抗冻融能力提升，坚固不易开裂。一般采用有机硅改性的办法做成憎水膨胀珍珠岩，解决了吸水率大的问题。憎水膨胀珍珠岩主要成分是 SiO_2 和 Al_2O_3，接近中性，在各种溶剂、酸、碱、盐中，性质稳定；憎水珍珠岩保温板 FSG 符合国家标准 GB 8624-2006 A1 级不燃标准，耐火等级为 A 级。

无机轻集料憎水型膨胀珍珠岩保温板由以下原料组成：膨胀珍珠岩，32～39 份；岩棉，1.1～1.6 份；阻燃剂，15～17 份；去碱渍剂，2.6～4.6 份；防腐剂，0.3～0.7 份；水玻璃，45～48 份；成膜助剂，11～13 份；轻骨料，13～17 份；蒸馏水，16～19 份；可再分散性乳胶粉，5～7 份。由于岩棉是采用优质玄武岩、白云石等为主要原材料，经1450℃以上高温熔化后采用高速离心成纤维，添加在膨胀珍珠岩中其纤维可以有效地将附近的膨胀珍珠岩连接在一起，提高了成型后的膨胀珍珠岩保温板的强度。生产成本约 400 元/m^3，适用于墙体外保温、屋面保温。国产 A 级防火无机轻集料憎水型膨胀珍珠岩保温板技术性能如表 1-8 所示。

无机轻集料憎水型膨胀珍珠岩保温板技术性能　　表 1-8

耐火等级	密度 (kg/m³)	导热系数 [W/(m·K)]	传热系数 [W/(m²·K)]	吸水率 (%)	抗压强度 (kPa)	抗冻融性
A	200	0.036～0.045	3.64	小于 2	190	强

1.3.7 难燃、不燃保温材料综合性能比较

将 A 级防火轻质泡沫混凝土保温板、A 级防火无机轻集料憎水型膨胀珍珠岩保温板与其他几种难燃、不燃保温材料综合比较，详见表 1-9。从燃烧性能、生产成本、导热系数、最高工作温度、使用寿命、生产能耗、环境友好 7 个指标比较来看，A 级防火轻质泡沫混凝土保温板和 A 级防火无机轻集料憎水型膨胀珍珠岩保温板都具有明显的优势。

难燃、不燃保温材料综合比较　　表 1-9

项目	A 级防火轻质泡沫混凝土保温板	岩棉	泡沫玻璃	酚醛泡沫复合保温板	A 级防火无机轻集料憎水型膨胀珍珠岩保温板
耐火燃烧性能	A 级不燃	A 级不燃	A 级不燃	A 级难燃	A 级不燃
生产成本(元/m³)	约 350	约 500	约 1100	约 1000	约 400
导热系数[W/(m·K)]	0.049	0.04	0.048	0.035	0.04
最高工作温度(℃)	1000	350	450	200	800
使用寿命	建筑周期	20 年	建筑周期	20 年	建筑周期
吸水率(%)	1.5	6	小于 1	1	2

续表

项目	A级防火轻质泡沫混凝土保温板	岩棉	泡沫玻璃	酚醛泡沫复合保温板	A级防火无机轻集料憎水型膨胀珍珠岩保温板
环境友好	无需烧制、无废水、无废气排放	高温烧结、高能耗	高温烧结、高能耗	高温烧结、高能耗	高温
生产能耗	无需蒸压养护	1800～2000℃冲天炉高温熔化，离心甩成纤维	800～900℃高温烧结	原材料为石化生产所得，能耗高	1400℃以上高温炉熔化，离心甩成纤维

1.4 窗户节能改造技术

1.4.1 窗墙比

窗墙面积比是窗洞口面积与房间立面单元外墙的面积之比，即建筑层高与开间定位线围成的面积之比。《民用建筑节能设计标准》JGJ 26-95 第 4.2.4 条规定[①]，不同朝向窗墙面积比不应超过以下数值：北向 0.25，东、西向 0.30，南向 0.35。由于外窗在建筑中变化丰富，窗框材料、玻璃品种、有无遮阳等都会严重影响建筑热工性能，所以，规范在这部分的规定并没有一刀切。根据窗墙比系数的不同，对窗体的要求分成不同的几类。所谓窗墙比，并非窗和墙的面积的比值，而是窗与其所在墙体的面积之比。规范在保证外窗自然采光的范围内鼓励窗的面积越小越好，即窗墙比越小越好。因为就现在已知能做到的最好的窗：双玻中空双腔充惰性气体 40mm 厚，铝合金断热型材，这种窗体构造的传热系数 $K=1.5\text{W}/(\text{m}^2\cdot\text{K})$，而普通的单玻铝合金窗的传热系数 $K=6.4\text{W}/(\text{m}^3\cdot\text{K})$，是墙的 6 倍。据统计，通过窗流失的热量占围护结构总流失量的 30%左右，因此控制窗墙比是个有效的节能手段。JGJ 26-95 强制规定“建筑每个朝向的窗包括透明幕墙墙面积比均不应大于 0.7″。比如夏热冬冷地区的上海市规定，当窗墙比≤0.2 时，窗的传热系数 $K\leqslant4.7\text{W}/(\text{m}^2\cdot\text{K})$。在实际工程的应用中，塑钢单玻窗或铝合金双玻窗可以满足要求，普通铝合金单玻窗是达不到要求的；当窗墙比在 0.2～0.3 之间时，窗的 $K\leqslant3.5\text{W}/(\text{m}^2\cdot\text{K})$。双玻铝合金中空 16mm 厚空气层的传热系数 $K=3.6\text{W}/(\text{m}^2\cdot\text{K})$，同样不满足要求，若改为断热桥的铝合金型材便满足；当窗墙比在 0.3～0.4 之间，窗的传热系数 $K\leqslant3.0\text{W}/(\text{m}^2\cdot\text{K})$。断热桥铝合金中空玻璃可以满足要求；当窗墙比在 0.4～0.5 之间，窗的 $K\leqslant2.8\text{W}/(\text{m}^2\cdot\text{K})$ 或当窗墙比在 0.5～0.7 之间，窗的 $K\leqslant2.5\text{W}/(\text{m}^2\cdot\text{K})$，一般情况下，中空充惰性气体玻璃镀膜断热桥铝合金的窗体构造可满足要求。窗的遮阳系数 SC 值对太阳光的遮挡程度，也是影响建筑热工性能的概念。并不是一提到遮阳就得在室外设置外遮阳挡板，无外遮阳时，通过玻璃的镀膜，也会产生遮阳的作用，当然提倡在夏热冬冷地区设置外遮阳措施。

① 对于既有建筑节能改造，一般不变动原设计窗墙比，只是校核其是否满足旧标准 JGJ 26-95。现行标准为《严寒和寒冷地区居住建筑节能设计标准》JGJ 26-2010。

有外遮阳时，遮阳系数=玻璃的遮阳系数×外遮阳的遮阳系数；无外遮阳时，遮阳系数=玻璃的遮阳系数。遮阳系数越小，阻止阳光进入室内的效果就越好。无外遮阳时，玻璃的遮阳系数是以3mm的标准白玻璃的太阳光透过率0.89为基数，建筑物所使用玻璃的太阳光透过率除以0.89得出的数字就是玻璃的遮阳系数。当窗墙比≤0.2时，外窗玻璃的SC不作要求，其他情况的窗墙比要求SC在0.4～0.6之间，东南西向的玻璃鼓励镀膜，中空玻璃塑料窗比普通铝合金窗的传热系数小得多。

1.4.2 窗体材料

对窗的节能处理主要是改善材料的保温隔热性能和提高窗的密闭性能。20世纪90年代以后，我国塑料门窗用量不断增大，正逐渐取代钢、铝合金等能耗大的材料。从窗材料来看，近些年出现了铝合金断热型材、铝木复合型材、钢塑整体挤出型材、塑木复合型材以及UPVC塑料型材等一些技术含量较高的节能产品。其中使用较广的是UPVC塑料型材，它所使用的原料是高分子材料——硬质聚氯乙烯。它不仅生产过程中能耗少、无污染，而且材料导热系数小，多腔体结构密封性好，因而保温隔热性能好。UPVC塑料门窗在欧洲各国已经采用多年，在德国，塑料门窗已经占了50%。

1.4.3 窗用玻璃

为了解决大面积玻璃造成能量损失过大的问题，将普通玻璃加工成中空玻璃、镀贴膜玻璃包括反射玻璃、吸热玻璃、高强度Low—E防火玻璃、高强度低辐射镀膜防火玻璃、采用磁控真空溅射方法镀制含金属银层的玻璃和智能玻璃。智能玻璃能感知外界光的变化并做出反应，一类是光致变色玻璃，在光照射时，玻璃会感光变暗，光线不易透过；停止光照射时，玻璃复明，光线可以透过。在太阳光强烈时，可以阻隔太阳辐射热；阴天时，玻璃变亮，太阳光又能进入室内；另一类是电致变色玻璃，在两片玻璃上镀有导电膜及变色物质，通过调节电压，促使变色物质变色，调整射入的太阳光，但因其生产成本高，还不能实际使用。这些玻璃都有很好的节能效果。

1.5 分户计量

集中供暖系统分户计量、分室控制、安装热计量表、温控阀等。供暖房间冷热不均是北方地区大多数集中供热的常见现象，为了满足偏冷的房间温度达到18℃，过量供热将导致部分供暖房间温度偏高，居民只好打开室温偏高的窗户散热，使大量的供暖热量通过外窗散掉。如果末端设置有效的调节手段或者部分热源能够进行有效的调节，就能够避免这种能耗浪费。

1.6 小区换热站自动温控变频供热

我国北方地区冬季大部分属于集中供暖，随着供暖面积的不断扩大，如何科学有效地控制和管理供暖系统，提高供暖的经济效益和社会效益，是急需解决的重要问题。目前许多城市的集中供暖系统还只在一级主网由热力公司进行集中控制温度，由于管网分支管线热力输送不平衡，势必造成住宅换热站热能供给不稳定，导致末端住宅供水温度不稳定，经常出现室内温度超过26℃的情况，住户只好开窗换热，造成严重的热能浪费，每年这种情况的浪费占15%左右。

根据城市小区供暖恒温恒压的控制要求，采用计算机、工业智能前端模块、传感器和执行器，组成一个温度和压力双重闭环结构的供暖控制系统，通过组态控制方法和PI控制策略，设计成组态画面和监控程序，实现了对小区供暖系统温度、压力、流量参数的现场采集和实时调节，提高了供暖系统的控制精度。利用小区换热站自动温控变频供热方式，有效地利用热源、改善了供暖效果。

1.7　提高集中供热管网热力平衡、热源、能源系统效率

我国北方城镇的集中供热系统中，有近50%由不同规模的燃煤和燃气锅炉提供热量，其中小容量燃煤锅炉在很多城市还是主导热源。这些小型燃煤锅炉效率低下，节能潜力在15%～20%。例如，作为燃料，天然气比电能的总能源效率更高。采用第二代能源系统，可充分利用不同品位热能，最大限度地提高能源利用效率，如热电联产CHP、余热供暖、冷热电联产CCHP等。

1.8　集中供热管网定期维护

供热管网将热媒输送到各用户的过程中存在各种损失，其中包括由于保温脱落、渗水、蒸汽渗漏和个别用户的放水，会造成10%～30%的管网热损失[5]；管道年久失修和漏水，造成大量热损失；水力失衡失调而导致的各处室温不等造成的多余热损失。我国集中供热系统管网损失情况参差不齐，差异较大。

本章参考文献

[1]　龙惟定. 建筑节能技术 [M]. 北京：中国建筑工业出版社，2009.

[2]　房志勇. 建筑节能技术 [M]. 北京：中国建材工业出版社，1999.

[3]　韩梦. 城镇化下我国北方省份集中供热耗煤预测与节能潜力分析 [D]. 北京：中国矿业大学，2011.

[4]　建筑领域煤炭（电力）消费总量控制研究报告 [R]，2015. http：//www.chinabgao.com 1info18 2192. html.

[5]　2016-2021年中国原煤炭产业运行态势及投资战略研究报告 [R]. 2014. http：//www. cache. chinabgao. com/report/2169943. html. 中国报告大厅，2014.

第 2 章　既有住宅建筑节能改造典型案例

2.1　某城市既有住宅建筑基本情况

截至 2015 年底，东北地区某城市集中供热的住宅建筑面积约 7179 万 m^2 和公共建筑面积约 588.7 万 m^2 左右。其中 2000 年前建造的无外墙保温的住宅建筑约 2120.7 万 m^2；2000～2005 年期间无外墙保温的住宅面积为 1309.4 万 m^2；合计为约 3430.1 万 m^2 左右，供暖能耗达 30.4kg 标准煤/(m^2 · a)。2005～2015 年期间建造的住宅建筑面积约 1699.1 万 m^2，全部有外墙保温，但是其中有 40%左右的外墙保温损坏，自行修改门窗、自行修改屋面等围护结构损坏等问题，且无供热计量，这部分约有 700 万 m^2，供暖能耗为 20.7kg 标准煤/(m^2 · a)。以上住宅全部需要进行三项节能改造。将上述集中供热住宅节能改造前的基本情况列入表 2-1。该城市 2000 年以前公共建筑面积约 174.5 万 m^2，仅有 2 个星级酒店有墙体内保温，其他几乎都没有墙体保温，将公共建筑节能改造前的基本情况列入表 2-2。

某城市集中供热既有住宅建筑节能改造前情况　　表 2-1

年度划分	建筑面积(m^2)	外墙保温	屋面保温	节能门窗	供热计量	供暖期室温(℃)	能耗[kg/(m^2 · a)]
2000 年以前	2120.7 万	无	无	无	无	11～15	30.4
2000～2005 年	1309.4 万	无	无	无	无	13～18	30.4
2005 年以后	700 万	损坏	损坏	损坏	无	15～20	20.7
合计	4130.1 万						需要节能改造
2006～2015 年	3048.9 万	有	有	有	有	20～25	12.9
总计	7179 万						

某城市集中供热既有公共建筑节能改造前情况　　表 2-2

年度划分	建筑面积(m^2)	外墙保温	屋面保温	节能门窗	供热计量	中央空调
2000 年以前	174.5 万	无	无	无	有	65%
2000～2005 年	151.1 万	有	有	有	有	90%
2005 年以后	263.1 万	有	有	有	有	100%
合计	588.7 万					

由表 2-1 和表 2-2 看出，2006 年以后建造的住宅建筑由于围护结构隔热保温性能较好，供暖期室温比原来提高了 7℃左右，保持在 18～24℃范围，供暖能耗为 12.9kg 标准煤/(m^2 · a)。若对不节能住宅建筑围护结构进行改造，平均可节省约 17.5kg 标准煤/(m^2 · a)。可见，2006 年以后的新住宅节能率可达 58%以上。如果对旧住宅实行三项节能改造，

采用科学的节能设计方案，很有希望实现节能率 65%的标准目标，既节省 19.76kg 标准煤/(m^2・a)，供暖期能耗为 10.64kg 标准煤/(m^2・a)。再针对热源、外网、设备系统及运行管理等全方位改造升级，节能潜力可再上台阶，有可能实现节能率 75%目标，既供暖期能耗为 7.6kg 标准煤/(m^2・a)，潜力巨大。2011 年，该城市决定实施锅炉、管网和住宅建筑三项节能改造。2012 年针对不节能住宅建筑以节能率 65%的目标，着手三项节能改造的前期准备工作，2013 年选择了市内有代表性的一个老住宅群尝试节能改造，从中总结经验，为批量改造奠定基础。

2.2　案例住宅建筑围护结构热工诊断

2.2.1　调查住宅信息，了解围护结构热工性能指标

以该城市一个老城区原来 4 家国有企业的相邻住宅为例，始建于 20 世纪 80～90 年代初，有 66 栋条形楼，合计建筑面积 15.6 万 m^2，节能改造前分为 4 个独立的集中供热管网，由 4 个独立的燃煤锅炉站分别供热 3.61 万 m^2、2.56 万 m^2、3.84 万 m^2、5.59 万 m^2。改造结束后两年全部并入城市某热电厂余热供热管网。该住宅主体 6～7 层，均为砖混结构，其外墙为 370mm 厚砖墙，内墙面抹 20mm 厚混合面抹 20mm 厚混合砂浆，外墙面抹 20mm 厚水泥砂浆或水刷石，K=1.51W/(m^2・K)，内隔断非承重砖墙 120mm、楼梯间隔承重墙壁为砖墙，厚度为 240mm；阳台外墙板厚度为 80mm；阳台底板为预制混凝土板，厚度为 100mm；普通玻璃钢窗 K=6.4W/(m^2・K)；屋顶为预制混凝土板，厚度为 120mm，无保温，K=1.7W/(m^2・K)；地面无保温，K=1.0W/(m^2・K)。该住宅保温隔热性能很差，冬季供暖期平均能耗 32.6kg 标准煤/(m^2・a)，南侧房间在温度 11～15℃之间，北侧在 8～13℃之间，北侧和西侧墙体结露现象很普遍。

2.2.2　估算各类围护结构能耗比例，确定保温隔热的薄弱环节

建筑物的得热和失热全部通过外围护结构产生的。任何地区通过外围护结构传递的能耗都占总能耗绝大部分比例。经检测，样板楼改造前外围护结构能耗比例如表 2-3 所示。显然，外墙、外窗以及窗体墙体不密实引起空气渗透所占能耗比例高达 78.5%，是隔热的薄弱环节。

样板楼改造前外围护结构能耗比例　　表 2-3

建筑外围护结构分项	占总能耗的百分比(%)	特征	热工性能 K [W/(m^2・K)]
外墙+空气渗透耗热量	55.9	砖墙 370mm，内墙面抹 20mm 厚混合砂浆，外墙面抹 20mm 厚水泥砂浆或水刷石	砖，K=1.34W/(m^2・K)；没有圈梁构造柱部位墙体，K_1=1.51W/(m^2・K)；有圈梁构造柱部位墙体，K_2=1.94W/(m^2・K)。该地区传热系数的最大值相等，刚满足不结露最低条件。室内温度低于 16℃时，外墙内表面即产生结露现象
外窗(含阳台)	22.6	普通玻璃钢窗阳台底板预制混凝土板其厚度为 100mm 无保温	6.4

续表

建筑外围护结构分项	占总能耗的百分比(%)	特征	热工性能 K [W/(m^2·K)]
楼梯间隔墙	11.5	砖墙 240mm	1.5
屋面	7.1	预制混凝土板其厚度为120mm 无保温,防水	1.7
地面	2.9	无保温层	1
户门	2.4	木门(也有自行更换普通防盗铁门)	4.7

注：墙体材料黏土实心砖 370mm 的场合，导热系数为 0.81W/(m·K)、密度为 1800kg/m^3、抗压强度为 75kPa、传热系数为 10.63W/(m^2·K)。

2.2.3 理论传热系数验算

东北地区外墙内表面的温度低于室内空气露点温度时，外墙的内表面就产生结露。这种现象不但会影响人的舒适和健康，同时也造成室内用具及房屋结构损坏。

要解决外墙内表面结露问题，必须选择传热系数小、足够厚的外围护结构，使它的内表面温度不会太低，保证它的表面不产生凝结水，即外墙的传热系数 K 值小于当地冬季传热系数的最大值 K_{max}[1,2]。外墙的传热系数 K 值大小与外墙厚度以及外墙采用的材料等有直接关系。

$$K=1/[1/\alpha_{\beta}+\sum(\delta/\lambda)+1/\alpha_{H}] \tag{2-1}$$

式中 α_{β}——感热系数；

λ——导热系数；

δ——墙厚；

α_{H}——散热系数。

$$K_{max}=\alpha_{\beta}\times[t_{\beta}-(\tau+1.5)]/(t_{\beta}-t_{H})$$

假设冬季室内供暖最低温度（t_{β}）为 16℃，室外最低温度（t_{H}）为−20℃，感热系数 α_{β} 取 7.5，室内的相对湿度为 50%，室内温度为 16℃，结露温度 $\tau=6$℃，可得出 $K_{max}=1.51$W/(m^2·K)。

采用 370mm 厚黏土砖墙、内墙面抹 20mm 厚混合砂浆、外墙面抹 20mm 厚水泥砂浆或水刷石的场合，传热系数如下：

没有圈梁、构造柱部位墙体，依据式（2-1）计算，$K_1=1.51$W/(m^2·K)；

有圈梁、构造柱部位墙体，依据式（2-1）计算，$K_2=1.94$W/(m^2·K)。

由计算结果得知，370mm 厚黏土砖墙传热系数与该地区传热系数的最大值相等，满足不结露最低条件，如果室内温度低于 16℃时，外墙内表面即产生结露现象，而圈梁和构造柱处的传热系数大于该地区传热系数最大值，是结露发霉扩散的起因。370mm 厚黏土砖墙只能满足结构强度要求，不能保证外墙内表面结露保温要求。节能改造设计要解决这个问题。

2.3　原建筑围护结构传热系数与当地节能标准限值比较

按照节能率 65%的标准，当地建筑围护结构传热系数限值，详见表 2-4；原建筑围护结构传热系数与当地节能标准限值比较，详见表 2-5。比较可知，外墙传热系数比限值高近 4 倍，窗传热系数比限值高 2.5 倍多，屋面传热系数比限值高 3.5 倍多，户门比限值高 3 倍多，节能改造潜力巨大。由于居民基本都安装了地板，地面实际热能损失会大大减少，不易做节能改造。楼梯间隔墙传热系数比限值略高一点，而且间距小也不易改造。

当地 65%节能标准建筑围护结构传热系数限值　　表 2-4

围护结构部位	传热系数 K[W/(m^2·K)]			
	10 层建筑以上	7～9 层建筑	4～6 层建筑	3 层或以下建筑
屋顶	0.45	0.45	0.45	0.40
外墙(平均传热系数)	0.5	0.5	0.5	0.45
底面接触室外空气的架空或外挑楼板	0.5			
分隔供暖或非供暖空间的隔墙楼板	1.2			
户门	1.50			
阳台门下部门芯板		1.70		
地面	周边地面	0.52		
	非周边地面	0.3		
外窗(含阳台门透明部分)	窗墙面积比<0.20	2.8		
	0.20<窗墙面积比<0.30	2.8		
	0.30<窗墙面积比<0.40	2.5		
	0.40<窗墙面积比<0.50	2.0		
	比<0.50			

原建筑围护结构传热系数与当地节能标准限值比较［单位：W/(m^2·K)］　　表 2-5

方案	外墙	窗(含阳台)	屋面	地面	户门	楼梯间隔墙
原建筑	1.94	6.4	1.7	1	4.7	1.5
节能率 65%当地限值	0.5	2.5	0.45	0.52	1.5	1.2

2.4　节能设计要点

2.4.1　外墙和封闭阳台节能改造的设计要点

（1）应根据原有墙体材料、构造、厚度、饰面做法及剥蚀程度等情况，按照现行建筑节能标准的要求，确定外墙保温构造做法和保温层厚度。

（2）考虑到长期防火安全需要和造价成本因素，外保温系统宜优先采用 A 级防火无机轻质料保温材料薄抹灰系统，不采用传统的有机保温材料如聚苯板 EPS 薄抹灰系统。保温层与原基层墙体应采用粘锚结合，粘结为主、锚固为辅的连接方式，并根据墙体基面粘结力的实测结果计算确定粘结面积和锚栓数量，以确保安全可靠。

（3）为减少热桥影响，应优先采用断桥锚栓。

（4）首层外保温应采用双层网格布加强做法，防止外力撞击引起破坏[3]。

（5）墙面保温层勒脚部位应采取可靠的防水及防潮措施。当首层地平与室外地平有一定高差时，可以从散水以上5～10cm开始做保温并宜采用金属托架。

（6）外墙外露出挑构件及附墙部件应有防止和减少热桥的保温措施，其内表面温度不应低于室内空气露点温度。

（7）外保温与外窗的结合部位应有可靠的保温及防水构造。宜采用外窗台板、滴水鹰嘴等专用配件。关键节点部位应采用膨胀密封条止水。

（8）应对原设计为开放式的阳台做结构安全评估，必要时进行加固。与室外空气接触的阳台栏板、顶板、底板部位传热系数应与外墙主体部位一致。

（9）外墙管线、空调外机、防盗窗等附着物及各种孔洞应有专项节点设计，燃气热水器的排气孔还应有防火设计。

（10）墙面设置的雨落管出水口应加做弯头，将雨水引开墙基[4]。

2.4.2 外窗节能改造的设计要点

（1）外窗应采用内平开窗，以提高气密性和保温性能，同时改善隔声和防尘效果。

（2）楼梯间等公共部位外窗如通行间距不能满足安全要求，在权衡判断满足节能要求后可采用悬开窗或推拉窗。

（3）外窗宜与结构墙体外基面平齐安装，以减少热桥影响。如难以实现，也可采取居中安装方式，但窗口外侧四周墙面应进行完好的保温处理。

（4）外窗框与窗洞口的结构缝，应采用发泡聚氨酯等高效保温材料填堵，不得采用普通水泥砂浆补缝。

（5）外窗框与保温层之间，及其他洞口与保温层之间的缝隙应采用膨胀密封条止水后，再用耐候密封胶封闭，以防止雨水进入保温层。

2.4.3 屋面节能改造的设计要点

（1）原屋面保温层采用的焦渣等松散材料或水泥珍珠岩、加气混凝土等多孔材料，含水率对荷载和保温效果影响较大时，应清除原有保温层及防水层，重新铺设屋面。保温层宜采用A级防火无机轻质料、低吸水率、防水性能好、造价低的保温材料。

（2）当原屋面防水层完好，承载能力满足安全要求时，可直接在原防水层上加铺保温层。

（3）当新做屋面时，采用倒置式做法，保温层宜采用A级防火无机轻质料、低吸水率、防水性能好、造价低的保温材料。

（4）屋面避雷设施、天线、烟道、天沟等附属设施应进行专项节点设计。上人孔应作保温和密封设计[5]。

（5）屋面与女儿墙或挑檐板的保温应连成一体，屋面热桥部位应做保温处理，烟道口的保温应采用岩棉等不燃材料。

（6）女儿墙做完保温后，应用带滴水鹰嘴的金属压顶板保护。

2.4.4　供暖与非供暖空间的隔墙、地下室顶板节能改造的设计要点

（1）对既有建筑楼梯间隔墙进行保温处理，会挤占消防通道，施工难度大，在完整做好外墙外保温的情况下，不推荐对楼梯间隔墙进行保温处理[5,6]。

（2）不供暖地下室顶板可采用粉刷石膏做法，并沿外墙内侧向下延伸至当地冰冻线以下或地下室地面。

2.4.5　供暖系统计量与节能改造的设计要点

（1）应根据节能改造方案，核算供暖房间的热负荷。

（2）当原有室内供暖系统为单管顺流式时，宜改为垂直单管跨越或垂直双管两种形式，并加装平衡阀、自动恒温控制阀和热计量装置，实现分室控温、分户计量。

（3）楼栋或单元热计量表的二次表部分应安装在地面以上或楼宇门内的适当位置，并用防护罩保护，便于读表，防止损坏。

2.4.6　热源和室外管网节能改造的设计要点

（1）热源处宜设置供热量自动控制装置，实现供需平衡，按需供热。

（2）锅炉房、热力站应结合现有情况设置运行参数检测装置。应对锅炉房燃料消耗进行实时计量监测。应对供热量、补水量、耗电量进行计量。锅炉房、热力站各种设备的动力用电和照明用电应分项计量。

（3）室外管网改造时，应进行水力平衡计算。当热网的循环水泵集中设置在热源处或二级网系统的循环水泵集中设置在热力站时，各并联环路之间的压力损失差值不应大于15%。当室外管网水力平衡计算达不到上述要求时，应根据热网的特点设置水力平衡装置。热力入口水力平衡度应达到0.9～1.2。

2.5　拟定节能改造方案

在拟定节能改造方案过程中，调研总结了许多城市节能改造的先进经验和教训，以确保防火安全、施工安全、保温效果、合理造价为原则，结合既有住宅建筑围护结构和本城市气候的特点，针对这 4 个独立的集中供暖 6～7 层住宅群，以节能率 65%目标，拟定 4 种节能改造方案，试点比较保温效果、造价成本和节能效果。

2.5.1　城市冬季气候特点

冬季偏北季风 6～7 级、大风日数 100d 左右，最低温度-21℃，年平均日照时数为2500～2900h，日照率为 60%，冬季日照时数最少。

2.5.2　选择保温材料

按照节能改造设计要点、国家对保温材料防火等级燃烧性能的高标准要求，墙体和屋面大面积使用的主体保温材料选择 A 级防火不燃无机轻质保温材料；阳台等墙面无支撑面且单体面积小等部位可选用挤塑板等保温效果好、成本低、B 级防火的传统有机保温材料[7]。

本改造项目选定以下两种主体保温材料：

（1）国产新型A级防火无机轻集料憎水型膨胀珍珠岩保温板，用于方案一和方案二。按照65%节能要求，理论上最不利墙体保温板厚度应为85mm。产品规格有600mm×300mm×（30mm、40mm、50mm、60mm、70mm、80mm、90mm、100mm、110mm、120mm）十种。

方案一选用规格为600mm×300mm×90mm的A级防火无机轻集料憎水型膨胀珍珠岩保温板作为北侧和西侧墙体保温材料；选用600mm×300mm×80mm作为南侧和东侧保温材料；屋面选用600mm×300mm×90mm；阳台墙面因属于小面积且无支撑面，按照65%节能要求，选用厚度55mm挤塑板作为保温材料。地面和楼梯间隔墙不做保温。

方案二选用规格600mm×300mm×100mm的A级防火无机轻集料憎水型膨胀珍珠岩保温板作为北侧和西侧墙体保温材料；选用600mm×300mm×90mm作为南侧和东侧保温材料；屋面选用规格600mm×300mm×100mm作为保温材料；阳台墙面按照65%节能要求，选用厚度55mm挤塑板作为保温材料。

（2）国产新型A级防火轻质泡沫混凝土保温板，用于方案三和方案四。按照65%节能要求，最不利墙体保温板厚度应为90mm；产品规格有300mm×300mm×厚度、250mm×250mm×厚度，可以根据地方气温及节能系数定做。

方案三选用规格为300mm×300mm×90mm的A级防火轻质泡沫混凝土保温板作为北侧和西侧墙体保温材料；选用规格600mm×300mm×80mm作为南侧和东侧保温材料；屋面选用规格600mm×300mm×90mm作为保温材料；阳台墙面按照65%节能要求，选用厚度55mm挤塑板作为保温材料。

方案四选用规格为300mm×300mm×100mm的A级防火轻质泡沫混凝土保温板作为北侧和西侧墙体保温材料；选用规格300mm×300mm×90mm作为南侧和东侧保温材料；屋面选用规格300mm×300mm×90mm作为保温材料；阳台墙面按照65%节能要求，选用厚度55mm挤塑板作为保温材料。

2.5.3 改造方案分项内容与造价

（1）方案一内容

方案一共16栋、7层楼房、672户，总建筑面积3.61万m²，节能改造方案一的详细内容如表2-6所示。

方案一内容 **表2-6**

部位		保温材料	保温材料厚度(mm)	数量(m²)	单价(元/m²)	主材造价(元)
墙体	西侧	国产新型A级防火无机轻集料憎水型膨胀珍珠岩保温板FSG	90	4310	117	504270
	北侧		90	10048	117	1175616
	东侧		80	4310	108	504270
	南侧		80	6174	108	666792
屋面		同上	90	5357	117	626769
阳台墙体	南侧	挤塑板XPX	55	1517	107	162319
	北侧		55	858	107	91806

续表

部位	保温材料	保温材料厚度(mm)	数量(m^2)	单价(元/m^2)	主材造价(元)
门窗	塑钢双玻中空内平开窗	5+12+5	11552	190	2194800
户门	夹芯保温门		672	750	504000
门栋门	自动关闭保温门		48	820	39360
分户计量	户内部分		672	1200	806400
主材造价合计					7276402
其他辅助费用合计					2972051
主材造价/建筑面积(元/m^2)					201.6
总造价					10248453
总造价/建筑面积(元/m^2)					283.9

(2) 方案二内容

方案二共11栋、6层楼房、396户，总建筑面积2.56万m^2，节能改造方案二的详细内容如表2-7所示。

方案二内容 **表2-7**

部位		保温材料	保温材料厚度(mm)	数量(m^2)	单价(元/m^2)	主材造价(元)
墙体	西侧	国产新型A级防火无机轻集料憎水型膨胀珍珠岩保温板FSG	100	3093	128	395504
	北侧		100	6177	128	790656
	东侧		90	3293	117	395504
	南侧		90	5210	117	609570
屋面		同上	100	4286	117	501462
阳台墙体	南侧	挤塑板XPX	55	1083	107	115881
	北侧		55	613	107	65591
门窗		塑钢双玻中空内平开窗	5+12+5	8251	190	1567690
户门		夹芯保温门		396	750	297000
门栋门		自动关闭保温门		33	820	27060
分户计量		户内部分		396	1200	475200
主材造价合计						5241118
其他辅助费用合计						2140738
主材造价/建筑面积(元/m^2)						204.7
总造价						7381856
总造价/建筑面积(元/m^2)						288.3

(3) 方案三内容

方案三共18栋，6层6栋216户、7层12栋504户，共720户，总建筑面积3.84万m^2，节能改造方案三的详细内容如表2-8所示。

方案三内容 **表2-8**

部位		保温材料	保温材料厚度(mm)	数量(m^2)	单价(元/m^2)	主材造价(元)
墙体	西侧	国产新型A级防火泡沫混凝土保温板	90	4555	115	523825
	北侧		90	10965	115	1260975
	东侧		80	4555	106	523825
	南侧		80	7679	106	813974
屋面		同上	90	6428	115	739220
阳台墙体	南侧	挤塑板XPX	55	1653	107	176871
	北侧		55	1029	107	110103
门窗		塑钢双玻中空内平开窗	5+12+5	13962	190	2652780
户门		夹芯保温门		720	750	540000
门栋门		自动关闭保温门		54	820	44280
分户计量		户内部分		720	1200	864000
主材造价合计						7115853
其他辅助费用合计						3140756
总造价						10256607
主材造价/建筑面积(元/m^2)						185.3
总造价/建筑面积(元/m^2)						264.7

(4) 方案四内容

方案四共13栋、6层楼房、624户，总建筑面积5.59万m^2，节能改造方案四的详细内容如表2-9所示。

方案四内容 **表2-9**

部位		保温材料	保温材料厚度(mm)	数量(m^2)	单价(元/m^2)	主材造价(元)
墙体	西侧	国产新型A级防火泡沫混凝土保温板	100	4010	124	497240
	北侧		100	13955	124	1730420
	东侧		90	3866	115	444590
	南侧		90	10236	115	1177140
屋面		同上	100	5825	124	722300
阳台墙体	南侧	挤塑板XPX	55	3288	107	351816
	北侧					

续表

部位	保温材料	保温材料厚度(mm)	数量(m²)	单价(元/m²)	主材造价(元)
门窗	塑钢双玻中空内平开窗	5+12+5	24843	190	4720170
户门	夹芯保温门		624	750	504000
门栋门	自动关闭保温门		52	820	39360
分户计量	户内部分		624	1200	618240
主材造价合计					10805276
其他辅助费用合计					4606913
主材造价/建筑面积(元/m²)					193
总造价					15412189
总造价/建筑面积(元/m²)					275

2.5.4　分户计量、换热站改造技术方案

分户计量、换热站改造技术方案要点如下：

(1) 户内采用单管跨越配自动温控阀和热分配器；

(2) 安装楼栋超声波计量表分摊计量；

(3) 换热站实现变频温度与气候补偿调节。

四个节能改造方案中分户计量费用只含户内温控阀和热分配器及组装部件造价，其他均归为热源、换热站改造费用，计入其他费用中。

2.6　节能改造方案传热系数理论计算值

将四种节能改造方案传热系数理论计算值与原楼初始设计值和当地节能率 65%限值比较，详见表 2-10。

四种节能改方案传热系数理论计算值 [W/(m²・K)]　　表 2-10

方案	外墙	窗	屋面	地面	户门	楼梯间隔墙
方案一	0.46	2.45	0.43		1.25	
方案二	0.43	2.45	0.41		1.25	
方案三	0.47	2.45	0.44		1.25	
方案四	0.44	2.45	0.42		1.25	
原楼初始设计值	1.94	6.4	1.7		4.7	1.5
节能率 65%当地限值	0.5	2.5	0.45	0.52	1.5	1.2

2.7 薄抹灰外保温系统的性能指标

薄抹灰外保温系统的性能指标，详见表 2-11。

薄抹灰外保温系统的性能指标　　表 2-11

试验项目		性能指标
吸水量(g/m^2),浸水 24h		≤500
抗冲击强度(J)	普通型(P 型)	≥3.0
	加强型(Q 型)	≥10.0
抗风压		抗风压值不小于工程项目的风荷载设计值
耐冻融		表面无裂纹、空鼓、起泡、剥离现象
水蒸气湿流密度[$g/(m^2 \cdot h)$]		≥0.85
不透水性		试样防护层内侧无水渗透
耐候性[1)]		表面无裂纹、粉化、剥落现象

2.8 施工条件

（1）室外垂直运输设备、现场施工及生活所需的水电等临建设施。

（2）外脚手架搭建、施工中配架子工翻铺板子。

（3）基层墙体垂直度要求为全高允许偏差 10mm以内，表面平整度在 8mm以内，墙面的水泥灰浆应清除，墙表面的凸起物应剔除，外墙上的螺栓点堵严。

（4）门窗框及墙身上各种进埋管件架按设计安装完毕。

（5）主要材料准备齐备。

（6）施工机具包括外接电源设备、电动搅拌器、角磨机、电锤、称量衡器、密齿手锯、壁纸刀、剪刀、钢丝刷、腻子刀、抹子、阴阳角抿子、托线板、2m 靠尺、墨斗等准备齐全。

（7）气候条件要求如下：操作地点环境和基底温度不低于 5℃，风力不大于 5 级，雨天不能施工。夏季施工，施工面应避免阳光直射，必要时可在脚手架上搭设防晒布，遮挡墙面。如施工中突遇降雨，应采取有效措施，防止雨水冲刷墙面。

2.9 外墙保温施工工艺流程说明

2.9.1 阳台使用挤塑板保温材料施工工艺流程

基层处理→抄平放线→配胶粘剂→粘贴挤塑板→打磨→锚固件安装→抹底层罩面砂浆→压入网格布→抹面层罩面抗裂砂浆→缝的处理→加强层→装饰线条→外墙涂料。

1. 基层处理

将墙面的混凝土残渣和脱模剂必须清理干净，墙面平整度超差部分应剔凿或修补。伸出墙面的（设备、管道）联结件已安装完毕，并留出外保温施工的余地。

2. 抄平放线

根据建筑立面的设计和外墙外保温的技术要求，在墙面弹出外门窗水平、垂直控制线及伸缩缝线，装饰缝线，在建筑外墙大角挂垂直基准钢线，每个楼层适当位置挂水平线，以控制墙面的垂直度和平整度。

3. 配胶粘剂

将抹灰砂浆胶粉与水按4∶1重量比配制，用电动搅拌器搅拌均匀，一次配制用量以1h内用完为宜；配好的料注意防晒避风，超过可操作时间不准再度加水使用。集中搅拌，专人定岗。

4. 粘贴保温板

（1）用抹子在每块保温板（标准板尺寸为600mm×1200mm）四周边上涂上宽约5cm，厚约1cm的胶粘剂，再在保温板同一侧中部均匀刮上5块直径约12cm、厚约1cm的粘结点，此粘结点要布置均匀，必须保证保温板与基层墙面的粘结面积达到30%。

（2）涂好后立即将保温板贴在墙面上，以防止胶粘剂结皮而失去粘结作用。

（3）保温板贴在墙上时，应用2m靠尺进行压平操作，保证其平整度和粘结牢固。板与板之间要挤紧，不得有较大的缝隙。若因保温板面不方正或裁切不直形成大于2mm的缝隙，应用保温板条塞入并打磨平。

（4）保温板应水平粘贴，保证连续结合，而且上下两排保温板应竖向错缝搭接，搭接长度不小于10cm。

（5）在墙拐角处，应先排好尺寸，裁切保温板，使其粘结时垂直交错连接，保证拐角处顺直且垂直。

（6）在粘贴窗框四周的阳角和外墙阳角时，应先弹出基准线，作为控制阳角上下竖直的依据。

（7）保温板连接处不能粘有胶粘剂。

5. 打磨

保温板贴完后至少24h，且待胶粘剂达到一定粘结强度时，用专用打磨工具对保温边角不平处进行打磨，打磨动作最好是轻柔的圆周运动，不要沿着与保温板接缝平行的方向打磨。打磨后应用刷子将打磨操作产生的碎屑清理干净。

6. 锚固件的安装

（1）使用电锤进行打孔以安装锚固件。结构墙体上的孔深应在5cm以上。呈梅花状布置，其间距a详见表2-12。固定件布置法详见图2-1。

锚固件的安装尺寸　　表2-12

建筑物标高	20m以下	20～50m	50m以上
锚固件间距a	60～50cm	40cm	30cm

（2）打完孔后，将锚固件的塑料圆盘装入孔中，锚栓应在粘贴保温板的胶粘剂初凝后，方能钻孔安装。

7. 底层抹面砂浆

（1）配制抹面砂浆，配制及搅拌方法与粘结砂浆相同。

（2）在保温板面抹底层抹面砂浆，厚度2～3mm。

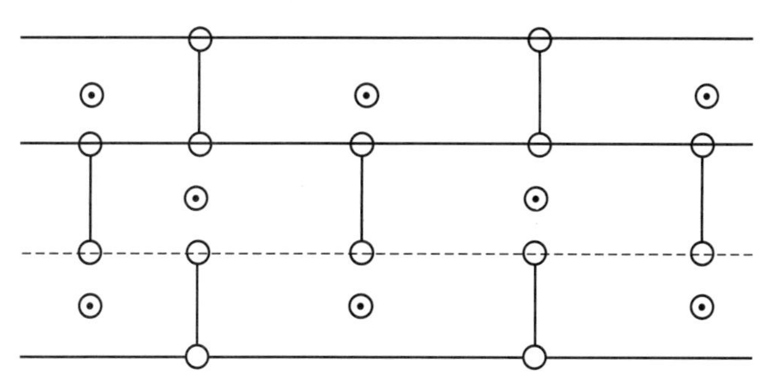

图 2-1 固定件布置法

8. 贴压网格布

将网格布绷紧后贴于底层抹面砂浆上，用抹子由中间向四周把网格布压入砂浆的表层，要平整压实，严禁网格布皱褶。网格布不得压入过深，表面必须暴露在底层砂浆之外。单张网格布长度不宜大于 6m。铺贴遇有搭接时，必须满足横向 100mm、纵向 80mm 的搭接长度要求。

9. 抹面层抗裂砂浆

在底层抹面砂浆凝结前再抹一道抹面砂浆罩面，厚度 1～2mm，仅以覆盖网格布且微见网格布轮廓为宜。面层砂浆切忌不停揉搓，以免形成空鼓。砂浆抹灰施工间歇应在自然断开处，方便后续施工的搭接，如伸缩缝、阴阳角、挑台等部位。在连续墙面上如需停顿，面层砂浆不应完全覆盖已铺好的网格布，需与网格布、底层砂浆呈台阶形坡茬，留茬间距不小于 150mm，以免网格布搭接处平整度超出偏差。

10. 缝的处理

留设伸缩缝时，分格条应在进行抹灰工序时就放入，待砂浆初凝后起出，修整缝边。缝内填塞发泡聚乙烯圆棒作背衬，直径或宽度为缝宽的 1.3 倍，再分两次勾填建筑密封膏，深度为缝宽的 50%～70%。

11. 加强层做法

考虑首层与其他需加强部位的抗冲击要求，在标准外保温做法的基础上加铺一层网格布，并再抹一道抹面砂浆罩面，以提高抗冲击强度。在这种双层网格布中，底层网格布可以是标准网格布，也可以是质量更大、强度更高的增强网格布，以满足设计要求的抗冲击强度为原则。加强部位抹面砂浆总厚度宜为 5～7mm。在同一块墙面上，加强层做法与标准层做法间应留设伸缩缝。

12. 装饰线条做法

装饰缝应根据建筑设计立面效果处理成凹形或凸形。凸形称为装饰线，以保温板来体现为宜，此处网格布与抹面砂浆不断开。粘贴保温板时，先弹线标明装饰线条位置，将加工好的保温板线条粘于相应位置。线条突出墙面超过 100mm 时，需加设机械固定件。线条表面按普通处保温抹灰做法处理。凹形称为装饰缝，用专用工具在保温板上刨出凹槽再抹防护层砂浆。

13. 外墙涂料

涂料饰面涂抹前，应先在抗裂砂浆抹面层上涂刷高分子乳液弹性底涂层，在刮抗裂柔性耐水腻子，饰面面层一般应采用弹性涂料。

2.9.2　墙体使用国产新型 A 级防火轻质泡沫混凝土保温板施工工艺流程

国产新型 A 级防火轻质泡沫混凝土外墙外保温工程施工时，必须严格按照施工工艺流程进行，尤其是特殊部位网格布加强处理、金属托架安装、抹面砂浆厚度、分隔缝设置、门窗口及墙角等细部处理都是施工中应重点控制的部位。保温工程施工前必须向施工操作人员进行书面技术交底，必要时到施工现场进行实物交底。保温工程施工应在基层墙体施工质量验收合格后进行，基层表面必须坚固、平整、清洁，不得有浮灰、油污、脱模剂、空鼓或其他妨碍粘结的附着物。外墙门、窗框安装完毕，门窗框周边缝隙已填塞密实；伸出墙面的水落管、各种进户管线和连接件应安装完毕并预留出保温层的厚度。

基层墙体处理→吊垂线、弹控制线→安装底层托架→基层湿润时设保温层伸缩缝→粘结砂浆制作，粘贴保温板→安装防锈金属托架（20m 以上安装专用托架）抹第 1 遍抹面砂浆→铺设抗裂耐碱网布→特殊部位增强处理→安装锚固件→抹第 2 遍抹面砂浆→保温层验收→抹柔性耐水腻子→涂料饰面→工程验收。

1. 墙面基层处理

（1）基层墙体应坚实平整，表面平整度允许偏差 5mm。局部凸起和有妨碍粘结的污染物应剔除，并用聚合物砂浆找平，聚合物砂浆的配合质量比为：普通硅酸盐水泥∶中细砂∶胶＝1∶3∶0.3。

（2）当基层墙体为砖砌墙体时，应用 20mm 厚 1∶3 防水水泥砂浆整体找平。

（3）当基层为钢筋商品混凝土墙体时，墙面应涂刷界面剂，当墙体表面平整度≥5mm 时，用 20mm 厚 1∶3 防水水泥砂浆整体找平。基层及找平层施工质量必须满足《建筑装饰装修工程施工质量验收规范》GB 50210—2001 要求。

2. 吊垂线，弹控制线

在外墙各阳角、阴角及其他必要处吊垂线做灰饼、标筋，灰饼之间距离≤2.0m，以保证保温层表面平整度和垂直度；同时在墙面弹水平和垂直控制线，以确定外墙面门、窗洞口及泡沫商品混凝土板的板缝、分隔缝及变形缝等位置。

3. 安装支撑托架

为避免保温板自重及粘结不牢固产生的保温层年久脱落问题，首层应设置通长支撑托架，且每 3 层楼应设置 1 个通长支撑托架；安装时采用冲击钻在安装点上钻孔，然后用膨胀螺栓将支撑托架锚固在基层墙体上。当外保温板为 80～100mm 厚时，用 60mm×60mm 的角钢托架即可。

4. 设置保温层分隔缝

分隔缝宽约 20mm，相邻纵横向分隔缝围成的面积应≤36m^2。

5. 制作粘结砂浆

粘结砂浆和抹面砂浆均为单组分材料，水灰比应按材料供应商产品说明书配制，除正常拌和水外，不得加入其他材料，要求用砂浆拌和机搅拌均匀，先加入水，再加入粘结砂浆，搅拌时间自投料完毕后≥5min，一次配制用量以 2h 内用完为宜；料浆必须随拌随用，落地料及余料不得重新搅拌后再用。

6. 粘贴保温板

保温板与基层之间采用满粘法。粘贴时用铁抹子在每块保温板上均匀批刮一层厚度≥3mm的粘结砂浆，粘贴率>95%，及时粘贴并挤压到基层墙面上，用橡胶锤拍实并压平保温板，以保证粘贴牢固。粘贴时相邻板材之间要互相靠紧、对齐，上下板材之间错缝排列，墙角上下板材之间要咬口错位，随时用2m靠尺和托线板检查平整度和垂直度，板与板之间高差不应超过1mm，缝隙≤1mm。泡沫保温板可在现场用手锯切割成所需大小，以保证门窗角部的保温对接紧密，较大缝隙处及特殊部位可用PU发泡剂填充，以避免热桥现象。

7. 抹面层施工

保温板在大面积铺贴结束后，应视气候条件在24～48h后进行抹面砂浆施工。施工前用2m靠尺在商品混凝土泡沫板上检查平整度，对凸出部位应刮平并清理表面碎屑，保温板应平整、垂直，阴阳角方正、顺直，否则必须进行修补后方可进行抹面层施工。同时，在窗口、阳台、雨篷等凸出墙面部位做出坡度，下面做成滴水线或滴水槽。抹面砂浆应按产品说明书配制，施工时分2遍抹抹面砂浆，总厚度控制在4～6mm。第1遍抹面砂浆抹于泡沫商品混凝土保温板表面，厚2～3mm，待铺贴耐碱网格布后再抹第2遍抹面砂浆。第2遍抹面砂浆厚2～3mm，覆盖住耐碱网格布，网格布应位于抹面砂浆偏外侧，施工完成后应适当洒水养护2～5d。

8. 耐碱玻璃纤维网格布施工

抹面砂浆施工时，先用大刮杠刮平，再用抹子搓平，随即将事先裁好的网格布绷紧后贴于第1遍抹面砂浆上，用抹子由中间向四周将网格布压入砂浆表层，要平整压实，严禁网格布褶皱。但网格布不得压入过深，表面必须暴露在第1遍抹面砂浆之外。网格布应铺压严实，不得有空鼓、褶皱、翘曲、外露等现象。搭接应满足左右长度≥80mm，上下≥100mm，并且在门窗口、阴阳角、建筑物底层等部位应按规范设置加强层网格布。耐碱网格布施工完成后，应对阴阳角、分隔缝等部位进行检查和修整，使其平整度、垂直度符合质量验收规范要求。

9. 膨胀锚栓施工

膨胀锚栓应在第1遍抹面砂浆施工完成，并压入耐碱网格布后初凝时进行，使用电钻在泡沫商品混凝土保温板的角缝处打孔，孔眼距离保证板材边角的距离以100m为宜，以免损坏板材，将膨胀锚栓插入孔中，并将塑料圆盘的平面拧压到抹面砂浆中，商品混凝土墙体有效锚固深度≥25mm；加气商品混凝土等轻质墙体有效长度≥50mm。墙面高度在20m以下，设置锚栓≥5个/m^2，20m以上设置（7～9）个/m^2。

10. 装饰面层施工

采用涂料饰面层时，在抹面层表干后即可进行柔性耐水腻子施工，腻子应用刮板批刮平整，待第1遍柔性耐水腻子表干后，再刮第2遍腻子，压实抹光。批刮柔性耐水腻子应不漏底、不漏刮、不留接缝，完全覆盖表面。待柔性耐水腻子完全干后，即可进行面层涂料施工。涂料饰面的施工应从墙顶端开始，自上而下进行。

11. 施工注意事项

（1）国产新型A级防火轻质泡沫混凝土外墙外保温工程施工时应从首层开始，从外墙阳角自下而上，沿水平方向从左向右横向铺贴，外墙阳角两侧的板应垂直交错连接，并保证拐角处板材安装的平整度与垂直度，上下排之间保温板的粘贴应错缝 1/2 板长。

（2）在粘贴窗框四周的阴角和外墙角时，应先弹出垂直基准线，作为控制阴角上下垂直的依据，门窗洞口四周部位的保温板应采用整块，应裁成 L 形铺贴，不得拼接，接缝距洞口四周距离≥100mm。

（3）阴角保温板与门窗框间留 6～10mm 缝隙，填塞硅酮密封胶。

（4）为了提高保温板施工的整体平整度和观感质量，在保温板粘贴后采用硅酮密封胶对保温板之间的拼缝进行二次批腻子处理，避免了板材表面凸凹不平现象

（5）耐碱玻璃纤维网格布加强处理：建筑物首层应由 1 层标准型网格布和 1 层加强型网格布组成，以提高底层的防撞击性能；二层以上墙面可采用 1 层标准型网格布施工。在门窗口、变形缝等部位要附加 1 层斜拉网格布进行加强，门窗外侧洞口四周应在 45°方向加贴 300mm×400mm 标准型网格布增强，防止角部因应力集中而开裂。外墙阳角部位附加 400mm 宽网格布，每边 200mm，阴角部位附加 200mm 宽网格布，每边 100mm。

（6）首层墙面抹面砂浆施工：第 1 遍抹面砂浆施工后压入玻璃纤维网格布，待其初凝稍干硬后进行第 2 遍抹面砂浆施工，然后对接压入加强型网格布，不宜搭接，第 3 遍抹面砂浆将玻璃纤维网格布完全覆盖。抹面砂浆施工间歇应在自然断开处，以方便后续施工的搭接。在连续墙面上如需停顿，第 2 道抹面砂浆与耐碱玻璃纤维网格布应按台阶形留槎，留槎间距≥150mm。

（7）屋面保温系统方案：原 120mm 厚现浇混凝土楼板清理＋20 厚水泥砂浆找平层＋30mm 普通泡沫混凝土找坡层＋方案中选定的保温材料＋防水层＋20mm 水泥砂浆保护层。

2.9.3　墙体使用国产新型 A 级防火无机轻集料憎水型膨胀珍珠岩保温板施工工艺流程

使用国产新型 A 级防火无机轻集料憎水型膨胀珍珠岩保温板施工工艺流程与国产新型 A 级防火轻质泡沫混凝土保温板施工工艺流程基本相同，请参照。

2.10　安装允许偏差

允许偏差及检验方法详见表 2-13。

安装允许偏差　　**表 2-13**

项次	项目	允许偏差		检查方法
		保温层	抗裂层	
1	立面垂直	4	4	用 2m 托线板检查
2	表面平整	4	4	用 2m 靠尺及塞尺检查
3	阴阳角垂直	4	4	用 2m 托线板检查
4	阴阳角方正	4	4	用 20cm 方尺和塞尺检查
5	分格条(缝)平直	3		拉 5m 小线和尺量检查
6	立面总高度垂直度	H/1000 且不大于 20		用经线仪、吊线检查

续表

项次	项目	允许偏差		检查方法
		保温层	抗裂层	
7	上下窗口左右偏移	不大于 20		用经纬仪、吊线检查
8	同层窗口上、下	不大于 20		用经纬仪、吊线检查
9	保温层厚度	不允许有负偏差		用探针、钢尺检查

2.11 节点图

上挑翻包网格布做法详见图 2-2，下挑翻包网格布做法详见图 2-3，平窗口阳角法翻包网格布做法详见图 2-4，平窗口阴角法翻包网格布做法详见图 2-5，门窗洞口网格布加强做法详见图 2-6，伸缩缝做法详见图 2-7，沉降缝做法详见图 2-8，装饰线条做法详见图 2-9，防火隔离带做法详见图 2-10、图 2-11。

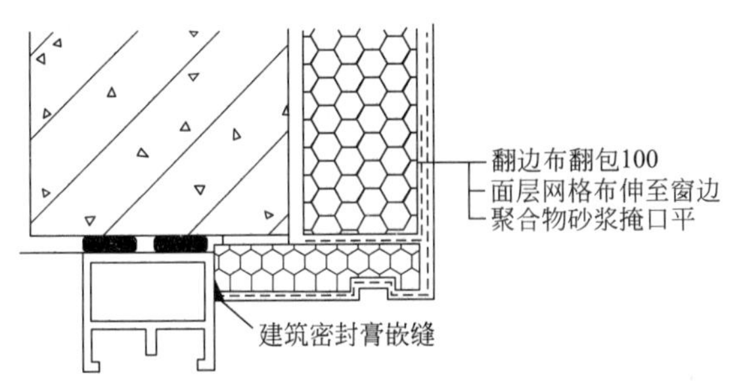

图 2-2　上挑翻包网格布做法示意图

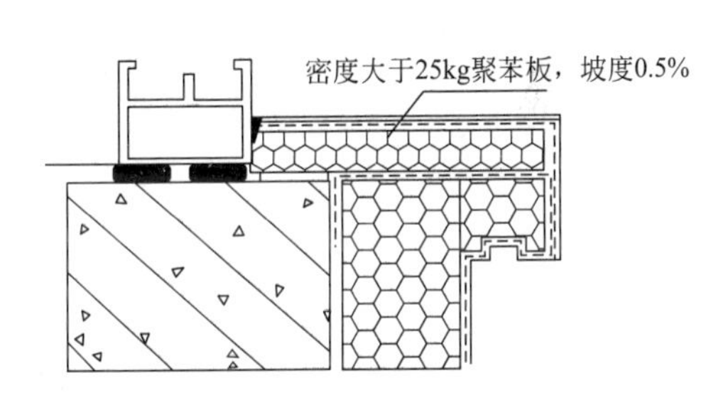

图 2-3　下挑翻包网格布做法示意图

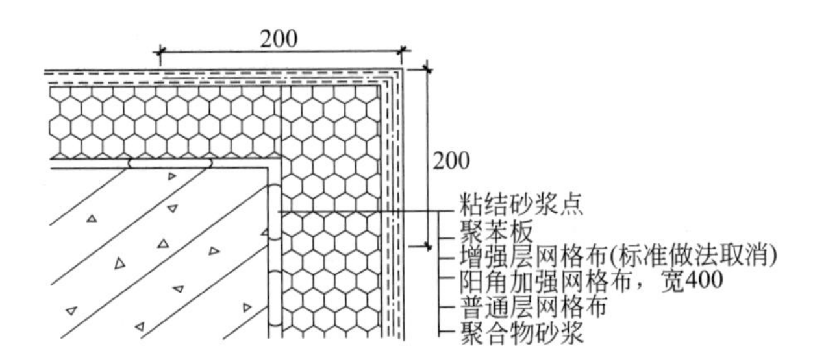

图 2-4　平窗口阳角法翻包网格布做法示意图

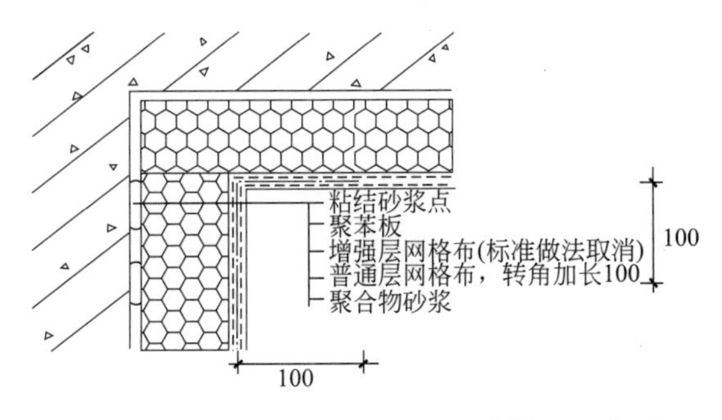

图 2-5　平窗口阴角法翻包网格布做法示意图

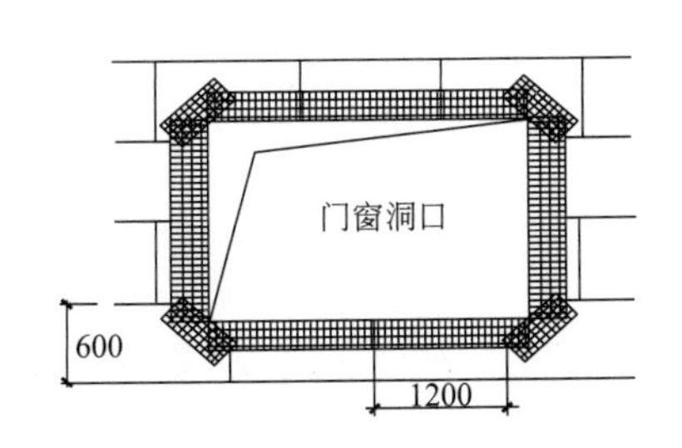

图 2-6　门窗洞口网格布加强做法示意图

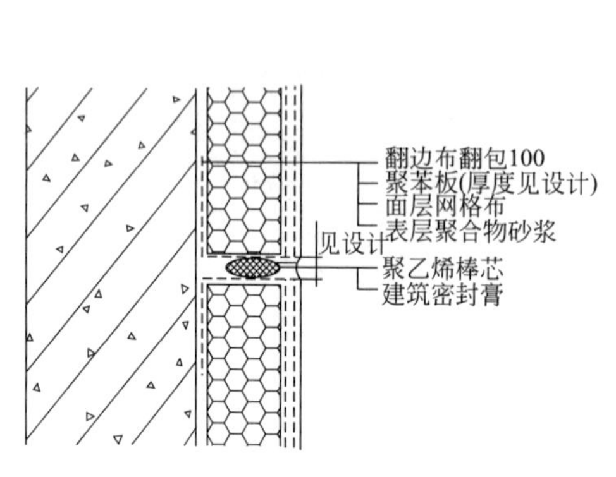

图 2-7　伸缩缝做法示意图

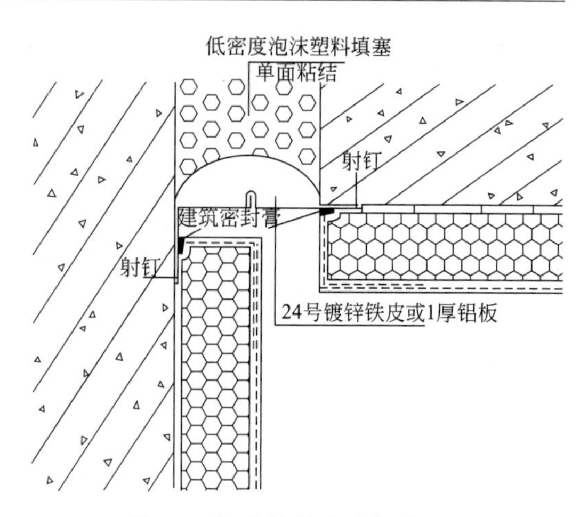

图 2-8　沉降缝做法示意图

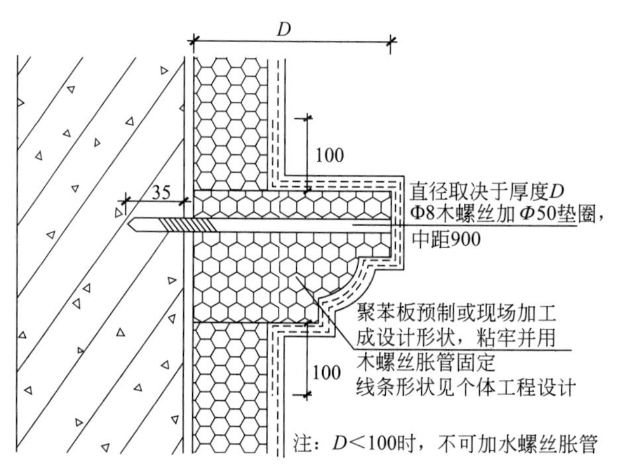

图 2-9　装饰线条做法示意图

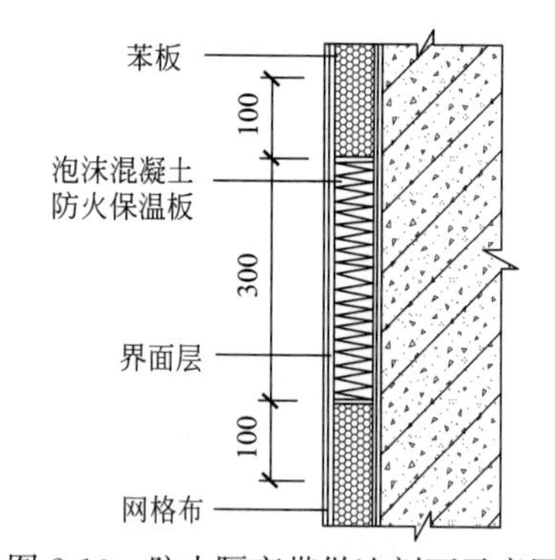

图 2-10　防火隔离带做法剖面示意图

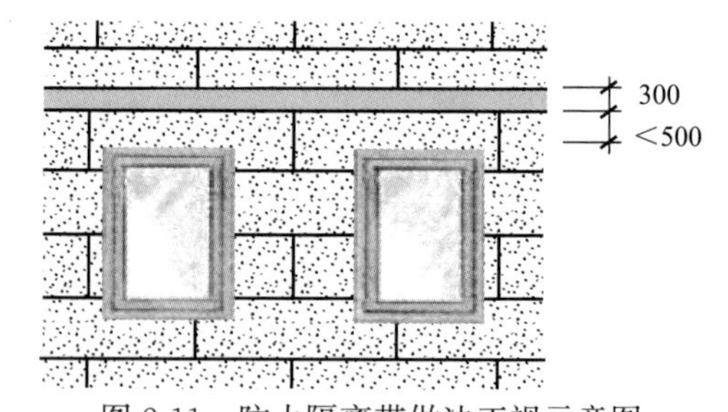

图 2-11　防火隔离带做法正视示意图

2.12　改造后传热系数测试结果

按照四种节能方案改造完成后，由当地检测中心进行了节能测试，测试结果详见表 2-14。

节能方案传热系数理论计算值与改造后测试值比较［单位：W/(m^2·K)］　表 2-14

方案	外墙		窗阳台		屋面		户门	
	理论值	实测值	理论值	实测值	理论值	实测值	理论值	实测值
方案一	0.46	0.52	2.45	2.47	0.43	0.48	1.25	1.26
方案二	0.43	0.48	2.45	2.47	0.41	0.44	1.25	1.26
方案三	0.47	0.53	2.45	2,47	0.44	0.49	1.25	1.26
方案四	0.44	0.49	2.45	2.47	0.42	0.45	1.25	1.26
65%限值	0.5		2.5		0.45		1.5	
原楼初始设计值	1.94		6.4		1.7			

由表 2-14 中测试数据可知，方案一和方案三的数据略高于当地 65%节能标准的限值，方案二和方案四的数据满足当地 65%节能标准的限值要求。改造后两年期间，走访住户反映良好，也无任何损坏现象。即方案二和方案四均属于成功案例，在该城市推广应用。改造前后住宅现状对比如图 2-12 所示。

改造后　　　改造前

图 2-12　住宅改造前后对比

本章参考文献

[1] GB/T 23483—2009. 建筑物围护结构传热系数及采暖供热量检测方法［S］.

[2] 居住建筑节能设计标准. DB21/T1476-2006，J10922-2007，辽宁省建设厅辽宁省治疗技术监督局联合发布. 2006，12.

[3] 江科. 建筑节能措施在墙体中的应用［J］. 山西建筑. 2010，36（09）：240-241.

[4] 丘林海. 建筑节能实施技术研究——以外墙外保温技术推广为例［J］. 民营科技. 2010，10：382-383.

[5] 胡汉策. 现代建筑节能施工技术创新之我见［J］. 经营管理者. 2010，11：370-371.

[6] 吴明海. 浅谈外墙保温施工技术控制要点［J］. 山西建筑. 2010，36（20）：231-232.

[7] 丁勇. 建筑墙体的节能保温施工技术的分析与探讨［J］. 中国建设信息. 2010，21：80-81.

第3章 大型商业建筑节能改造技术与典型案例

大型商业建筑包括大型酒店、大型写字楼、大型商场和大型综合性商务大楼等。据2015年统计，我国大型商业建筑面积约3.75亿m^2左右，其中高档星级酒店约2300幢，高级写字楼2100多幢，大型医院730余家，大型商场900余家，占城镇建筑总量近1%左右，运行能耗占城镇建筑能耗总量的22%，被认为是建筑能耗的高密度领域[1-3]。大型商业建筑的主要能源品种包括电、蒸汽、柴油、人工煤气或天然气、水等，其中耗电量为100～300kWh/m^2，每年支付的电费占总能耗费用的70%～90%[4]。在大型商业建筑中高档五星级酒店的高能耗问题尤为突出，总能源费与总营业收入的比例在5.9%～20%之间[4-6]，而且各个酒店该比例差异很大，这说明同样是高档五星级酒店由于营业水平、使用水平和设备系统的差异导致能耗水平差异很大、节能改造的潜力很大。为了降低机电设备系统的能耗，科研工作者一直在研发新型节能设备、新型节能技术，应用于建筑节能设计和节能改造工程中。有的大型酒店管理集团制定了日常运行最佳节能操作规范，严格控制运行能耗。本章重点介绍大型商业建筑的典型代表大型五星级酒店和大型高档写字楼依靠新型节能技术、新型节能设备进行节能改造的典型案例。

3.1 大型商业建筑能耗现状及节能潜力

通常大型商业建筑能耗由中央空调系统、照明系统、冷热水、动力、办公及其他等若干个系统的能耗构成。首先给出大型商业建筑中高能耗的典型代表高档五星级酒店的运行能耗现状，高档五星级酒店自然状况详如表3-1所示，其能耗和营业额状况综合调查表详见表3-2。

（1）年建筑总能耗（GJ）＝年总能源费×0.01214/当地电价（1kWh＝0.01214GJ）；

（2）年建筑基本能耗（GJ）＝年建筑总能耗－年空调总能耗；

（3）年空调总能耗（GJ）＝年空调基本能耗＋年空调波动能耗；

（4）年空调基本能耗是指空调系统不使用额外热源，仅引入室外新风处理室内负荷的热能的年能耗量（GJ），具体计算时，可取出该季节的系统能耗量平均值×12；

（5）年空调波动能耗是指空调系统使用热源运转，处理超出基本负荷部分的年能耗量（GJ）。

由表3-2可知，这些高档五星级酒店单位面积年运行能耗费用为115.2～250.3元/(m^2·a)之间，均值为186.2元/(m^2·a)，总能源费/总营业收入比例在5.9%～20%之间；空调能耗百分比在31%～67.95%之间，均值为50.45%。可以说中央空调系统能耗在上述若干个系统能耗中所占据比例最高。文献［2］统计了各类商业建筑能耗的成分比例，详见表3-3。可见空调系统能耗是各类大型商业建筑中能耗比例最大部分，应是节能改造的重点。

高档五星级酒店自然状况　　表 3-1

	大连 A	大连 B	大连 C	大连 D	南京 E	上海 F	北京 G	上海 H
建筑面积(m^2)	43580	51994	120018	107424	67524	66628	39873	92439
酒店客房数	308	366	562	842	526	522	346	768
公寓客房数		178	192					

高档五星级酒店能耗及营业额状况综合调查表　　表 3-2

内　容	单位	大连 A	大连 B	大连 C	大连 D	南京 E	上海 F	北京 G	上海 H
总用电量	kWh	5176504	8833655	13012058	11876986	12768552	11367650	9420664	20003332
总用水量	m^3	152436	258466	361559	298333	367774	369005	226998	513264
总用煤气量	m^3	188819	200176	287345	381696	379261	370533	199617	532075
总用蒸汽量	10^3kg	4423	19506	28679	19815	23101	5701	9915	17093
总能源费	元	5522240	9984300	14802603	12686550	14346853	12984673	11277650	23138707
总营业收入	$\times10^3$ 元	36943	58463.3	143644.3	160633.7	71332.1	118644.5	74920.9	389694.3
年平均入客率	%	53.04	53.2	53.1	63.5	48.7	63.3	69.2	91.1
年平均房价	元	395	513	660	554	571	725	746	1067
总能源费/建筑面积	元/m^2	126.7	192	123.3	118.1	212.5	194.9	282.8	250.3
总能源费/总营业额	%	13.6	17.1	10.3	7.9	20.1	10.9	15	5.9
年建筑总能耗	GJ	78166.7	155396.7	230389.2	197454.8	204906.8	185451.6	161071.4	330475.2
建筑耗能/建筑面积	GJ/m^2	1.79	2.99	1.92	1.84	3.03	2.78	4.03	3.58
年空调总能耗	GJ	29859.7	81474.6	82526.6	61231.7	139234.5	106604.8	94498.9	205491.8
空调能耗/建筑面积	GJ/m^2	0.685	1.567	0.688	0.57	2.06	1.6	2.37	2.223
年建筑基本能耗	GJ	48307	73922.1	147862.6	136223.1	65672.3	78846.8	66572	124983.4
空调能耗百分比	%	38.2	52.44	35.82	31	67.95	57.48	58.67	62.18
总用电量/建筑面积	kWh/m^2	118.8	169.9	108.42	110.6	189.1	170.6	236.3	216.4

大型商业建筑能耗主要成分比例　　表 3-3

商业类型	空调	照明	冷热水	动力设备及其他
酒店	46.1	21.5	17	15.4
商场	40.5	33.7	10.7	15.2
写字间	49.7	33.3	2.7	17
医院	30.3	13.9	41.8	14

文献［1，2］介绍了清华同方人工环境工程公司曾对一些大型商场、大型酒店和办公楼进行了全面的测试和统计，与气候条件大致相当的日本的同类建筑的平均全年能耗相比高出将近40%，国内同类商业建筑之间相比能耗相差近3倍。表3-2的数据显示，高档五星级酒店能源费占总营业收入的比例也相差3倍多，严重影响了酒店经济效益，可以说节能就是增效。通过大量调查分析，产生这一差距的主要原因可归纳为三个方面：(1) 设备系统原设计不合理，例如目前中央空调系统运行普遍存在“大马拉小车”的情况，需要依

靠新型节能技术和节能设备低成本去完善改造原系统；（2）设备系统自动化程度较低，缺少各个系统整体集成控制；（3）系统运行没有或不执行最佳节能操作规范。这三条主线就是大型商业建筑节能改造的技术途径，通过技术改造，能实现以较小的投入获得极大的节能效果和经济效益。后续以实际案例说明。

3.2　空调水系统大温差梯级利用变频节能技术与典型案例

我国有很多既有大型商业建筑空调水系统是定流量系统，经常在“大马拉小车”工况运行，导致运行参数出现“大流量、小温差”，超出标准设计工况参数范围。冷冻水供回水温差常常只有2℃左右，水流量却是设计流量的1.3～1.5倍甚至更大[7-9]。由于主机和水泵能力远大于实际负荷需求，超出的能力不是做有用功运行，而是做无用功耗能。若对原系统做适当的设计改进，能扩大冷冻水系统的供回水温差、减少流量，可有效地解决大马拉小车的运行状况。变频控制流量将成为空调水系统的有效节能技术。另外，北方地区的大型酒店或办公大楼，夏季南北向房间负荷是有一定差异的，有部分时间段甚至相差30%左右，但传统设计上南北向房间风机盘管供水温度都是7℃、回水温度都是12℃，实际运行过程中至少一半时间南北侧房间风机盘管供回水温差都小于4℃，特别是北侧房间部分时间段风机盘管供回水温差仅有2℃，回水温度为9℃左右，导致冷冻水系统总的供回水温差仅有2～3℃，这是典型的“小温差、大流量”现象。冬季正好相反，北侧房间冷负荷要大于南侧房间，有部分时间段甚至相差40%，也同样出现“小温差、大流量”现象。现行空调水系统用相同的供水温度和水量处理不同的房间负荷，肯定会造成能源浪费。为了解决这一问题，本节介绍扩大空调水系统温差、冷量梯级利用、变频控制流量节能改造案例，使空调水系统节能40%多，一年就能收回投资。特别是十几年前设计的大型商业建筑空调系统，设计比较落后，很值得加以改造。

这种扩大供回水温差、冷量梯级利用水系统的设计是结合建筑本身特性及日照差异，将建筑南向的回水作为建筑北向的供水，使供水侧能量得到梯级利用。以夏季为例，冷冻水从冷水机组出来后先供建筑南向，然后南向回水作为建筑北向供水再次循环。冷冻水能量的梯级利用，将室内南向回水作为北向的供水。充分利用冷冻水的能量，增大供回水的温差。

3.2.1　夏季空调水系统大温差梯级利用能耗理论分析

空调冷冻水系统主要由冷水机组、水泵、末端设备、阀门构成，能耗主要发生在冷水机组、水泵和末端设备这三个部分。

1. 冷水机组制冷剂蒸发温度与冷冻水大温差之间的关系

冷水机组是将制冷剂在蒸发器内吸收被冷却物的热量并汽化成蒸气，冷水机组蒸发器的蒸发温度直接影响着冷水机组的效率，当冷冻水的供回水温差变大后，通过蒸发器冷水侧的流量就会变小，而蒸发器冷水侧的换热系数 α_w 与流速 v 存在如下关系[10]：

$$\alpha_w = B_f \cdot v^{0.8} / d_i^{0.2} \tag{3-1}$$

即换热系数 α_w 与流速 $v^{0.8}$ 成正比关系。在冷水流量改变的情况下，制冷剂侧对流换热热阻 R_r、管壁导热热阻 R_δ 和污垢热阻 R_f 基本不变，改变的主要是冷水侧的对流换热热阻 R_w，该热阻约占整个蒸发器热阻的37.5%[11]。由：

$$K=1/(R_r+R_\delta+R_f+R_w) \tag{3-2}$$

$$K=0.375/R_w$$

$$K=0.375\alpha_w$$

可知，冷水侧对流换热系数的变小使得蒸发器总传热系数 K 变小。由于建筑所需的负荷没有发生变化，所以冷水机组的制冷量也不会发生变化。根据式（3-3）：

$$Q=KF\Delta T_m \tag{3-3}$$

可得到：

$$KF\Delta T_m=K_1F\ \Delta T_{m1} \tag{3-4}$$

式中　Q ——建筑所需的制冷量，W；

K 、K_1 ——分别是供回水温差不同时蒸发器的传热系数，W/(m^2·K)；

F——蒸发器的换热面积，m^2；

ΔT_m、ΔT_{m1} ——不同供回水温度下对数换热温度差，℃。

其中 ΔT_m 关系式如下：

$$\Delta T_m=(t_{w1}-t_{w2})/\text{In}[(t_{w1}-t_0)/(t_{w2}-t_0)] \tag{3-5}$$

式中　t_{w1}、t_{w2}——冷水的供回水温度，℃；

t_0 ——蒸发温度，℃。

当同一台冷水机组制取相同冷量时，蒸发器的传热面积不变，传热系数 K 与对数传热温差 ΔT_m 成反比。即：

$$\Delta T_m/\ \Delta T_{m1}=K_1/K \tag{3-6}$$

由上述几个公式可以看出，当供回水温差和冷水机组出口温度确定时，可以求出制冷剂的蒸发温度。以供回水温差为 5℃，出水温度为 7℃，制冷剂蒸发温度为 5℃的条件基础下，计算相同冷水出水温度不同温差下制冷剂的蒸发温度，这里取的温差为 5～10℃。计算结果如表 3-4 所示。

不同温差下制冷剂的蒸发温度　　**表 3-4**

温差(℃)	5	6	7	8	9	10
供水温度(℃)	7	7	7	7	7	7
蒸发温度(℃)	5	5.28	5.28	5.75	5.94	6.2

由表 3-4 和图 3-1 可知，供水温度相同、供回水温差逐渐变大，制冷剂的蒸发温度也

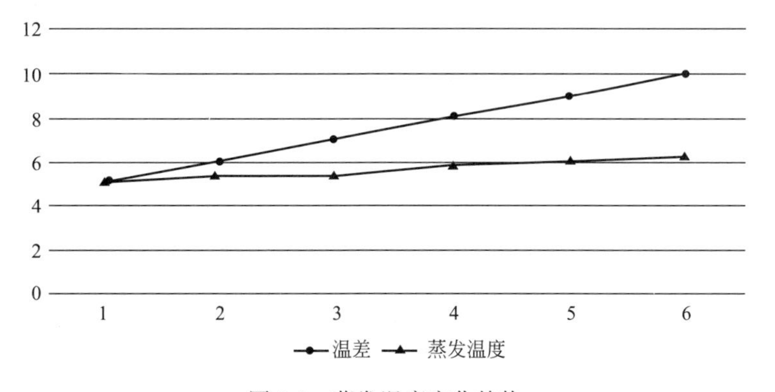

图 3-1　蒸发温度变化趋势

逐渐变大。根据蒸气压缩式制冷的热力学原理，当冷凝温度不变时，制冷剂的蒸发温度越高，压缩机的功耗越小。制冷系数也将增大。所以，对于供水温度为7℃不变时，大温差水系统有利于冷水机组的节能运行。

2. 大温差对压缩机单位制冷量功耗的影响

空调制冷主要采用气体液化制冷法，以单极蒸汽压缩式制冷作为研究对象，根据图3-2，计算冷水机组单位制冷量的能耗 P。

计算公式如下：

$$P=[(h_2-h_1)/(h_1-h_4)]/(\eta_m \cdot \eta_c) \quad (3\text{-}7)$$

式中 h_1、h_2、h_4——分别是制冷循环压焓图中1、2、4状态点所对应的焓值，kJ/kg；

η_c——压缩机的总功率，kW，$\eta_c=0.65$；

η_m——电动机的传动效率，kW，$\eta_m=0.98$；

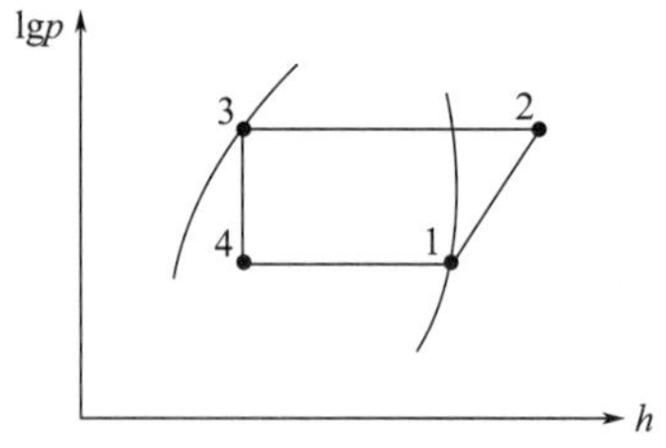

lgp 3 2 4 1 h

图3-2 制冷循环的压—焓图

冷水机组冷凝温度取40℃，制冷剂为R134a的场合，通过查找压焓图各点焓值，计算单位制冷量功耗 P，如表3-5所示。

不同温差下单位制冷量功耗 **表3-5**

温差(℃)	5	6	7	8	9	10
单位制冷量能耗 P(kW/kW)	0.255	0.247	0.247	0.242	0.235	0.23

由表3-5可知，在同样的供水温度下，供回水温差越大，单位制冷量功耗越小，从而电机的输入功率也会减少。当冷冻水供水温度不变，冷冻水供回水温差的变化对冷水机组的蒸发温度影响较小，供回水温差变化1℃对蒸发器的蒸发温度的影响微乎其微，甚至可以认为基本没有影响；而供水温度每降低1℃，相应的蒸发温度也差不多降低1℃，蒸发温度每降低1℃，冷量将减少1.8%～6%，轴功率减少0～0.5%，冷水机组的 *COP* 会下降1.8%～5.53%[12]。通过计算分析冷冻水大温差水流量减小使蒸发器的传热系数减小，但是换热温差的增大，所产生的冷量基本不变[13]。根据某品牌冷水机组提供的大温差下机组的性能（见表3-6），可知供水温度保持7℃，冷水机组的 *COP* 随着温差的变大而变大，当温差增大到10℃时，制冷系数增大4%左右。

某品牌冷水机组大温差下的性能 **表3-6**

温差(℃)		5	6	7	8	9	10
供水温度为7℃	Q	954	950	957	963	968	974
	P	209	209.13	209.23	209.35	209.47	209.6
	COP	4.52	4.55	4.57	4.6	4.62	4.75

3. 冷冻水大温差对水泵的能耗影响

冷冻水在系统中循环时，需要克服管路、阀门等不同部件所带来的沿程阻力和局部阻力，而水泵就是为循环水提供动力的设备。在空调系统中冷水机组的能耗占60%，水泵的能耗占30%[14]，所以降低水泵的能耗对降低空调能耗有着重要的意义。很多高层建筑的空调水系统都采用定水量系统，冷冻水泵是按照最不利工况下选取的，一旦投入运行，水泵的转速将不会再变化。但是在实际运行中发现，水泵满负荷运行的时间非常少，而且不同朝向的室内负荷也不一样，负荷越小的房间，浪费的冷量越多。当空调水系统采用大温差后，冷冻水的流量势必减少，水泵的轴功率也会降低。对于同一台水泵，输送相同介质的情况下，水泵转速的不同引起冷冻水流量的变化，由水泵定律可知：

$$\frac{W_1}{W_2}=\left(\frac{m_1}{m_2}\right)^3 \tag{3-8}$$

式中 W_1、W_2——常规系统、大温差系统水泵的轴功率，W；

m_1、m_2——常规系统、大温差系统冷冻水的流量，m^3/s。

当冷冻水供回水温度发生变化时，在同样的负荷下，所需的冷冻水的流量也会发生变化。冷冻水的换热公式：

$$Q_m=c\cdot m\cdot\Delta t \tag{3-9}$$

式中 c——水的比热容，通常为4.2kJ/(kg·℃)；

m——输送流体的流量，kg/s；

Δt——供回水温差，℃。

Q_m——冷冻水换热量

由于大温差系统和标准工况下空调系统的冷冻水换热量没有改变，所以：

$$c\cdot m_1\cdot\Delta t_1=c\cdot m_2\cdot\Delta t_2 \tag{3-10}$$

式中，下标1为标准工况下空调系统，下标2为大温差下的空调系统。

通过上式可得出：

$$\frac{m_2}{m_1}=\frac{\Delta t_1}{\Delta t_2} \tag{3-11}$$

将式（3-11）代入（3-8）得：

$$\frac{W_2}{W_1}=\left(\frac{\Delta t_1}{\Delta t_2}\right)^3 \tag{3-12}$$

标准工况下 $\Delta t_1=5$

通过式（3-12），可以计算出大温差工况下与标准工况下水泵轴功率的比值 $\frac{W_2}{W_1}$。计算结果详见表3-7。

大温差工况与标准工况下水泵轴功率的比值　　表3-7

温差(℃)	5	6	7	8	9	10
水泵轴功率 $\frac{W_2}{W_1}$	100%	57.9%	36.4%	24.4%	17.1%	12.5%

由此可以看出，水泵功率随着供回水温差的增大而大幅度减小，冷冻水水泵节能极其可观。本质上，扩大温差将提高了制冷效率，使冷冻水泵的流量相应减少，与此同时冷却水泵的流量也就节省下来，等比例相应减少，最终冷却水泵也等比例大幅节能。

4. 冷冻水大温差对风机盘管性能的影响

风机盘管的全热制冷量和显热制冷量可以通过以下公式计算：

$$Q_t=Q_{t1}\frac{t_{s1}-t_{w1}}{12.5}\left(\frac{G}{G_0}\right)^{0.367}\left(\frac{V}{V_0}\right)^{0.417} \tag{3-13}$$

$$Q_s = Q_{s1} \frac{t_1 - t_{w1}}{20} \left(\frac{G}{G_0}\right)^{0.205} \left(\frac{V}{V_0}\right)^{0.495} \left(\frac{t_{s1}}{19.5}\right)^{-0.7} \tag{3-14}$$

式中　Q_t、Q_{t1}——实际工况和标准工况下的全热冷量，W；

Q_s、Q_{s1}——实际工况和标准工况下的显热冷量，W；

t_1、t_{s1}——设计工况下风机盘管的进风口空气的干球温度和湿球温度,℃；

t_{w1}——风机盘管设计工况下的进水温度,℃；

G、G_0——实际工况和标准工况下冷冻水流量，kg/s；

V、V_0——实际工况和标准工况下的风量，m^3/s。

假定空气的干球温度 t_1、湿球温度 t_{s1} 等条件不变，只考虑冷冻水对风机盘管的性能影响，通过风机盘管的水流速：

$$w = \frac{q_m}{\rho A} \tag{3-15}$$

式中　q_m——通过风机盘管的水流量，kg/s；

ρ——水的密度，kg/m^3；

A——水流通截面积，m^2。

由式（3-13）和式（3-14）可得出风机盘管的析湿系数：

$$\xi = \frac{Q_t}{Q_s} = 1.6 \frac{Q_{t1}}{Q_{s1}} \frac{t_{s1} - t_{w1}}{t_1 - t_{w1}} \left(\frac{G}{G_0}\right)^{0.162} \left(\frac{V}{V_0}\right)^{-0.078} \left(\frac{t_{s1}}{19.5}\right)^{0.7} \tag{3-16}$$

在标准工况下，风机盘管的析湿系数：

$$\xi_1 = \frac{Q_{t1}}{Q_{s1}} = 1.4 \tag{3-17}$$

将式（3-17）代入式（3-16）得到实际运行工况下的析湿系数：

$$\xi = \frac{Q_t}{Q_s} = 2.24 \frac{t_{s1} - t_{w1}}{t_1 - t_{w1}} \left(\frac{G}{G_0}\right)^{0.162} \left(\frac{V}{V_0}\right)^{-0.078} \left(\frac{t_{s1}}{19.5}\right)^{0.7} \tag{3-18}$$

引入热湿比：

$$\varepsilon = \frac{2500 Q_t}{Q_t - Q_s}$$

代入析湿系数得：

$$\varepsilon = 2500\left(1 - \frac{1}{\xi}\right) \tag{3-19}$$

风机盘管全热冷量、显热冷量和析湿系数均与进口空气干湿球温度、冷冻水进水温度、供回水温差有关。以标准工况为例，室内干球温度为 27℃，湿球温度为 19.4℃（相对湿度为 60%）。计算冷冻水进水温度从 5℃到 12℃、温差从 2℃到 10℃情况下对风机盘管的性能影响。计算相对全热冷量随进水温度、温差的变化，详见表 3-8；相对显热冷量随进水温度、温差的变化，详见表 3-9；热湿比 ε 随进水温度、温差的变化，详见表 3-10。

将表 3-8、表 3-9 和表 3-10 中的数据绘制成曲线图，如图 3-3～图 3-5 所示。随着冷冻水进水温度的升高，风机盘管的相对冷量在逐渐降低；随着温差的增大，风机盘管的相对冷量也在逐渐降低，当供水温度大于 9℃，供回水温差大于 8℃时，风机盘管的热湿比迅速升高。

相对全热冷量随进水温度、温差的变化　　表 3-8

进水温度(℃)	温差(℃)								
	2	3	4	5	6	7	8	9	10
5	2.13	1.68	1.42	1.25	1.13	1.03	0.95	0.89	0.84
6	1.90	1.50	1.27	1.12	1.00	0.92	0.85	0.79	0.75
7	1.68	1.33	1.12	0.99	0.89	0.81	0.75	0.70	0.66
8	1.47	1.16	0.98	0.86	0.78	0.71	0.66	0.61	0.58
9	1.27	1.01	0.85	0.75	0.67	0.62	0.57	0.53	0.50
10	1.08	0.86	0.73	0.64	0.57	0.52	0.49	0.45	0.43
11	0.91	0.72	0.61	0.53	0.48	0.44	0.41	0.38	0.36
12	0.74	0.59	0.50	0.44	0.39	0.36	0.33	0.31	0.29

相对显热冷量随进水温度、温差的变化　　表 3-9

进水温度(℃)	温差(℃)								
	2	3	4	5	6	7	8	9	10
5	1.55	1.36	1.24	1.15	1.09	1.03	0.99	0.95	0.92
6	1.45	1.27	1.15	1.07	1.01	0.96	0.92	0.89	0.86
7	1.34	1.18	1.07	1.00	0.94	0.89	0.86	0.82	0.80
8	1.24	1.09	0.99	0.92	0.87	0.83	0.79	0.76	0.74
9	1.14	1.00	0.91	0.85	0.80	0.76	0.73	0.70	0.68
10	1.04	0.91	0.83	0.78	0.73	0.69	0.67	0.64	0.62
11	0.95	0.83	0.76	0.70	0.66	0.63	0.60	0.58	0.56
12	0.85	0.75	0.68	0.63	0.60	0.57	0.54	0.52	0.51

热湿比 ε 随进水温度、温差的变化　　表 3-10

进水温度(℃)	温差(℃)								
	2	3	4	5	6	7	8	9	10
5	5157	5836	6498	7173	7876	8623	9425	10299	11259
6	5411	6201	6992	7818	8703	9669	10740	11945	13321
7	5739	6687	7668	8729	9909	11251	12810	14661	16910
8	6179	7364	8650	10112	11834	13926	16558	20001	24735
9	6799	8374	10207	12467	15401	19438	25430	35357	55186
10	7744	10050	13065	17384	24296	37432	72813	523656	−111435
11	9360	13373	20031	34081	85974	−249940	−55401	−32418	−23460
12	12759	23148	62770	−150432	−38347	−23133	−17053	−13759	−11682

通过上述对冷冻机组、水泵和末端设备风机盘管三个部分大温差运行能耗的理论分析，得知温差增大到 9～10℃时，能够提高冷水机组的制冷系数 *COP* 4%左右。由于冷冻机能耗占空调水系统的 60%，故提高制冷效率 4%，相当于整个空调水系统减低能耗

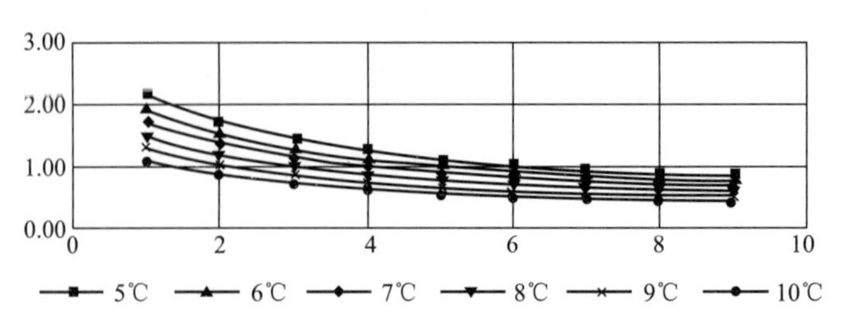

图 3-3　不同进水温度下相对全热冷量随温差的变化

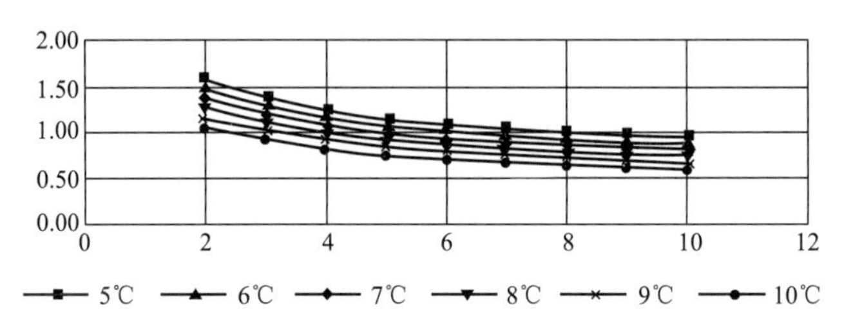

图 3-4　不同进水温度下相对显热冷量随温差的变化

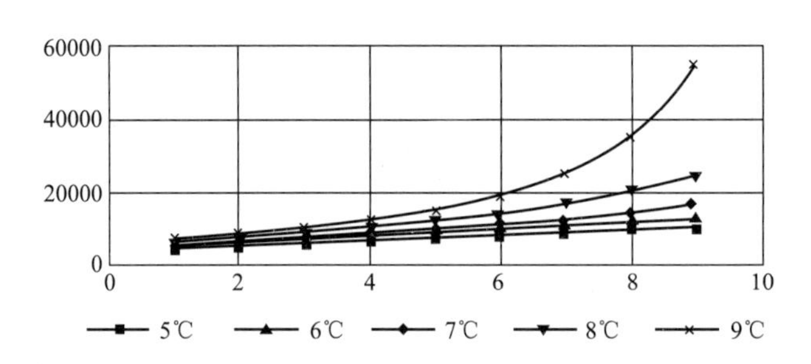

图 3-5　不同进水温度下相对热湿比随温差的变化

2.4%；可减少水泵轴功率 50%以上，而水泵能耗占整个空调水系统的 30%左右，相当于整个空调水系统减少能耗 15%；对于末端设备风机盘管的性能影响比较缓慢，风机盘管能耗不随供回水温差变化而变化。所以理论上讲，空调水系统大温差、冷量梯级利用对水系统至少节能 17.4%。

3.2.2　空调冷冻水大温差梯级利用系统方案论证

本节针对传统的空调冷冻水系统，如何实现大温差、冷量梯级利用给出三种系统方案，进行方案比较论证，为改造工程应用提供可靠依据。

以夏季空调冷冻水系统为例，常规空调冷冻水系统简图如图 3-6 所示，系统循环水先经过冷水机组制冷，再通过水泵输送至各个末端房间处理负荷后返回冷冻机。

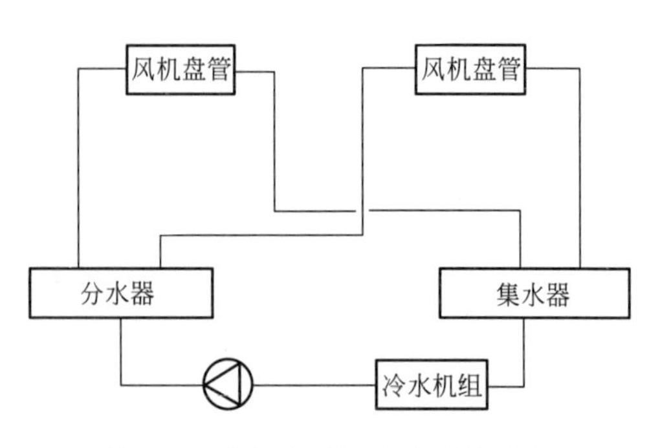

图 3-6　常规空调冷冻水系统简图

常规定流量空调水系统运行出现大流量、

小温差的问题，其原因在于：(1) 实际设计中水流量一般是根据最大的设计负荷来确定的，而实际上出现最大设计负荷的时间，即满负荷运行的时间只有部分时间，约占运行时间的20%左右，绝大部分时间是在部分负荷下运行的；(2) 设计人员没有考虑房间南北朝向负荷的差异，使用相同的供回水温度、相同的冷冻水流量，这样北向的房间就形成了小温差、大流量运行。夏季北方某城市高层建筑室内温度测量结果，8：00～15：00 平均温差为 1.6℃，10：00～13：00 平均温差有 4℃左右，详见图 3-7。

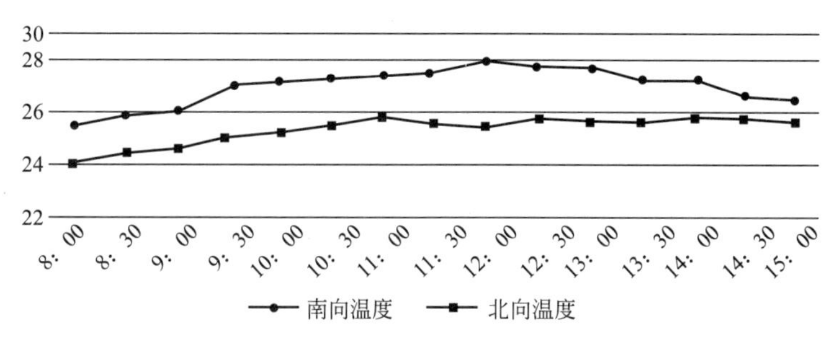

图 3-7　夏季某地区室内南北向温度差异

正因为南北侧房间不开空调时存在温度差，就可以尝试梯级利用供水温度接入小负荷房间的风机盘管，增大供回水总管的温差，减少系统单位时间流量，即解决常规系统出现的“大温差、小流量”问题。降低空调系统的整体能耗，不仅需要提高空调设备本身的效率，而且要优化空调系统设计方案。大温差小流量系统方案着眼于减少整个冷水系统的能耗和初投资。

多年来冷水机组的冷水供回水设计温差通常为 5℃。而冷水机组提供的冷量与冷水的供回水温差和流量有关，通过改变温差和冷量梯级利用提高系统整体的制冷效率[15-17]。

1. 方案一基本原理及能耗分析

将南侧空调回水管与北侧空调的供水管平层连接起来，如图 3-8 所示。系统运行时只需将原来北侧的供水管和南侧回水管的阀门关闭，打开新连接的管路上的阀门。既有空调水系统中，将原来室内南北向两条并联的循环水环路串联在一起，使冷冻水的冷量能得到梯级的利用，由于流经末端风机盘管的水流量没有变，将并联变成串联后，流过冷水机组

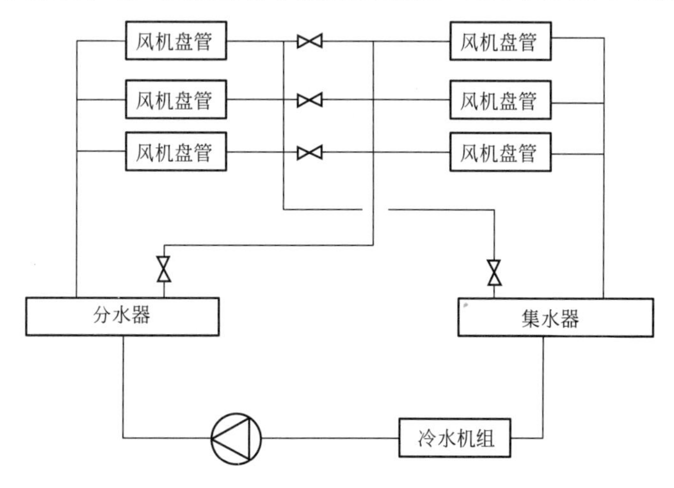

图 3-8　方案一风机盘管水系统原理图

和水泵的流量将变为原来的一半，实现增大温差、变小流量。

（1）南北侧风机盘管供回水温度

风机盘管全热冷量Q表达式为：

$$Q=356.19\cdot a\cdot b\cdot G^{0.424}\cdot t_{w}{}^{0.454} \tag{3-20}$$

式中 a——风机型号系数；

b——室内空气温湿度系数。

对于确定型号的风机和标准工况下的温湿度系数是确定的，常数$K=356.19\cdot a\cdot b$，则得到：

$$Q=K\cdot G^{0.424}\cdot t_{w}{}^{0.454} \tag{3-21}$$

对于标准工况下：

$$Q_0=K_0\cdot G_0{}^{0.424}\cdot t_{w0}{}^{0.454} \tag{3-22}$$

运行工况下：

$$Q_y=K_y\cdot G_y{}^{0.424}\cdot t_{wy}{}^{0.454} \tag{3-23}$$

对于同一台风机盘管，在相同的温湿度环境下运行，其$K_y=K_0$。可得：

$$\frac{Q_y}{Q_0}=\left(\frac{G_y}{G_0}\right)^{0.424}\cdot\left(\frac{t_{wy}}{t_{w0}}\right)^{0.454} \tag{3-24}$$

式中 Q_y、Q_0——风机盘管实际运行和标准工况下的全热冷量

G_y、G_0——风机盘管实际运行和标准工况下的水流量；

t_{wy}、t_{w0}——风机盘管实际运行和标准工况下的进水温度。

而风机盘管的冷量与冷冻水温差的关系式如下：

$$Q_0=c\rho G_0\Delta t_0;\ Q_y=c\rho G_y\Delta t_y$$

式中 Δt_0、Δt_y——风机盘管标准工况和实际运行工况下的供回水温差；

c——水的比热容；

ρ——水的密度。

整理可得：

$$\left(\frac{Q_y}{Q_0}\right)^{0.576}=\left(\frac{\Delta t_0}{\Delta t_y}\right)^{0.424}\cdot\left(\frac{t_{wy}}{t_{w0}}\right)^{0.454} \tag{3-25}$$

如果南侧供水温度为7℃、回水温度为10℃，则方案一北侧的供水温度为10℃，根据式（3-25）可知，当供水温度为10℃时，为满足实际运行所需的负荷：

$$\left(\frac{Q_y}{Q_0}\right)^{0.576}=\left(\frac{\Delta t_0}{\Delta t_y}\right)^{0.424}\cdot\left(\frac{t_{wy}}{t_{w0}}\right)^{0.454}$$

$$1=\left(\frac{2}{\Delta t_y}\right)^{0.424}\cdot\left(\frac{10}{7}\right)^{0.454}$$

$$\Delta t_y=2.9℃$$

方案一的情况下回水温度为12.9℃。但是末端风量没有变化，所以风机的能耗不变。

（2）冷水机组的能耗

既有空调水系统经方案一优化后，将原来室内南北向两条并联的循环水环路串联在一起，使冷冻水的冷量能得到梯级的利用，由于流经末端风机盘管的水流量没有变，将并联变成串联后，流过冷水机组和水泵的单位时间流量将变为原来的一半。

常规设计的场合，冷冻水供/回水温度为7℃/12℃，供回水温差为5℃时，制冷剂的蒸发温度为5℃，制冷剂与冷冻水对数平均温差为：

$$\Delta T_{m}=(t_{w1}-t_{w2})/\ln[(t_{w1}-t_{0})/(t_{w2}-t_{0})]$$
$$=(12-7)/\ln[(12-5)/(7-5)]=4℃$$

若按照方案一的系统，流经冷水机组的单位时间流量是原来的一半，流过相同的面积时，流速也是原来的一半，冷水机组水侧对流换热系数与流速成0.8次方关系，经计算此时的冷冻水供回水温差为5.9℃，由此可得方案一设计条件下$\Delta T_{m1}=5.12$℃、制冷剂的蒸发温度为4.28℃。计算如下：

水侧换热系数：$\alpha_{w1}=0.5^{0.8}\alpha_{w}$

水侧热阻：$R_{w1}=1/\alpha_{w1}$

$R_{w1}=1/0.5^{0.8}\alpha_{w}$

$R_{w1}=1.74R_{w}$

水侧热阻一般占蒸发器总热阻的37.5%，即总热阻变化量：

$$R_{1}=0.375\cdot(1.74-1)R$$
$$R_{1}=0.28R$$

所以水流量变化而引起的蒸发器换热总热阻为$1.28R$。则$\Delta T_{m1}=1.28\cdot\Delta T_{m}=1.28\times4=5.12$℃。

当供水温度为7℃，供回水温差为5.9℃时的蒸发温度为：

$$\Delta T_{m}=(t_{w1}-t_{w2})/\ln[(t_{w1}-t_{0})/(t_{w2}-t_{0})]$$
$$5.12=(12.9-7)/\ln[(12.9-t_{0})/(7-t_{0})]$$
$$t_{0}=4.28$$

当蒸发温度$t_{0}=4.28$℃时，根据式（3-7）可以求得冷水机组的单位制冷量功耗P，由压焓图查得：$h_{1}=149$kJ/kg；$h_{2}=155$kJ/kg；$h_{4}=113$kJ/kg。

则：

$$P=[(h_{2}-h_{1})/(h_{1}-h_{4})]/(\eta_{m}\cdot\eta_{c})$$
$$=[(155-149)/(149-113)]/(0.65\times0.98)$$
$$=0.262\text{kW/kW}$$

（3）水泵的能耗

将原来室内南北向两条并联的循环水环路串联在一起后，流过水泵的流量为原来的1/2。当水泵输送相同的流体，流量减小，水泵的压头将会减小。大温差和常规设计下冷冻水的换热量没有变，可得：

$$C_{1}\cdot G_{1}\cdot\Delta t_{1}=C\cdot G\cdot\Delta t$$
$$G_{1}=0.5G$$

水泵的压头H：

$$H=h_{f}+h_{m}$$
$$H=\lambda\cdot\frac{l}{d}\cdot\frac{\rho\cdot v^{2}}{2}+\xi\cdot\frac{\rho\cdot v^{2}}{2}$$
$$H=(\lambda\cdot\frac{l}{d}+\xi)\cdot\frac{\rho\cdot v^{2}}{2}$$

式中 h_f——沿程阻力损失，Pa；

h_m——局部阻力损失，Pa；

λ——沿程阻力系数；

ξ——局部阻力系数；

l——管长，m；

d——管径，m；

ρ——冷冻水的密度，kg/m^3；

v——冷冻水的流速，m/s。

标准工况下水泵轴功率 W 为：

$$W=\frac{G\cdot H}{\eta} \tag{3-26}$$

式中 η——水泵的全效率；

G——水泵的流量，m^3/h。

冷冻水的流量变为原来的1/2，所以流速为原来的1/2。则 $H_1=0.25H$。理论上冷冻水温差增大，冷冻水的流量和水泵的压头、功率都会减小，当流量减小为原来的一半时，水泵的压头减小为原来的25%，水泵的轴功率减小为原来的12.5%。但是按照方案一连接，将原来南北向并联的两套系统，串联在一起，水泵克服的最不利环路的阻力将比原来多了一段连接管的沿程阻力和一组空调末端设备的阻力。

原系统水泵的扬程假设为：$H=H_1+H_2+H_4+H_{设}$，

方案一系统的扬程为：$h=h_1+h_2+h_3+h_4+h_{设}$

其中：

$$H_1=\lambda\cdot\frac{l_1}{d_1}\cdot\frac{\rho\cdot v_1^2}{2}+\xi\cdot\frac{\rho\cdot v_1^2}{2}$$

$$H_2=\lambda\cdot\frac{l_2}{d_2}\cdot\frac{\rho\cdot v_2^2}{2}+\xi\cdot\frac{\rho\cdot v_2^2}{2}$$

$$h_3=\lambda\cdot\frac{l_3}{d_3}\cdot\frac{\rho\cdot v_3^2}{2}+\xi\cdot\frac{\rho\cdot v_3^2}{2}$$

$$H_4=\lambda\cdot\frac{l_4}{d_4}\cdot\frac{\rho\cdot v_4^2}{2}+\xi\cdot\frac{\rho\cdot v_4^2}{2}$$

式中 H_1、h_1——水泵到分水器之间的阻力，kPa；

H_2、h_2——分水器到末端设备的阻力，kPa；

h_3——连接管的阻力，kPa；

H_4、h_4——末端设备到集水器的阻力，kPa；

$H_{设}$、$h_{设}$——末端设备的阻力，kPa。

l_1、l_2、l_3、l_4——各管段的管长，m。

d_1、d_2、d_3、d_4——管段的管径，m。

v_1、v_2、v_3、v_4——各管段的冷冻水流速，m/s。

一般空调末端设备的阻力是1～4mH_2O，这里假设为2mH_2O；冷水机机组蒸发器水阻力一般是5～7mH_2O，这里取6mH_2O；分水器、集水器阻力，一般一个有3mH_2O；

局部阻力一般是沿程阻力的50%。可以得到以下公式：

$$H_1 = 1.5\lambda \cdot \frac{l_1}{d_1} \cdot \frac{\rho \cdot v_1^2}{2}$$

$$H_2 = 1.5\lambda \cdot \frac{l_2}{d_2} \cdot \frac{\rho \cdot v_2^2}{2}$$

$$H_3 = 1.5\lambda \cdot \frac{l_3}{d_3} \cdot \frac{\rho \cdot v_3^2}{2}$$

$$H_4 = 1.5\lambda \cdot \frac{l_4}{d_4} \cdot \frac{\rho \cdot v_4^2}{2}$$

其中在水泵到分水器这段流量为原来的1/2，所以流速是原来的1/2，及$h_1 = 1/4H_1$，分水器到末端这段流量较原来没有变化，所以$h_2 = H_2$，回水管上的流量也没有变化，所以$h_4 = H_4$。可以求出方案一空调系统水泵的扬程：

$$\begin{aligned} h &= h_1 + h_2 + h_3 + h_4 + H_{设} + 20 \\ &= 1/4H_1 + H_2 + h_3 + H_4 + H_{设} + 20 \\ &= H - 3/4H_1 + h_3 + 20 \end{aligned}$$

方案一泵的轴功率W_1为：

$$W_1 = \frac{0.5G \cdot h}{\eta}$$

$$W_1 = \frac{0.5G}{\eta}\left(H - \frac{3}{4}H_1 + h_3 + 20\right)$$

为了方便计算，实际运行中这也是比较小的一部分阻力，对整个系统的运行不会产生影响，令$3/4H - h_3 - 20 = 0$，则方案一水泵的功率为：

$$W_1 = \frac{0.5G \cdot H}{\eta}$$

则：

$$\frac{W_1}{W} = 0.5$$

方案一水泵的轴功率为原来的50%。同时，由于冷却水泵流量与冷冻水泵是等比例变化的，所以冷却水泵的轴功率也减少50%。

通过上述计算，方案一的空调冷冻水系统能耗计算得总能耗：$P_1 = 0.262 + 0.5Q_2 + Q_3$。同理，常规空调系统冷冻水系统总能耗$P_0 = 0.269 + Q_2 + Q_3$[16]，冷水机组节省的能耗为2.2%，水泵节省的能耗为50%，由于冷水机组能耗占总能耗的60%，水泵能耗占30%，所以方案一冷冻水系统总节能率约为16.32%；同时冷却水系统节能率为50%。在整个空调水系统中总耗能为冷冻水系统耗能与冷却水系统耗能之和，整体空调水系统节能率为30%～33%。该方案对新建工程容易实现，对改造工程有操作空间的条件下能够施工。

2. 方案二基本原理及能耗分析

方案二是将建筑南向回水管与北向的供水管在系统的底部进行连接，如图3-9所示。就是建筑南向的回水立管在回到集水器之前，与北向的供水管连接，将原南向回水管上的阀门关闭，打开连接管上的阀门，保持流经末端设备的冷冻水流量不变。

同理，计算得出系统能耗与方案一相同。该方案对新建工程和改造工程都便于施工。

3. 方案三基本原理及能耗分析

方案三是将建筑南向回水管与北向的供水管在系统的顶部进行连接，如图3-10所示。将原建筑南向回水管上的阀门关闭，打开系统顶部连接管的阀门，保持流经末端风机盘管的流量不变。同理，计算得出系统能耗与方案一相同。该方案对新建工程容易实现，对改造工程有操作空间的条件下能够施工。

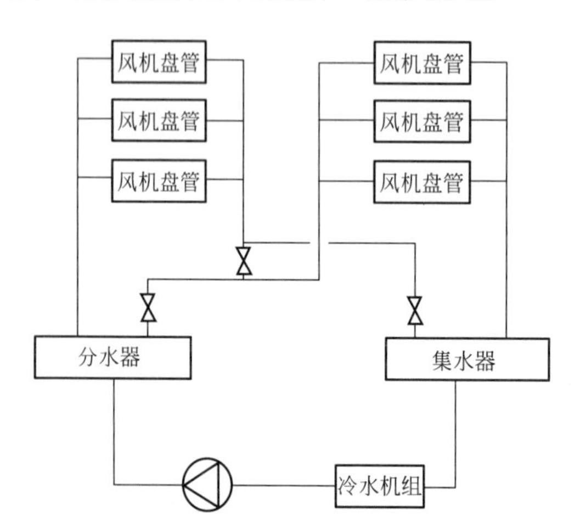

图3-9 方案二风机盘管水系统原理图

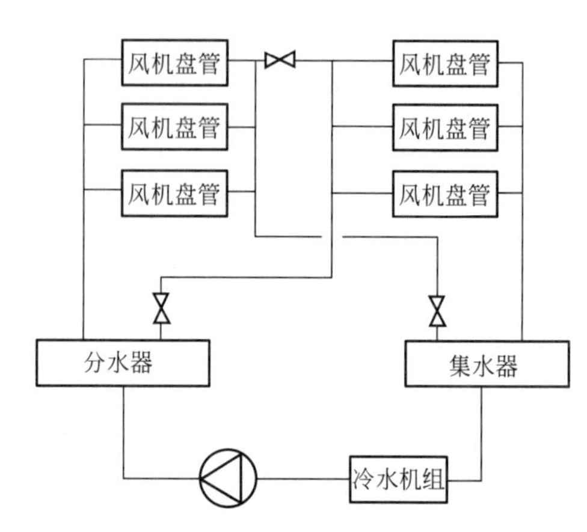

图3-10 方案三风机盘管水系统原理图

3.2.3 大温差梯级利用变频控制技术应用典型案例

该建筑是20世纪90年代竣工开业的位于北方的一家著名五星级酒店，建筑面积86266m²，高度99m，塔楼五～二十八层为572间客房，裙楼是餐厅和宴会厅，如图3-11所示。冷冻机和水泵安装在地下三层，离心式冷冻机3台，400Rt×3；定频冷冻水泵4台，55kW×3，流量67.3L/s；定频冷却水泵4台，45kW×3，流量87.5L/s，如图3-12～图3-14所示。空调水系统采用四管制同程式系统，冷冻水供/回水温度7℃/12℃。近五年，平均年营业收入1.82亿元左右，平均年耗电费用达1200万元以上，总能源费在1800万元左右，总能源费占总营业收入的比例近10%，显然能耗高于酒店业能耗标准很多[5]，迫切需要节能改造，节能降耗。

图3-11 某酒店大楼

图3-12 400Rt冷冻机3台

图 3-13 55kW 冷冻水泵 4 台

图 3-14 45kW 冷却泵 4 台

1. 空调冷冻水系统运行存在的问题

该建筑空调冷冻水泵和冷却水泵的容量是按照最大设计冷负载选定的，且留有 10%左右的余量，属于定流量系统。水泵总是在固定的最大水流量下工作。由于季节、南北向、昼夜温度、入客率的变化，空调实际负载在绝大部分时间内远比设计负载低，北侧与南侧负荷差异较大。负载率在 50%以下的运行小时数约占全部运行时间的 50%以上；冷冻水、冷却水的温差仅为 2～3℃，即水泵系统长期在小温差、大流量状态下工作，导致冷冻系统“大马拉小车”，具有很大的节能潜力。

（1）实测冷冻水、冷却水总管路温差

该酒店 5 月下旬到 10 月下旬冷冻机 5：00～24：00 运行，表 3-11 和表 3-12 所示是 6 月份和 8 月份的平均数据。6 月份运行一台冷冻机；8 月份 9：00 前运行一台冷冻机，9：00 以后通常运行 2 台冷冻机、大宴会厅使用时运行 3 台冷冻机。

6 月份实测冷冻水、冷却水温差数据 **表 3-11**

时间	系统	进水温度(℃)	回水温度(℃)	温差(℃)	系统	进水温度(℃)	回水温度(℃)	温差(℃)
6:00	冷冻水	7	9	2	冷却水	32	34	2
8:00		7	9	2		32	34	2
10:00		7	9	2		32	35	3
12:00		7	10	3		32	35	3
14:00		7	11	4		32	35	3
16:00		7	10	3		32	35	3
18:00		7	9	2		32	35	3
20:00		7	9	2		32	34	2
22:00		7	9	2		32	34	2
24:00		7	9	2		32	34	2

从表 3-11 可以看出，6 月份运行一台冷冻机的情况下，冷冻水供回水温差多数时间为 2～3℃，冷却水供回水温差也是 2～3℃，说明运行一台冷冻机已经出现“大马拉小车”的情况。从表 3-12 可以看出，8 月份运行 2～3 台冷冻机的情况下，冷冻水供回水温差有 6～7h 时间为 2～3℃，冷却水供回水温差也有 4～5h 是 2～3℃，说明也出现“大马拉小车”

的情况。

8 月份实测冷冻水、冷却水温差数据　　　　**表 3-12**

时间	系统	进水温度(℃)	回水温度(℃)	温差(℃)	系统	进水温度(℃)	回水温度(℃)	温差(℃)
6:00	冷冻水	7	10	3	冷却水	32	35	3
8:00		7	10	3		32	35	3
10:00		7	11	4		32	36	4
12:00		7	12	5		32	36	4
14:00		7	12	5		32	37	5
16:00		7	12	5		32	37	5
18:00		7	10	3		32	36	4
20:00		7	10	3		32	35	3
22:00		7	11	4		32	35	3
24:00		7	9	2		32	34	2

（2）实测南北侧房间风机盘管供回水温差

6 月份酒店北侧房间在 10：00～16：00 期间，风机盘管供回水温差为 2℃，南侧房间风机盘管供回水温差为 3℃。8 月份酒店北侧房间在 10：00～16：00 期间，风机盘管供回水温差为 3℃；南侧房间风机盘管供回水温差为 4℃。显然冷冻机、风机盘管和空气处理机组都不是在标准工况下运行，冷冻机和末端设备的效率也受到一定的影响。

2. 确定改造方案

（1）为了提高冷冻水系统供回水的温差，基于大温差、小流量系统节能的优越性，将原空调同程式水系统（见图 3-9），在底部主机房进行配管连接转换。即将塔楼的南侧冷冻水回水竖向干管与北侧冷冻水供水竖向干管通过手动阀门和电动阀门连接；将裙楼的南侧冷冻水回水竖向干管与北侧冷冻水供水竖向干管通过手动阀门和电动阀门连接，如图 3-15、图 3-16 所示。改造后的系统，通过阀门切换可以恢复到原系统运行模式。

图 3-15　37kW 供暖热水循环泵 3 台

图 3-16　供回水管底部状态

（2）由于冷冻水供回水温差是动态变化的，流量就应该随之变化，而且冷却水系统流量也应该随着冷冻水流量的变化而变化，所以需要变流量控制。将原来冷冻水系统的定频循环水泵和冷却水系统的定频水泵增加变频装置，如图 3-17 所示。

图 3-17 供回水底部连接状态

图 3-18 供暖用汽水热交换器

(3) 同理，冬季供暖热水系统的流量也应该随着供回水温差的变化而变化。由于该酒店建筑空调水系统为四管制同程式系统，所以也将原来的供暖用热水循环泵增加变频装置。供暖设备如图 3-15 和图 3-18 所示。

(4) 利用原 BMS 系统，检测温度、压力传感器，对冷冻水泵变频器和冷却水泵变频器进行控制，构成智能节电系统。同时，系统有安全检测程序，可对水泵的启、停顺序进行控制，顺序不对不予运行；可对管道每间隔 10s 进行一次压力检测，超出范围，发出指令报警；水泵出现故障时，停止水泵的运转，启动备用设备，同时报警。检测、变频功能出现问题立即能够恢复原系统状态。水泵变频装置如图 3-20～图 3-23 所示。

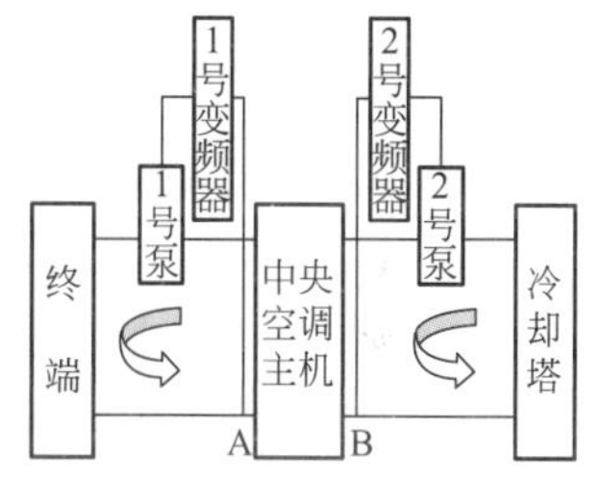

图 3-19 冷冻水泵和冷却水泵

(5) 改造工期：购买材料 15d，施工 10d，调试 5d，合计 30d。

图 3-20 水泵变频装置简图

图 3-21 变频装置控制柜简图

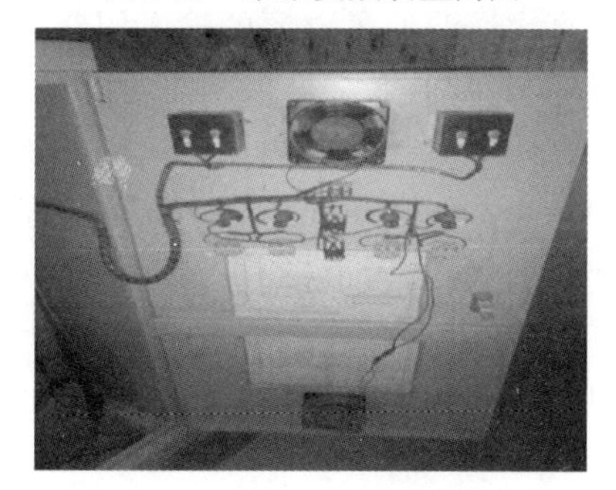

图 3-22 变频装置控制柜内侧简图

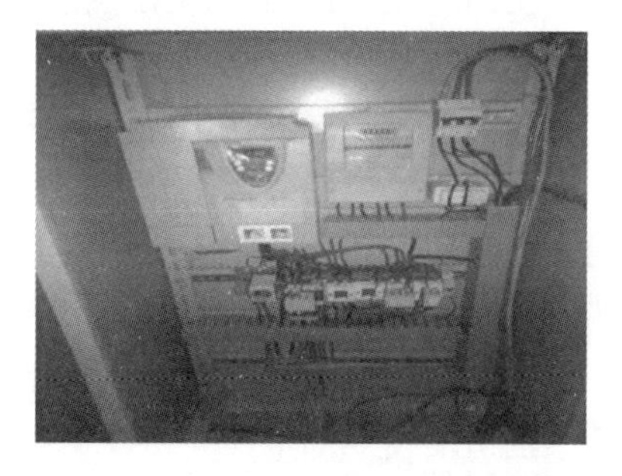

图 3-23 变频装置调频器及计量表简图

3. 变频器的控制方式

根据表3-11和表3-12可知，无论是6月份轻负荷还是8月份最大负荷，“大马拉小车”运行状态 $\Delta t=2\sim3$℃，至少有50%以上的运行时间。所以根据冷冻水、冷却水供回水温差改变水泵转速，调整流量。控制方式如下：

（1）当温差 $\Delta t \geqslant 5$℃时，改造后的连通电动阀关闭、维持原系统工作运行状态，流量 $G_1=100\%G$，冷冻泵和冷却泵处于原系统工频状态运行；

（2）当温差4℃$\leqslant \Delta t <$5℃时，改造后连通电动阀打开、切换到新系统、变频器工作，流量 $G_1=50\%G$；

（3）当温差3℃$\leqslant \Delta t <$4℃时，变频器工作，流量 $G_1=40\%G$；

（4）当温差2℃$\leqslant \Delta t <$3℃时，变频器工作，流量 $G_1=30\%G$；

（5）当温差1℃$\leqslant \Delta t <$2℃时，变频器工作，流量 $G_1=20\%G$。

4. 变频器控制装置要求

（1）变频器是大功率的电子元件，工作温度一般要求为0～55℃，但为了保证工作安全可靠，使用时应考虑留有余地，最好控制在40℃以下。在控制箱中，变频器一般应安装在箱体上部，如图3-20所示。

（2）温度大于55℃时，变频器内部易出现结露现象，其绝缘性能就会大大降低，甚至可能引发短路事故，应安装通风换气扇，如图3-23所示。

（3）变频器在工作中由于整流和变频，周围产生了很多干扰电磁波，这些高频电磁波对附近的仪表、仪器有一定的干扰。因此，柜内仪表和电子系统，应该选用金属外壳，屏蔽变频器对仪表的干扰。所有的元器件均应可靠接地。各电气元件、仪器及仪表之间的连线应选用屏蔽控制电缆，且屏蔽层应接地。如果处理不好电磁干扰，往往会使整个系统无法工作，导致控制单元失灵或损坏。

（4）变频器和电机的距离应该尽量短，这样减小了电缆的对地电容，减少干扰的发射源。

（5）控制电缆选用屏蔽电缆，动力电缆选用屏蔽电缆或者从变频器到电机全部用穿线管屏蔽。

（6）电机电缆应独立于其他电缆走线，其最小距离为500mm。同时应避免电机电缆与其他电缆长距离平行走线，这样才能减少变频器输出电压快速变化而产生的电磁干扰。如果控制电缆和电源电缆交叉，应尽可能使它们按90°角交叉。与变频器有关的模拟量信号线与主回路线分开走线，即使在控制柜中也要如此。

（7）主回路上电抗器的作用是防止变频器产生的高次谐波通过电源的输入回路返回到电网，从而影响其他的受电设备，需要根据变频器的容量大小来决定是否需要加电抗器；滤波器是安装在变频器的输出端，减少变频器输出的高次谐波，当变频器到电机的距离较远时，应该安装滤波器。虽然变频器本身有各种保护功能，但缺相保护并不完美，断路器在主回路中起到过载、缺相等保护，选型时可按照变频器的容量进行选择。可以用变频器本身的过载保护代替热继电器。

（8）控制回路上具有工频与变频的手动切换，以便在变频出现故障时可以手动切工频运行，因输出端不能加电压，故工频和变频要有互锁。

（9）变频器正确接地是提高系统稳定性、抑制噪声能力的重要手段。变频器接地端子的接地电阻越小越好，接地导线的截面不小于4mm，长度不超过5m。变频器的接地应和动力设备的接地点分开，不能共地。信号线的屏蔽层一端接到变频器的接地端，另一端浮空。变频器与控制柜之间电气相通。

（10）一般的变频器最大频率到60Hz，有的甚至到400Hz，高频率将使电机高速运转，这对普通电机来说，其轴承不能长时间超额定转速运行，电机的转子不能承受这样的离心力。

（11）变频器在参数中设定电机的功率、电流、电压、转速、最大频率，这些参数可以从电机铭牌中直接得到。由于变频器的加减速时间太短、负载发生突变、负荷分配不均，会导致输出过流故障。这时一般可通过延长加减速时间来减少负荷的突变。如果断开负载变频器还是过流故障，说明变频器逆变电路已坏，需要更换变频器。

5. 改造后室内温度和水系统供回水温差统计

（1）室内环境温度测量

改造后次年6月、8月在空调正常运行时间段，塔楼南侧房间实测温度，全天均在21～24℃之间，说明室内空调运行正常；塔楼北侧房间实测温度，全天均在22～25℃之间，说明室内空调运行正常；裙楼公共区域实测温度，全天均在21～25℃之间，说明该区域空调运行正常。

（2）实测冷冻水、冷却水温差

改造后次年6月份和8月份实测冷冻水、冷却水总管温差数据，详见表3-13和表3-14。6月份，在6：00～8：00，18：00以后期间，有些末端空调设备没有使用，所以冷冻水供回水温差仅为3℃，在8：00～18：00期间温差升到5℃。与改造前的数据（见表3-11）相比温差增大了2～3℃，实现了增大温差，基本达到了标准温差状态；冷却水供回水温差为5℃，在主要时间段也比表3-12的数据增大2～3℃，达到了标准温差状态。8月份，冷冻水、冷却水供回水温差也到达标准温差状态。实现了扩大温差的目的。

6月份实测冷冻水、冷却水温差数据 **表3-13**

时间	系统	进水温度(℃)	回水温度(℃)	温差(℃)	系统	进水温度(℃)	回水温度(℃)	温差(℃)
6:00	冷冻水	7	10	3	冷却水	32	36	4
8:00		7	10	3		32	36	4
10:00		7	12	5		32	37	5
12:00		7	12	5		32	37	5
14:00		7	12	5		32	37	5
16:00		7	12	5		32	37	5
18:00		7	12	5		32	37	5
20:00		7	11	4		32	37	5
22:00		7	11	4		32	37	5
24:00		7	10	3		32	35	3

8月份实测冷冻水、冷却水温差数据　　表3-14

时间	系统	进水温度(℃)	回水温度(℃)	温差(℃)	系统	进水温度(℃)	回水温度(℃)	温差(℃)
6:00	冷冻水	7	10	3	冷却水	32	35	3
8:00		7	10	3		32	36	3
10:00		7	12	5		32	37	5
12:00		7	12	5		32	37	5
14:00		7	12	5		32	37	5
16:00		7	12	5		32	37	5
18:00		7	12	5		32	37	5
20:00		7	12	5		32	37	5
22:00		7	12	5		32	37	5
24:00		7	11	4		32	36	4

6. 改造后运行节能情况

（1）制冷运行时间

冷冻机运行时间是每年的5月中下旬到10月中下旬。第一阶段为轻负荷运行阶段，一般为5月中下旬到6月底和9月中旬到10月中下旬，共计3个月时间，每天平均开机8h左右，运行一套机组可以满足制冷量的要求，累计运转720h左右。第二阶段为正常负荷运行阶段，时间为7月到9月中旬，共计两个半月的时间，每天平均运行18h左右，运行两套机组可以满足要求，个别时间运行3套机组，水泵累计运行时间为1350h。

（2）供暖运行时间

供暖运行是每年的11月初到次年的4月初。第一阶段为轻负荷运行阶段，一般为11月初到12月初和3月初到4月初，其间共计2个月，每天平均供暖时间为12h，开1套供暖机组可以满足供暖量的要求，水泵累计运行时间为720h左右。第二阶段为正常负荷运行阶段，时间从12月初到3月初，累计运行3个月左右，每天平均供暖时间为22h，运行2套机组可以满足供暖量的要求，水泵累计运行时间为1980h。

（3）夏季新系统运行能耗统计比较

空调冷冻水系统改造是在3月份开始施工，4月份改造结束，5月中下旬投入运行。分三个阶段统计比较：第一阶段是5月中下旬到6月初，为了同等条件比较，原系统先运行一台冷冻机组7天，然后切换成改造后新系统运行7日，每日运行8h左右。以下数据由专门准备的电能表计量得到，如表3-15和表3-16所示。第二阶段，7月到8月，运行2台冷冻机组，与去年同期改造前的原系统能耗比较，如表3-17所示。第三阶段，9月到10月，根据天气的变化2台或1台冷冻机组交替运行，与上一年同期改造前的原系统能耗比较如表3-18所示。

原空调系统5月底运行耗电量统计　　表3-15

时间	酒店总用电量(kWh)	冷冻机耗电量(kWh)	冷冻泵耗电量(kWh)	冷却泵耗电量(kWh)	入住率(%)
5月20日	30447	2361	458	381	62.3
5月21日	29925	2303	461	382	58.7

续表

时间	酒店总用电量(kWh)	冷冻机耗电量(kWh)	冷冻泵耗电量(kWh)	冷却泵耗电量(kWh)	入住率(%)
5月22日	30316	2119	429	388	58.8
5月23日	30482	2093	431	395	58.4
5月24日	29355	2081	426	387	60.2
5月25日	29873	2110	417	366	57.5
5月26日	30002	2297	421	371	58.9
平均	30057.1	2194.9	434.7	381.4	59.2

改造后5月底到6月初一台冷冻机运行耗电量统计 **表3-16**

时间	酒店总用电量(kWh)	冷冻机耗电量(kWh)	冷冻泵耗电量(kWh)	冷却泵耗电量(kWh)	入住率(%)
5月28日	29636	2166	188	153	52.3
5月29日	29505	2103	184	155	57,7
5月30日	29427	2119	189	155	51.3
5月31日	29304	2093	181	143	54.6
6月1日	28960	2081	166	132	51.9
6月2日	28685	2010	167	131	52.3
6月3日	29558	2097	171	142	68.2
平均	29296.6	2095.6	178	145	55.5

由表3-15和表3-16中的数据对比可知，在5月末到6月初入住率接近的状态下运行空调系统，改造前后两个系统中，冷冻泵耗电减少59%，冷却泵耗电减少62%，冷冻机耗电减少5%，酒店总用电量差值比减少3%。从6月底到9月初都是运行2台冷冻机组，把7月份和8月份改造后的能耗情况与上一年同期能耗做出比较，如表3-17所示。

改造前后7～8月份2台冷冻机运行耗电量统计 **表3-17**

时间	酒店总用电量(kWh)	冷冻机耗电量(kWh)	冷冻泵耗电量(kWh)	冷却泵耗电量(kWh)	入住率(%)
7月份	1265788	356169	47849	39162	86.6
上年7月份	1391735	397457	63167	52674	83.8
差值比(%)	9	10	24	26	
8月份	1508360	388643	50226	42267	87.4
上年8月份	1648926	416884	68307	57911	82.7
差值比(%)	9	7	26	27	

由表3-17的数据对比可知，改造前后7月、8月份，冷冻泵耗电减少24～26%，冷却泵耗电减少26%～27%，冷冻机耗电减少7%～10%，酒店总用电量减少9%。显然空调水系统改造后，在6月份轻负荷运行期间，比7～8月份重负荷运行期间的节能效果要优越得多。当然酒店总用电量减少是多方面因素造成的，不只是空调水系统改造带来的结果。从9月初到10月初，根据营业状况，只有11：00～14：00时间段有时候运行2台冷水机组，其余时间只运行1台冷水机组；10月中旬以后开机时间就很少了，详见表3-18。

改造前后 9～10 月份 2 台或 1 台冷冻机运行耗电量统计　　表 3-18

时间	酒店总用电量(kWh)	冷冻机耗电量(kWh)	冷冻泵耗电量(kWh)	冷却泵耗电量(kWh)	入住率(%)
9 月份	1129665	252879	33975	27833	70.6
上年 9 月份	1288523	287774	59886	49915	73.1
差值比(%)	12	12	43	44	
10 月份	920638	48339	3357	2761	67.4
上年 10 月份	1058191	53178	8417	7001	67.6
差值比(%)	13	11	60	61	

由表 3-18 的数据对比可知，9 月份新系统 2 台或 1 台冷冻机组交替运行，与上一年同月份相比，冷冻泵耗电减少 43%，冷却泵耗电减少 44%，冷冻机耗电减少 12%，酒店总用电量减少 12%；10 月份新系统多数是一台冷冻机组运行而且运行天数为半个月左右，冷冻泵耗电减少 60%，冷却泵耗电减少 61%，冷冻机耗电减少 11%，酒店总用电量减少 13%。同理，酒店总用电量减少是多方面原因造成的，不只是空调水系统改造带来的结果。

(4) 冬季季新系统运行能耗统计比较

冬季空调供暖运行新旧系统水泵耗电统计数据，详见表 3-19。

冬季空调供暖运行新旧系统水泵耗电比较　　表 3-19

时间	改造后新系统水泵耗电量(kWh)	上年原系统水泵耗电量(kWh)	差值比(%)
11 月份	11762	28004	58
12 月份	38465	81840	53
1 月份	66148	103356	36
2 月份	60680	93354	35
3 月份	12058	29102	59
合计	189113	335656	44

由表 3-19 的数据可知，11 月份、12 月份和 3 月份属于轻负荷阶段，节电率都在 50% 以上；而在 1 月份和 2 月份最寒冷季节，属于负荷偏重阶段，节能率也在 35%以上。一个冬季平均节电率在 44%左右。

7. 投资与回报

该改造工程属于低投资、高回报案例。改造工程主要材料清单如表 3-20 所示。

改造工程主要材料清单　　表 3-20

主要材料	规格	品牌	数量
电动阀门	Φ100	KITZ	8
手动阀门	Φ100	KITZ	16
变频器	ACS510	ABB	4
控制柜			2
其他辅助材料			

该改造工程项目总价 540000 元。经统计，改造完成后一年，冬季供暖节电约 15 万度、夏季空调水系统节电约 27 万度，合计节电 42 万度，节约电费 4200000×平均电价 1.24＝529080 元，即运行一年即可收回全部投资。

3.3 冷却塔免费供冷节能技术与典型案例

冷却塔供冷又称“免费供冷”技术[18]，是指在冷季或过渡季节空调区域仍需要供冷，且当室外空气湿球温度达到一定条件时，关闭冷水机组，以流经冷却塔的循环冷却水直接或间接向空调末端供冷的技术。“免费供冷”并非单纯意义上的免费，而是相比较而言的。虽然冷水机组关闭了，但在冷却塔产生低温冷却水供入空调系统末端的时候，冷却塔和水泵等部件仍继续工作消耗电能，只是与冷水机组所消耗的电能相比要小得多，所以可以相对地将冷却塔供冷视为免费供冷。由于冷却塔供冷是利用自然冷源，对环境无污染，因此属于环保型系统。冷却塔免费供冷节能技术，已经应用于许多新建工程设计和改造工程中。在冷季或过渡季节，建筑室内湿负荷及冷负荷也在不断下降，适当提高冷冻水水温，即使除湿能力降低，也完全能满足空调系统舒适性的要求。

3.3.1 冷却塔供冷系统模式

冷却塔供冷按冷却水是否直接进入空调末端设备来划分，其系统的构成形式主要分为直接式供冷和间接式供冷两种方式。冷却塔供冷技术的应用是有一定局限性的，主要受到中央空调系统的形式和过渡季或冬季是否要供冷的限制。从技术经济的角度考虑，系统选哪种形式直接影响到供冷时数和投资回报等问题，特别是改造项目设计，需要精准的计算。

1. 间接供冷系统

冷却塔间接供冷系统是保持原冷却水和冷冻水的各自循环，但需增加换热器将两个水环路建立起热交换关系，开式冷却塔间接式供冷系统如图 3-24 所示，封闭式冷却塔间接供冷系统如图 3-25 所示。当切换到冷却塔供冷方式运行时，水泵的工作条件不会有大的变化，也不用担心水质问题，而且在多套冷水机组、冷却塔的配置情况下，还可以进行冷水机组和冷却塔供冷两种方式的混合工作。在既能满足用户要求，又能节能降耗的情况下，中央空调系统的运行管理多了一种选择方式和调控手段。但是间接供冷系统由于冷却水环路与冷冻水环路相互独立，能量传递主要依靠中间换热设备来进行，就存在中间换热损失，使制冷效果有所下降。因此，使用封闭式冷却塔间接供冷系统的场合很少。

2. 直接供冷系统

直接供冷即通过冷却塔降温的循环水直接提供给风机盘管去吸收要处理空气的热量，然后返回到冷却塔降温。冷却塔直接供冷系统通常是指在原有空调水系统中设置旁通管道，将冷冻水环路与冷却水环路连接在一起的系统，开式冷却塔直接式供冷系统如图 3-26 所示，闭式冷却塔直接式供冷系统如图 3-27 所示。夏季按常规空调水系统运行，转入冷却塔供冷时，将制冷机组关闭，通过阀门打开旁通，使冷却水直接进入用户末端。采用开式冷却塔时，冷却水与外界空直接接触易被污染，污物易随冷却水进入室内空调水管路，从而管造成盘管被污物阻塞，应加设过滤装置；采用闭式冷却塔虽可满足卫生要求，但依靠间接蒸发冷却原理降温，传热效果受到影响。

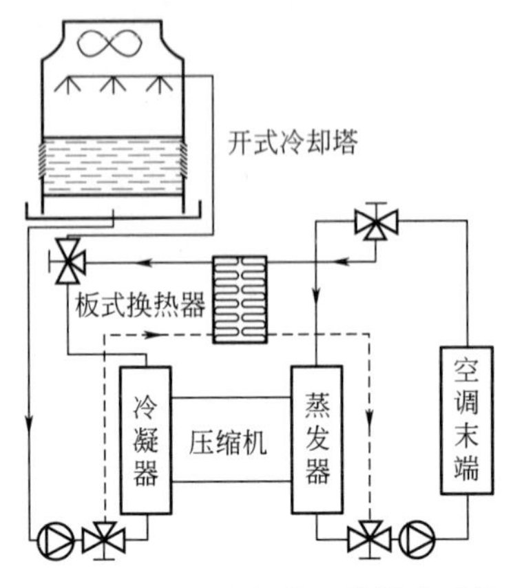

图 3-24　开式冷却塔间接供冷系统

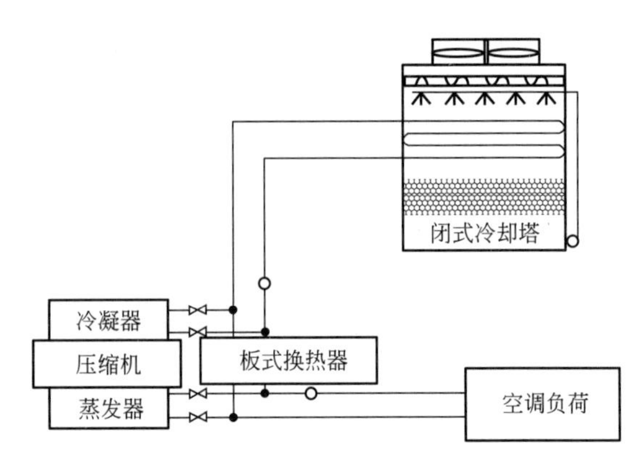

图 3-25　封闭式冷却塔间接供冷系统

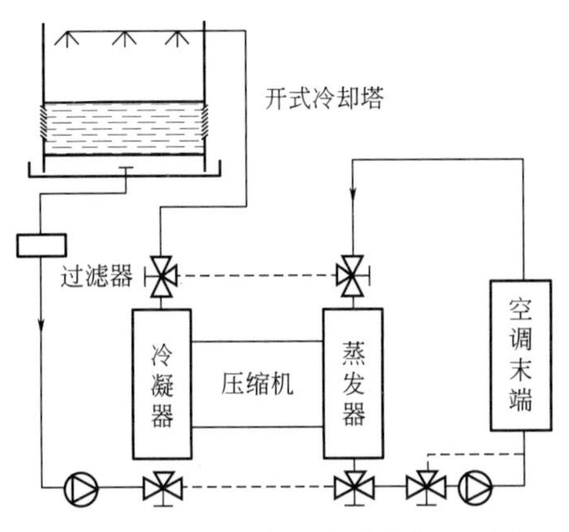

图 3-26　开式冷却塔直接式供冷系统

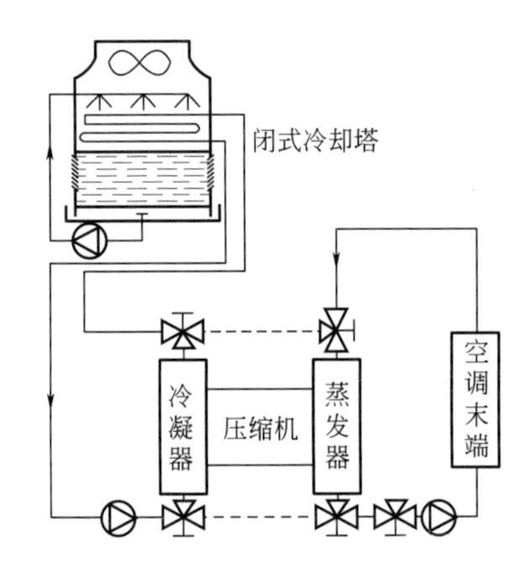

图 3-27　闭式冷却塔直接式供冷系统

目前国内使用开放式冷却塔间接供冷系统的占据多数；使用开放式冷却塔直接供冷系统相对少一些，虽然直接供冷系统换热效率高，但是由于水质污染、杂质堵塞等问题，还是影响了其推广应用；当冷却水洁净程度要求较高、传统的开放式冷却塔满足不了这个特殊要求时，才使用封闭式冷却塔直接供冷系统。

3.3.2　开放式冷却塔供冷系统特性

以换热效率最高的开放式冷却塔直接供冷系统作为研究对象，讨论：(1) 室外湿球温度对房间降温时间的影响，(2) 房间负荷的影响，(3) 冷却塔运行参数的影响，(4) 冷却塔直接供冷时数及节能这四个问题，用来说明冷却塔供冷系统设计的必要性。

1. 室外湿球温度对房间降温时间的影响

采用开放式冷却塔直接供冷系统，当室外湿球温度分别为 6℃、7℃、8℃、9℃、10℃时，以空调负荷为 70W/m^2 工况进行测试时，得出结果如图 3-28 所示[19]。可以看出，随着室外湿球温度的升高，室温从 30℃降到 24℃的时间逐渐延长，当室外湿球温度为 6℃时，房间温度达到 24℃的降温时间约为 90min，当室外湿球温度升到 10℃时，房间温度达到24℃的降温时间约为160min。

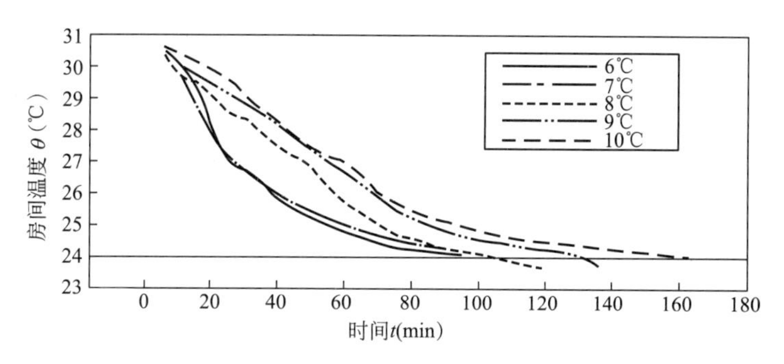

图3-28 不同室外湿球温度下房间的温度与降温时间关系

散流器出风口温度与时间关系如图3-29所示。从图3-29可以看出，在不同的室外湿球温度下，散流器出口达到相同的温度所需的时间不同，随着室外湿球温度的升高，达到相同送风温度所需的时间亦逐渐延长，这一趋势与房间温度的变化是吻合的。只是散流器出风口的温度变化过程时间短暂，因此其温度变化曲线比较平缓，不像房间温度变化曲线有波动。

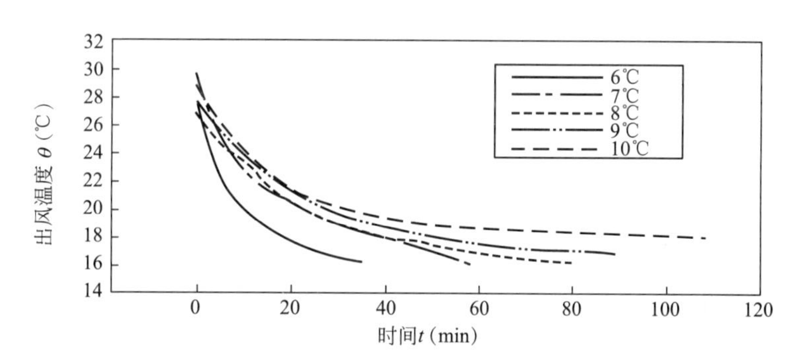

图3-29 不同室外湿球温度下散流器出风口温度与降温时间关系

2. 房间负荷的影响

当测试房间单位负荷分别为50W/m²、70W/m²、100W/m²时，室外湿球温度分别为6℃、8℃、10℃时，房间降温时间的情况，详见图3-30所示。可以看出，房间负荷越小，降温时间越短，而湿球温度分别为6℃和8℃的降温时间比较接近。

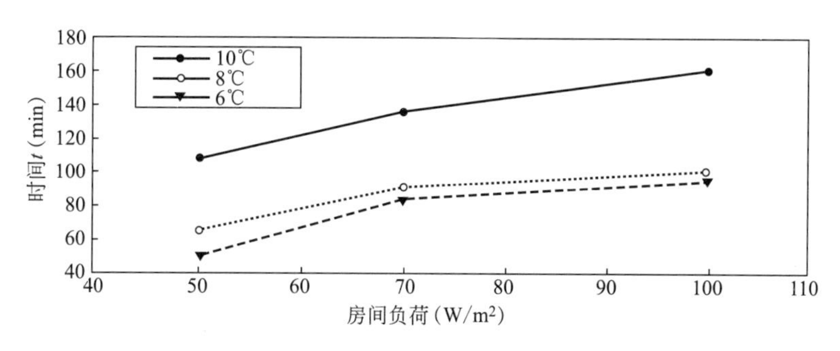

图3-30 房间负荷变化与降温时间关系

3. 冷却塔运行参数的影响

在不同室外湿球温度下，冷却塔出水温度与时间的关系变化曲线如图3-31所示。可以看出，当室外湿球温度分别为6℃、8℃、9℃、10℃时，冷却塔出水温度随着时间的推移逐渐接近一致。图3-30和图3-31可以说明，不必过于盲目苛求过低的湿球温度，当达到一定值时，效果相差不是很明显。从节能的角度考虑，适当提高室外湿球温度的转换值，可以延长冷却塔供冷的使用时间，降低能耗，而且对于舒适性空调，应将供冷温度定在人体舒适性所能允许的最高温度。例如，供冷温度定在13℃比定在10℃节能率要高得多[20-22]。

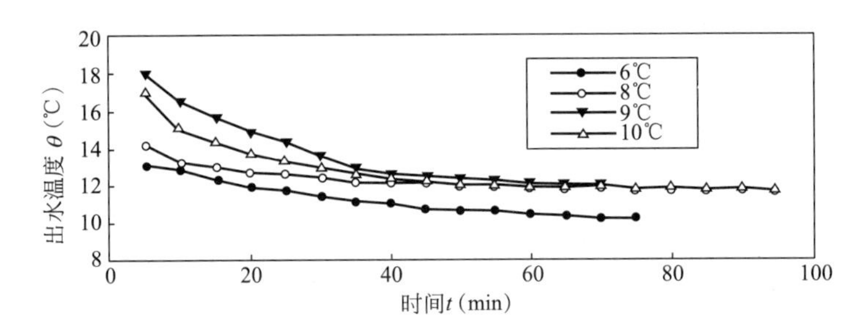

图3-31 不同室外湿球温度下冷却塔出水温度与时间关系

衡量冷却塔冷却能力的两个重要参数是冷却塔的进出口水温差和冷却塔出水温度和进口处的空气湿球温度的温差，即水温降和冷幅[23,24]。水温降和冷幅随时间变化关系情况如图3-32、图3-33所示。可以看出，水温降和冷幅随时间的延长而逐渐降低而后趋于稳定，初期变化大，显然是由于在开始阶段房间负荷随着冷却塔供冷而逐渐减少导致的结果。

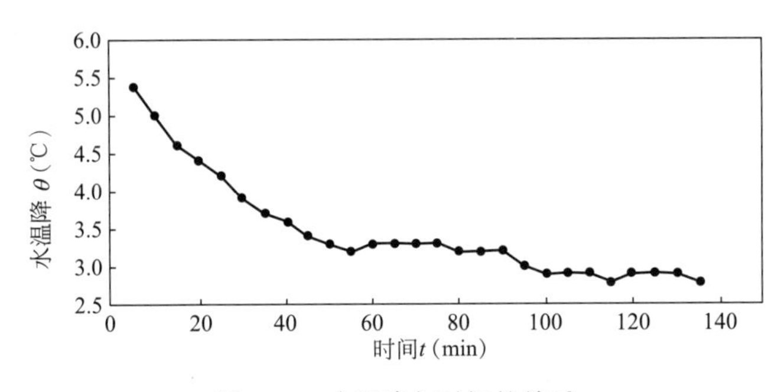

图3-32 水温降与时间的关系

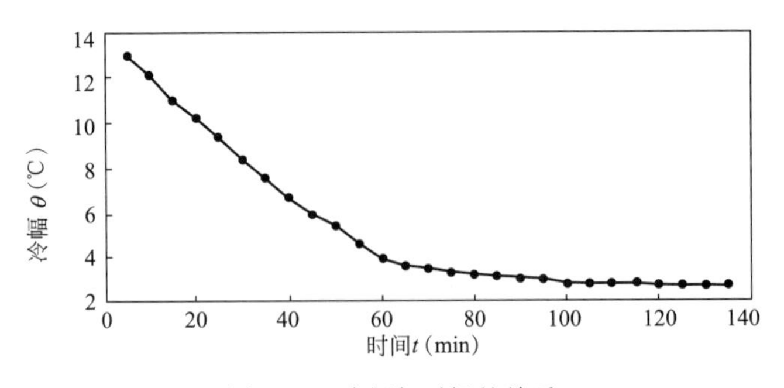

图3-33 冷幅与时间的关系

4. 冷却塔直接供冷时数及节能

北方地区某城市各月份的湿球温度分布如图 3-34 所示。可以看出，若设室外湿球温度达到 10℃的转换温度时，该地区冷却塔供冷系统理论上可以使用的时间有 6 个月多，对于类似该地区这样室外平均湿球温度一年中有一半时间低于 10℃的地区，在不考虑湿度控制的前提下，采用冷却塔供冷的时间理论上可以达到半年以上。经计算，与常规空调供冷相比，如果取室外湿球温度 10℃为冷却塔转换温度，冷却塔供冷节能率可以达到 14.8%；取室外湿球温度 12℃为冷却塔转换温度时，则冷却塔供冷节能率可以达到 17.9%[24]。

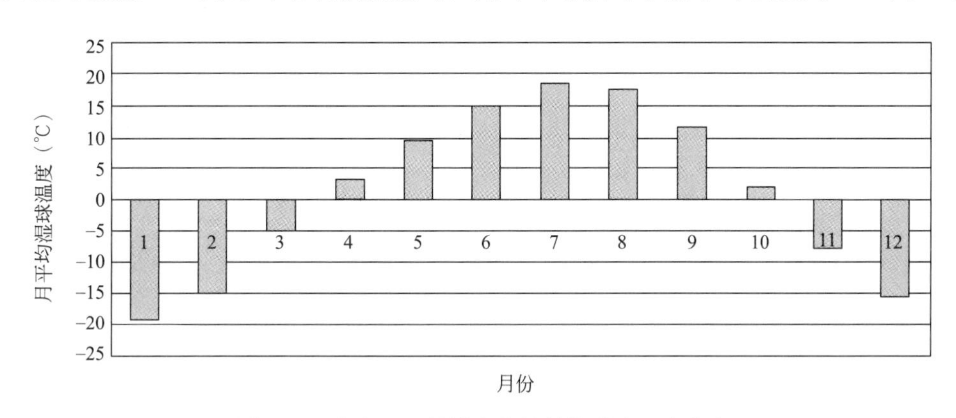

图 3-34 北方地区某城市各月份的湿球温度分布

对于全年都有供冷需求的建筑物或建筑物内区，在冷季或过渡季节采用冷却塔供冷技术可以达到节能目的。冷却塔转换温度越高，节能效果越好。就冷却塔直接供冷系统而言，当室外湿球温度达到 10～12℃时，便可以将系统转换为冷却塔供冷；对于冷却塔间接供冷系统，可以预留 1～2℃温差，即室外湿球温度达到 9～10℃时即可转为冷却塔供冷。

3.3.3 封闭式冷却塔直接供冷系统特性

由于封闭式冷却塔的冷却原理与开放式冷却塔不同，所以对直接供冷系统的特性影响因素也不同。在室外环境参数为空气干球温度 20℃，湿球温度 10℃，冷却水供冷温度为 14℃，供回水温差为 4℃，逆流式冷却塔设备冷负荷为 620kW，循环水量 28.8kg/s，冷却风量 83.3m^3/s 的试验条件下，讨论（1）空气焓值分布，（2）空气含湿量分布，（3）喷淋水温度分布，（4）冷却水温度分布，（5）喷淋水对冷却水出口温度和放热量的影响，（6）湿球温度对冷却水出口温度和放热量的影响，（7）配风量对冷却水出口温度和放热量的影响[25]。

1. 空气比焓值分布

空气比焓值随着冷却塔高度的下降而上升。空气因吸收盘管外喷淋水含湿量增大，比焓值因吸收喷淋水的显热和蒸发潜热而逐渐增加，即由塔顶向塔底呈现单调上升趋势，如图 3-35 所示。

2. 空气含湿量分布

空气含湿量随着冷却塔高度的下降而上升，即由塔顶向塔底呈现单调上升趋势，如图 3-36 所示。与空气焓值分布变化曲线极其相似。

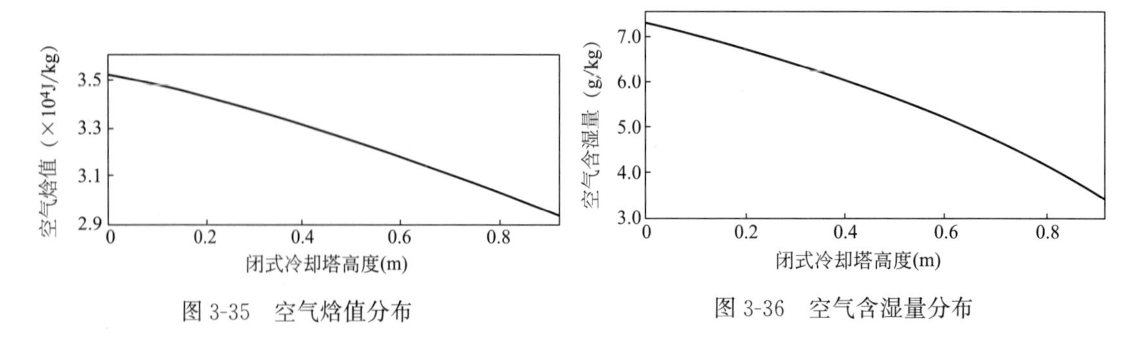

图 3-35　空气焓值分布　　图 3-36　空气含湿量分布

3. 喷淋水温度分布

喷淋水温度随着冷却塔高度变化曲线是一突变函数，先随冷却塔高度的上升而上升、再随冷却塔高度的上升而下降，如图 3-37 所示。

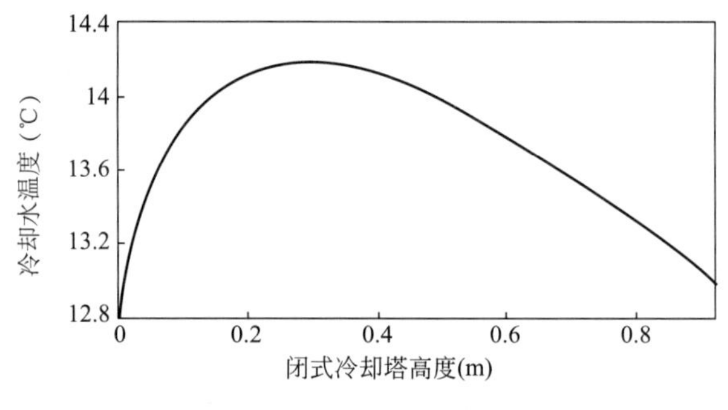

图 3-37　喷淋水温度分布

4. 冷却水温度分布

由于喷淋水温差很小，水蒸发的潜热基本来源于管内冷却水的放热量，冷却水被冷却，冷却水温度随着冷却塔高度的上升逐步降低，如图 3-38 所示。

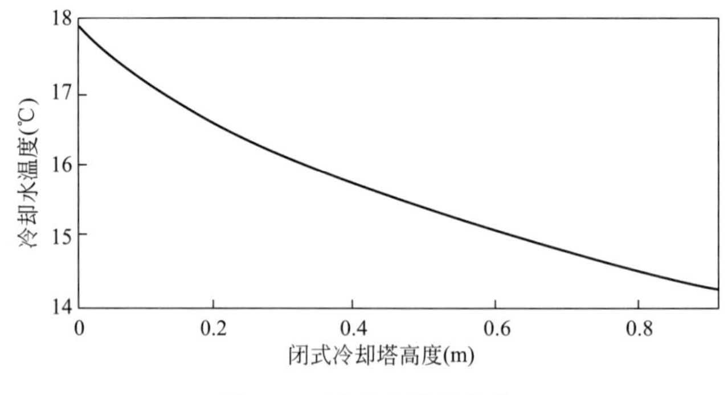

图 3-38　冷却水温度分布

5. 喷淋水对冷却水出口温度和放热量的影响

喷淋水对冷却水出口温度和放热量的影响如图 3-39 所示。由图 3-39 可以看出，冷却塔出口水温随着喷水量的增大而逐步减低、放热量逐步增大，说明冷却能力在逐步增强。但是冷却水出口温度的变化斜率在逐步减小。当喷水量完全润湿盘管外表后，再增大喷水量会导致空气阻力上升，增加水泵和风机的能耗。因此，设计时要选取冷却能力最优时的最佳喷水量。

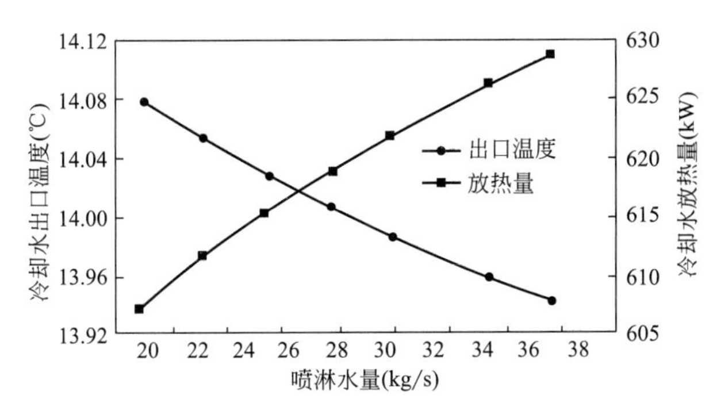

图 3-39 喷淋水对冷却水出口温度和放热量的影响

6. 空气湿球温度对冷却水出口温度和放热量的影响

随着空气湿球温度的升高，冷却塔出口水温逐步升高、放热量逐步减少，如图 3-40 所示。这是由于空气湿球温度升高，空气与水膜和管内冷却水温差减小、换热能力减弱所致。

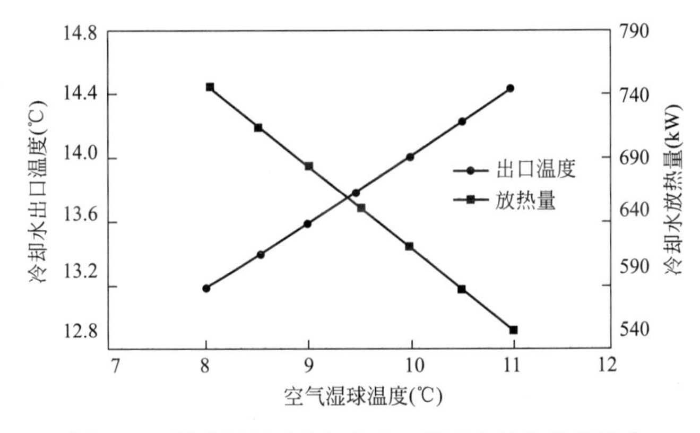

图 3-40 湿球温度对冷却水出口温度和放热量的影响

7. 配风量对冷却水出口温度和放热量的影响

随着空气质量流量的增大，冷却水出口温度逐步降低、放热量逐步增大，如图 3-41 所示。但是冷却水出口温度降低的斜率也在降低，同理也说明在设计时不能单一增加空气质量流量来配置风量，应选取冷却能力最优时的最佳空气质量流量来配置风量。

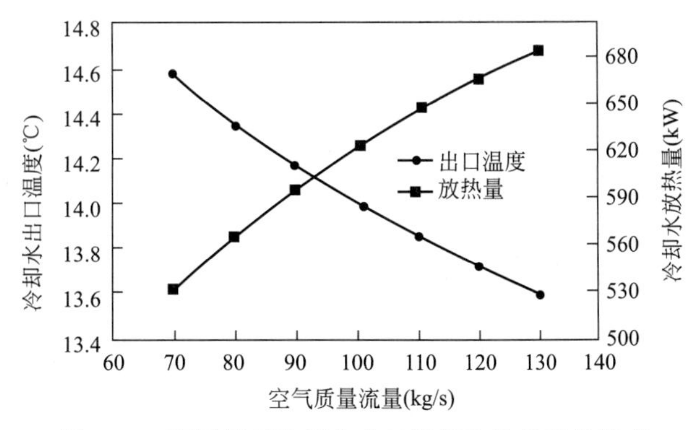

图 3-41 配风量对冷却水出口温度和放热量的影响

上述针对封闭式冷却塔直接供冷系统的特性进行了分析，可作为设计封闭式冷却塔供冷系统选取设计参数的依据。

3.3.4　冷却塔供冷系统形式对运行能耗的影响比较分析

冷却塔供冷形式选择以下五种：（1）常规供冷系统，（2）冷却塔直接供冷，（3）冷却塔间接供冷，换热器温差 Δt=1.7℃，（4）冷却塔间接供冷，换热器温差 Δt=2.2℃，（5）冷却塔间接供冷，换热器温差 Δt=2.7℃。在指定地区建筑物内部负荷为 60W/m²，冷却塔供水水温为 10℃的条件下比较，比较结果如表 3-21 所示[26]。

冷却塔供冷形式对运行能耗的影响比较　　表 3-21

比较方案	换热器温差 Δt(℃)	冷水机组(MWh)	冷却塔(MWh)	水泵(MWh)	合计(MWh)	耗电量百分比(%)
常规供冷系统		269.2	22.6	62.14	353.94	100
冷却塔直接供冷		210.0	19.75	61.7	291.45	82.3
冷却塔间接供冷	1.7	214.6	21.14	74.42	310.16	87.6
	2.2	216.9	21.48	74.94	313.32	88.5
	2.7	219.1	21.71	75.67	316.48	89.4

由表 3-34 比较结果来看：（1）以常规供冷系统耗电量作为比较基数 100%的话，冷却塔直接供冷系统耗电量占 82.3%，耗电量最少；冷却塔间接供冷系统的三个方案耗电量占 86.7%～89.4%，高于冷却塔直接供冷系统 5%～7%。总体上，冷却塔供冷系统要比常规供冷系统节约电量 11.6%～17.7%。（2）从冷却塔间接供冷系统的三个方案来看，由于换热器温差增加了 58.82%，运行能耗增加了 6.32MWh，增加幅度仅占 2.04%。

3.3.5　室内负荷对冷却塔供冷系统运行能耗的影响

在指定地区建筑物内部负荷分别为 40W/m²、60W/m²、80W/m²，冷却塔供水水温为 10℃的条件下比较系统运行能耗、供冷小时数和系统运行性能系数，比较结果如表 3-22 所示[26]。

室内负荷对冷却塔供冷系统运行能耗的影响　　表 3-22

比较指标		不同负荷下供冷系统能耗对比		
室内负荷(W/m²)		40	60	90
年总冷量(MWh)		651.69	1287.8	2211.5
系统运行能耗(MWh)	常规供冷	181.4	353.94	585.64
	冷却塔间接供冷(换热器 Δt=1.7℃)	177.99	310.16	484.53
	冷却塔直接供冷	172.68	291.45	454.0
冷却塔供冷小时数(h)	常规供冷	0	0	0
	冷却塔间接供冷(换热器 Δt=1.7℃)	198	970	973
	冷却塔直接供冷	246	1029	1032
系统运行性能系数	常规供冷	3.598	3.638	3.713
总冷量/系统运行能耗	冷却塔间接供冷(换热器 Δt=1.7℃)	3.662	4.152	4.564
	冷却塔直接供冷	3.774	4.419	4.871

由表 3-35 可以看出：建筑物室内负荷由 40W/m² 增加到 60W/m² 时，冷却塔间接供冷和直接供冷系统的节能率分别由 1.74%、4.67%增加到 12.37%、17.66%；室内负荷由 60W/m² 增加到 90W/m² 时，又分别由 12.37%、17.66%增加到 18.65%、23.78%。随着建筑物内部负荷的增加，余热量增加，两种冷却塔供冷系统的节能效果也越来越明显，即系统运行性能系数相应增大。

3.3.6 气候条件对冷却塔供冷系统运行能耗的影响

使用开式冷却塔时，空气和水直接接触，靠水的蒸发使水温下降。由冷却塔热工特性曲线可知，当冷却塔的入口水温不变时，冷却塔出口水温随着大气湿球温度的下降而降低；当出口水温不变时，冷却塔进出水温差随着大气湿球温度的升高而减小。因此，当地大气湿球温度值对冷却塔供冷的运行能耗影响很大。选取北京、上海、西安、广州、哈尔滨、乌鲁木齐、兰州 7 个城市，假定冷却塔的供冷温度为 13℃，空调系统运行时间为 8：00～17：00，全年供冷。对上述 7 个城市气象资料进行统计，冷却塔供冷理论上最大小时数列入表 3-23 中[26]。

主要城市冷却塔供冷理论最大小时数（h） 表 3-23

系统形式	北京	上海	西安	广州	哈尔滨	乌鲁木齐	兰州
直接供冷	1130	749	1009	182	1462	1510	1300
间接供冷	1080	639	912	103	1371	1375	1200

3.3.7 冷却塔供冷温度对供冷系统运行能耗的影响

选取 10℃和 13℃两种冷却塔供冷温度，由冷却塔热工特性曲线可知，过渡季取进出水温差为 2.5℃，当冷却塔供冷温度为 10℃时，相应的大气湿球温度为 5℃，开始转换为冷却塔供冷模式。当供冷温度提高到 13℃时，相应的大气湿球温度则达到 9℃，冷却塔供冷的转换时间提前，使之运行小时数增加。也就是说，供冷温度 13℃时要比 10℃时节能效果显著，如表 3-24 所示[26]。

不同供水温度下主要城市供冷系统运行能耗（MWh） 表 3-24

供冷温度	供冷系统形式	北京	上海	西安	广州	哈尔滨	乌鲁木齐	兰州
10℃	直接供冷	286	412	342	593	205	184	220
	间接供冷	308	430	361	597	218	195	235
13℃	直接供冷	284	392	317	583	190	159	199
	间接供冷	299	416	344	592	207	179	218

注：间接供冷系统换热器温差 Δt=1.7℃。

3.3.8 冷却塔供冷系统设计要点

基于上述冷却塔的特性分析、供冷系统能耗分析，在设计冷却塔供冷系统时，强调如下要点：

1. 兼顾节能与投资经济性

到目前还没有实际的工程案例证明闭式冷却塔直接供冷系统的投资回收期更合理。由于闭式冷却塔价格高于同冷量规格的开式冷却塔 4 倍左右，所以在改造工程的场合，应采用原冷水机组已配的冷却塔与板式换热器相结合的间接供冷系统方式。相同冷量条件下，初投资一般在闭式冷却塔直接供冷系统形式造价的 50%以下[19]。

与管壳式换热器相比，板式换热器具有换热效率高、结构紧凑等特点，其投资回收期简单分析如下：某品牌的板式换热器价格约为 2000 元/m^2，冷热水侧温差按 1℃计算，传热系数按 6000W/(m^2·℃)，可换算得出 1kW 换热量需增加的设备初投资约 333 元，另外板式换热器所接管道阀门及自控等以设备投资的 50%估算，这样系统增加的初投资约为 500 元/kW。如果冷水机组部分负荷的 $COP=4.8$，则 1kW 供冷量所耗电量为 0.21kW，设电价为 1.00 元/kWh，1kW 供冷量的初投资回收时间约为 T，则 1kW 换热量增加的初投资所节省的冷水机组耗电量×电价×初投资回收时间，即 $500=0.21\times1.00\times T$，计算可得 $T=2381$h。以上海地区为例，室外空气湿球温度≤7℃的时间为 2379h，空气湿球温度≤6℃的时间为 2080h，如果能在室外空气湿球温度≤6℃时实现冷却塔供冷，建筑功能为高级酒店，空调系统 24h 运行，所节省的压缩机耗电费用可以在 1 年内收回系统所增加的初投资。如果以办公等的空调系统日运行时间为 8～10h 为例，大约 2 年可收回投资。

2. 开式冷却塔间接供冷时的热工特性曲线与工况切换点及空调供水温度取值

（1）热工特性曲线应用

由于冬季温度较低，冷却塔中水与空气的蒸发传热和总传热量都减小，与夏季运行工况有很大区别。冷却塔免费供冷的设计需要得到冷却塔全年湿球温度范围对应的热工曲线，而目前一般的冷却塔设备厂家却不能提供。目前采用较多的是 ASHRAE 手册中基于空调工况、中等容量的横流塔 100%、67%设计流量时的热工特性曲线。

从图 3-42 可以看出冷却水温差取值与空气湿球温度的关系。如果取用冷却水温度为 10℃，只能在空气湿球温度 2.5℃以下实现冷却水供回水温差为 3℃；当改取供回水温差为 2℃时，在空气湿球温度 5℃时就能提供 10℃的冷却水。所以取较小的冷却水温差可以在更高的湿球温度下实现冷却塔供冷，能够获得更长的免费供冷时间。再比较图 3-42 和图 3-43，假设需要 10℃的冷却水，供回水温差为 2℃，从图 3-41 可查出，在湿球温度为 5℃时才可以实现，而从图 3-43 可查出，在湿球温度为 7℃时就可以实现。同样从图 3-43 也可查出，在湿球温度为 5℃时可获得 10℃的冷却水温度及 3℃的供回水温差。因此，可

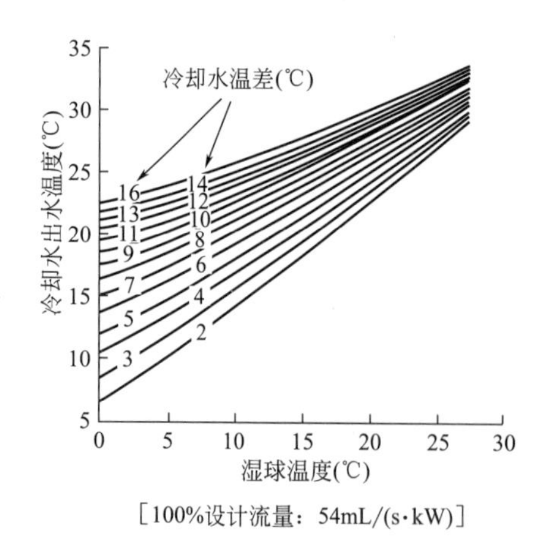

[100%设计流量：54mL/(s·kW)]

图 3-42　冷却塔热工特性曲线 1

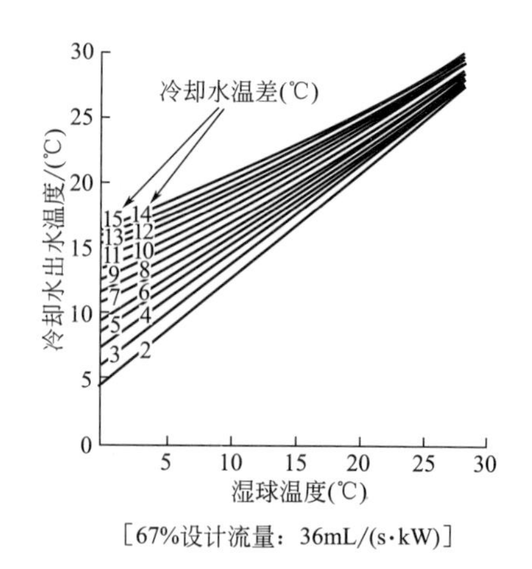

[67%设计流量：36mL/(s·kW)]

图 3-43　冷却塔热工特性曲线 2

得出如下结论：冷却塔在小于其额定流量时可获得比额定工况更低的冷却水温度或更大的温差。所以在冷却塔按夏季额定工况已选取的情况下，应采用小于其额定流量运行的办法，用来延长免费供冷时间、在更高的湿球温度下实现冷却塔供冷。

（2）空调供水温度取值与免费供冷时间

有设计实例中，空调供/回水温度 8℃/13℃，冷却水供/回温度 7℃/10℃，冬季冷却塔供冷系统的工况转换点为湿球温度 1℃。依据冷却塔热工特性曲线可知，这样设计工况转换点取值不科学，会导致系统免费供冷时间较短。所以空调供水温度取值对冷却塔供冷的经济性有间接影响。末端盘管的供冷能力，应在所能获得的空调冷水的最高计算供水温度和供回水温差条件下，满足冬季冷负荷需求，宜尽可能提高计算供水温度，延长冷却塔供冷的时间。

如果夏季空调系统的供回水温差为 5℃，冷却塔供冷系统中空调侧取供回水温差为 5℃应该没问题。对一般的办公、商场、高档酒店等大型商业建筑而言，考虑新风供冷能力后，内区冷却盘管供冷量为其夏季工况的 72%左右就可满足要求，空调冷水的最高计算供水温度取值可达 10℃[19]。

3. 冷却水供水温度、温差取值与免费供冷时间

在冬季取空调最高计算供水温度为 10℃冷却内区是可行的，考虑板式换热器的 1℃温差，则冷却水供水温度可取 9℃。假设冷却水温差仍采用 5℃，从图 3-43 可查出，湿球温度必须在 2℃以下才能实现，这样冷却塔供冷时间太短。例如上海地区的室外空气湿球温度≤2℃的时间为 1235h。为了延长免费供冷时间，应该减小冷却水温差，取冷却水供水温度为 9℃、冷却水温差为 2℃的工况，在湿球温度为 7℃时即可实现。按上海地区的室外气象参数，免费供冷时间就多了 1391h。

4. 空调水泵及冷却水泵的选取

冬季空调冷水循环泵和设置板式换热器的冷源水循环泵的规格、台数应与冬季供冷工况相匹配。有的设计实例采用单独选配水泵，设计流量为冷却塔额定流量的 67%，这增加了投资，不够科学。

（1）空调水泵的选取考虑

空调侧水温差可与夏季相同，但必须按内区负荷计算对应的流量。由于与夏季供冷工况相比，管路流量减少使得空调水泵扬程减小，水泵的参数肯定与夏季工况不同。此时，冷源已由冷水机组变成了板式换热器，并没有冷水机组侧恒定流量的限制，从节能考虑，可取消压差旁通流量控制，对已有的空调水泵进行变频控制，既能利用原有水泵适应冬季供冷负荷的变化，又省去增加空调水泵占地、系统设备与管路阀门的投资，更能体现出冷却塔供冷系统的节能性与经济性。

（2）冷却水泵的选取

只要合理配置，冷却塔供冷系统也可以利用原有冷却水泵供冷，并实现较高的湿球温度工况切换点。夏季工况是一台冷却水泵对应一台冷却塔，免费供冷设计工况下，可以采用一台冷却水泵对应两台冷却塔的方式，目前虽然无法得到冷却塔额定流量的 50%的热工特性曲线，但能获得比冷却塔 67%流量运行工况更好的特性。即更低的冷却水温或更大的温差是毋庸置疑的。设计时可以利用夏季冷水机组供冷的空调水泵和冷却水泵，冷却塔供冷系统仅仅增加板式换热器和空调水泵变频器等，绝对能确保在 2 年左右收回所增加的投资。可见，该技术对既有建筑节能改造具有现实意义。

5. 室外湿球温度临界值的确定

室外湿球温度临界值的确定直接影响冷却塔供冷系统的有效运行时间。在设计时应根据过渡季或冬季建筑内的余热量、余湿量及室内设计参数，通过 h-d 图确定所需冷水供水水温。例如，经计算空调末端设备处理室内负荷所需的冷水供水水温≤13℃，则确定室外湿球温度的临界值时，要考虑冷却塔出水水温与室外湿球温度之差而导致升温以及在管路及换热器等部件上的热损失而导致的或升温，总共会升温 4.5℃左右。因此，要求室外湿球温度临界值低于 8.5℃时，才可以启动冷却塔供冷模式运行；当室外湿球温度≥8.5℃的场合，不可使用冷却塔供冷系统。

6. 串联冷却塔增加冷效

冷却塔出水温度与室外湿球温度之差称为冷却塔冷幅，在室外湿球温度、建筑负荷特定的条件下，冷却塔冷幅随冷却塔填料尺寸的增大而减小。若原建筑有多套冷却塔，系统可采用串联方式，增加散热、冷却能力，使冷却塔供冷模式运行时数增加、制冷效果更好。

7. 冷却水的除菌过滤

冷却塔为开放式的场合，即使是间接供冷系统也应重视冷却水的除菌过滤，以防阻塞换热器和细菌污染。常用的方法有设加药装置或在冷却塔与管路之间设置部分旁通过滤设备，一直有 5%～10%的水量进行过滤。还有设置全流量过滤设备的，但是这样使配管环路阻力加大，增加阻力。

8. 防冻设施

由于冷却塔供冷主要在过渡季或冬季运行，故在温度较低的地区应在冷却水系统中设置防冻设施，特别是冷却塔集水底盘和室外管线一定注意采取防冻措施。我国北方地区冬季温度都在 0℃以下，针对没有防冻设施的冷却塔，可根据当地室外极端最低温度，在集水底盘内设置一定容量的电加热器，电加热器受集水盘内水温控制。为了保证能在 0℃以下正常进行补水，最好采用电极控制电磁阀进行补水，以免浮球阀受结冰影响而失灵。

3.3.9　开放式冷却塔间接供冷技术应用典型案例

这是一个在过渡季节应用开放式冷却塔间接制冷系统节能改造典型案例，位于辽宁省大连市的一座著名五星级酒店，建筑面积 86266m^2，高度 99m，塔楼五～二十八层为 572 间客房，裙楼是餐厅和宴会厅，如图 3-11 所示。原空调水系统采用四管制同程式系统，冷冻水供/回水温度 7℃/12℃；冷冻机和水泵安装在地下三层主机房，离心式冷冻机 3 台，400Rt×3；定频冷冻水泵 4 台，55kW×流量 67.3L/s×额定扬程 50m×3；定频冷却水泵 4 台，45kW×流量 87.5L/s×额定扬程 35m×3。冷冻泵参数如表 3-25 所示，冷却泵参数如表 3-26 所示。

冷冻泵技术参数　　　　表 3-25

冷冻泵参数			
生产厂家		水泵型号	水泵形式
英格索兰			卧式
进口口径	出口口径	额定流量	额定扬程

续表

冷冻泵参数			
200mm	200mm	242.4m^3/h	50m
进口压力		1.6MPa	
电机参数			
电压	功率	额定转速	极数
380V	55kW	1450r/min	4

冷却泵技术参数 **表 3-26**

冷却泵参数			
生产厂家		水泵型号	水泵形式
英格索兰			卧式
进口口径	出口口径	额定流量	额定扬程
200mm	200mm	315m^3/h	35m
进口压力		1.6MPa	
电机参数			
电压	功率	额定转速	极数
380V	45kW	1465r/min	4

1. 当地气象参数

大连位于东经 121.63°E、北纬 38.9°、夏季大气压 99780Pa，位于暖温带，四季分明。全区年平均气温 10℃左右，其中 8 月最热，平均气温 24℃，日最高气温大于 30℃的最长连续日数为 10～12d，年极端最高气温 35℃左右。1 月最冷，平均气温南部−4.5～−6℃，极端最低气温可达−20℃左右。当地详细的基本气象数据，如表 3-27 和表 3-28 以及图 3-44～图 3-48 所示。

当地设计气象参数 **表 3-27**

地名	夏季		冬季	室外计算相对湿度	
	空气调节室外计算干球温度(℃)	空气调节室外计算湿球温度(℃)	空气调节室外计算干球温度(℃)	最冷月平均(%)	最热月平均(%)
大连	28.4	25	−14	58	83

当地各月份基本气象数据 **表 3-28**

月份	1月	2月	3月	4月	5月	6月	7月	8月	9月	10月	11月	12月
平均温度(℃)	−3.9	−2.1	3.2	10.2	15.9	20.3	23.4	24.1	20.3	13.8	6.0	−0.5
平均最高温度(℃)	−0.4	1.4	7.0	14.6	20.3	24.1	26.6	27.2	23.9	17.5	9.7	3.1
平均最低温度(℃)	−6.9	−5.0	0.1	6.6	12.2	17.1	21.0	21.6	17.4	10.6	2.8	−3.6
平均风速(m/s)	5.1	5.2	5.2	5.5	5.1	4.4	4.2	3.9	4.1	4.8	5.2	5.1
相对湿度(%)	52	56	61	68	55	67	76	75	63	58	65	56
平均湿球温度(℃)	零下	零下	<1	5.07	11.11	16.5	19.2	20.6	16.2	9.9	3.6	零下

干湿球温度对照表 **表 3-29**

室外空气干球温度(℃)	相对湿度(%)										
	20	25	30	35	40	45	50	55	60	65	70
	室外空气湿球温度(℃)										
10.0	2.55	3.06	3.58	4.09	4.58	5.07	5.54	6.02	6.49	6.95	7.41
11.0	3.24	3.78	4.32	4.85	5.37	5.88	6.38	6.87	7.36	7.84	8.31
12.0	3.94	4.50	5.06	5.62	6.15	6.68	7.21	7.72	8.23	8.72	9.21
13.0	4.62	5.21	5.79	6.38	6.93	7.49	8.04	8.57	9.09	9.61	10.12
14.0	5.30	5.92	6.53	7.13	7.72	8.29	8.85	9.42	9.96	10.50	11.02
15.0	5.98	6.62	7.26	7.89	8.50	9.10	9.68	10.26	10.83	11.38	11.93
16.0	6.64	7.32	7.99	8.64	9.28	9.90	10.51	11.11	11.69	12.27	12.83
17.0	7.31	8.02	8.72	9.39	10.05	10.70	11.34	11.95	12.56	13.16	13.73
18.0	7.98	8.72	9.43	10.13	10.82	11.50	12.15	12.80	13.42	14.03	14.64
19.0	8.64	9.40	10.15	10.89	11.59	12.29	12.97	13.64	14.28	14.92	15.54
20.0	9.30	10.09	10.87	11.63	12.37	13.09	13.79	14.49	15.16	15.81	16.45

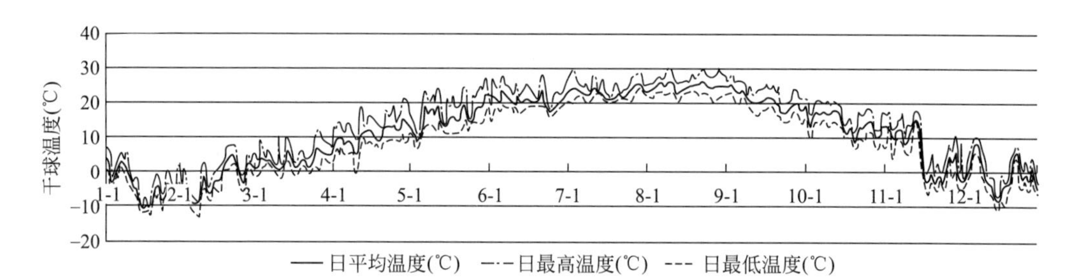

图 3-44 当地各月份干球温度变化曲线

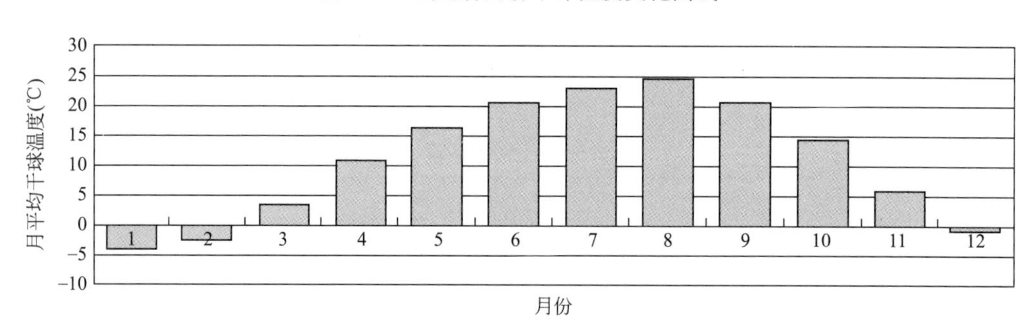

图 3-45 当地各月份干球温度变化立柱图

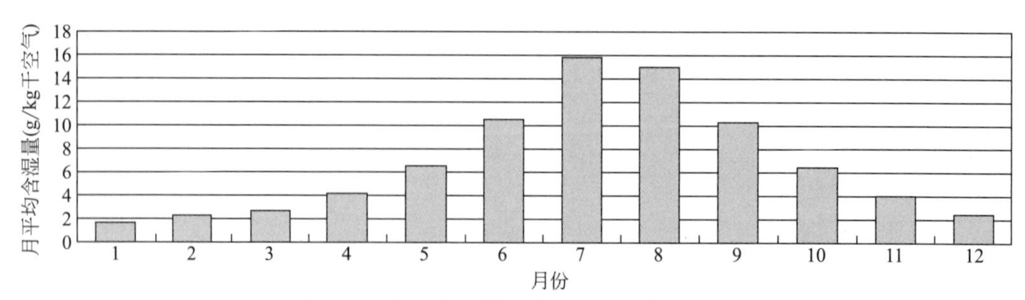

图 3-46 当地各月份平均含湿量变化立柱图

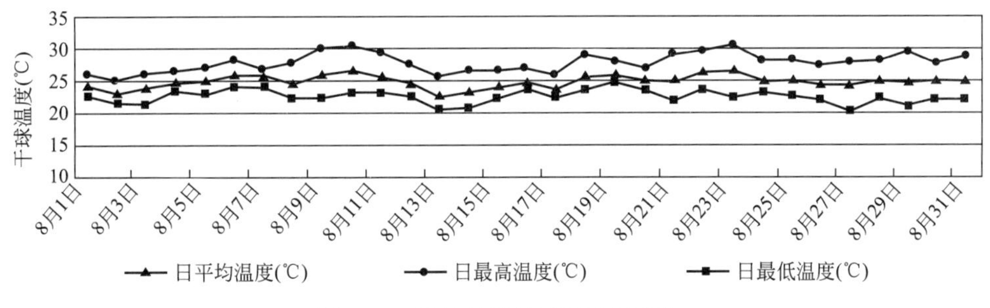

图 3-47　当地最热月干球温度变化

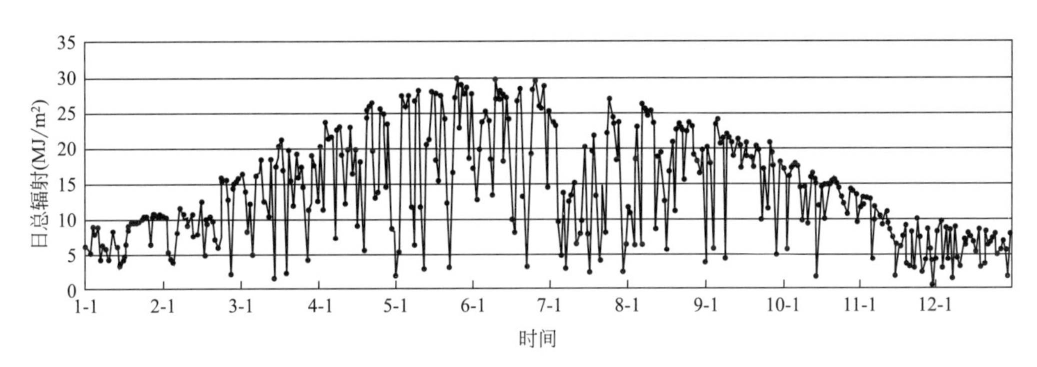

图 3-48　当地一年中太阳日总辐射变化

2. 过渡季节供冷需求

（1）供冷需求情况

按照当地的气候条件，该酒店通常每年 5 月中旬开始运行冷冻机组，10 月中旬停止运行；每年 11 月初开始冬季供暖运行，一直到次年 3 月底供暖运行停止。春季 3 月中旬到 5 月中旬，秋季 10 月中下旬到 11 月中下旬期间，称为春秋过渡季节。春秋过渡季节期间，室外气温温差基本大于 10℃，室内负荷波动较大。一日当中客人的舒适性主观感觉也出现差异，有的客人觉得室内温度高了一些，希望降低一点温度，有的客人觉得正好舒适，还有北侧房间客人觉得温度低了一点，希望再升温一点。虽然空调水系统是四管制，但是考虑到能源费用的问题，也很少运行双套系统运行。特别是进入 4～5 月，最高温度已经到了 15℃，尽管持续时间也就 2h 左右，如不运行冷冻机组，仅靠自然通风，室内个别房间、个别餐厅的温度可达到 28℃左右，客人投诉的情况较多。据调查得知，每年 3 月中旬开始到 3 月末期间还是在供暖末期，不开暖风也觉得热、需要冷风的客人接近 10%；3 月末到 4 月末已停止供暖，靠自然通风的情况下，客人要求冷风的比例约 15%；4 月末到 5 月中旬也是在靠自然通风的情况下，客人要求冷风的比例近 30%。在这种情况下，即使在全天室外最高温度期间，运行一台冷冻机组也是“大马拉小车”，运行一个多小时后还需要停机，否则多数客人还觉得冷。在这个背景下决定利用原系统设备进行冷却塔供冷系统节能改造。

（2）过渡季节供冷小时数

按照前面介绍的设计要点，如果空调末端设备处理室内负荷所需的冷水供水水温≤13℃，则确定室外湿球温度的临界值时，要考虑冷却塔出水水温与室外湿球温度之差而升温、在管路及换热器等部件上的热损失也使水温升高，总共会升温 4.5℃左右。因此，要求室外湿球温度临界值低于 8.5℃时，才可以启动冷却塔供冷模式运行。依据当地的气象参数干湿球温度数据（见表 3-28 和表 3-29），可知该地区除了 5 月中旬到 10 月中旬共 5 个月期间外，其他 7 个月时间均满足冷却塔供冷系统对室外湿球温度的要求。该酒店只打算在 3 月中旬到 5 月中旬及 10 月中下旬到 11 月底三个半月使用冷却塔供冷系统，平均每日累计运行 8～10h 左右，合计 1050h 左右。

3. 供冷系统设计参数

依据前述的设计要点，利用原配冷却塔和水泵，冷却塔间接供冷系统形式供冷，设计参数如下：

（1）过渡季节室内负荷

该酒店建筑原设计夏季空调最大冷负荷为 4220kWh。经核算，该酒店过渡季节各个月份的最大室内冷负荷为 1102kWh，如表 3-30 所示。可见，如果不进行改造，过渡季节多数月份运行一台 400Rt 的冷冻机，将有 50％的电能做无用功浪费掉。

过渡季节酒店各个月份的最大室内冷负荷　　表 3-30

月份	3 月	4 月	5 月中旬	10 月中旬	11 月
室内最大冷负荷(kWh)	430	792	1102	970	590

（2）空调末端设备入口供水温度

空调末端设备入口最高供水温度定为 13℃，供回水温差为 3℃。

（3）冷却塔出水温度

在最高空气湿球温度为 7.5℃的条件下，确定冷却塔出口供水最高水温为 12℃，冷却塔供回水温差为 2℃。空气湿球温度≤7.5℃，可运行冷却塔供冷系统。

（4）板式热交换器

板式热交换器容量为 1500kWh，温差为 1℃，详见图 3-49 和图 3-50。

图 3-49　板式换热器冷侧安装图

图 3-50　板式换热器热侧安装图

（5）水泵

使用原配冷却水水泵和冷冻水水泵。技术参数详见表 3-38 和表 3-39。

（6）自动控制

使用变频器控制冷却水流量和冷冻水流量。冷却水和冷冻水最大流量为原系统流量的50%。

（7）制冷系统流程图

制冷系统流程图如图3-51所示。

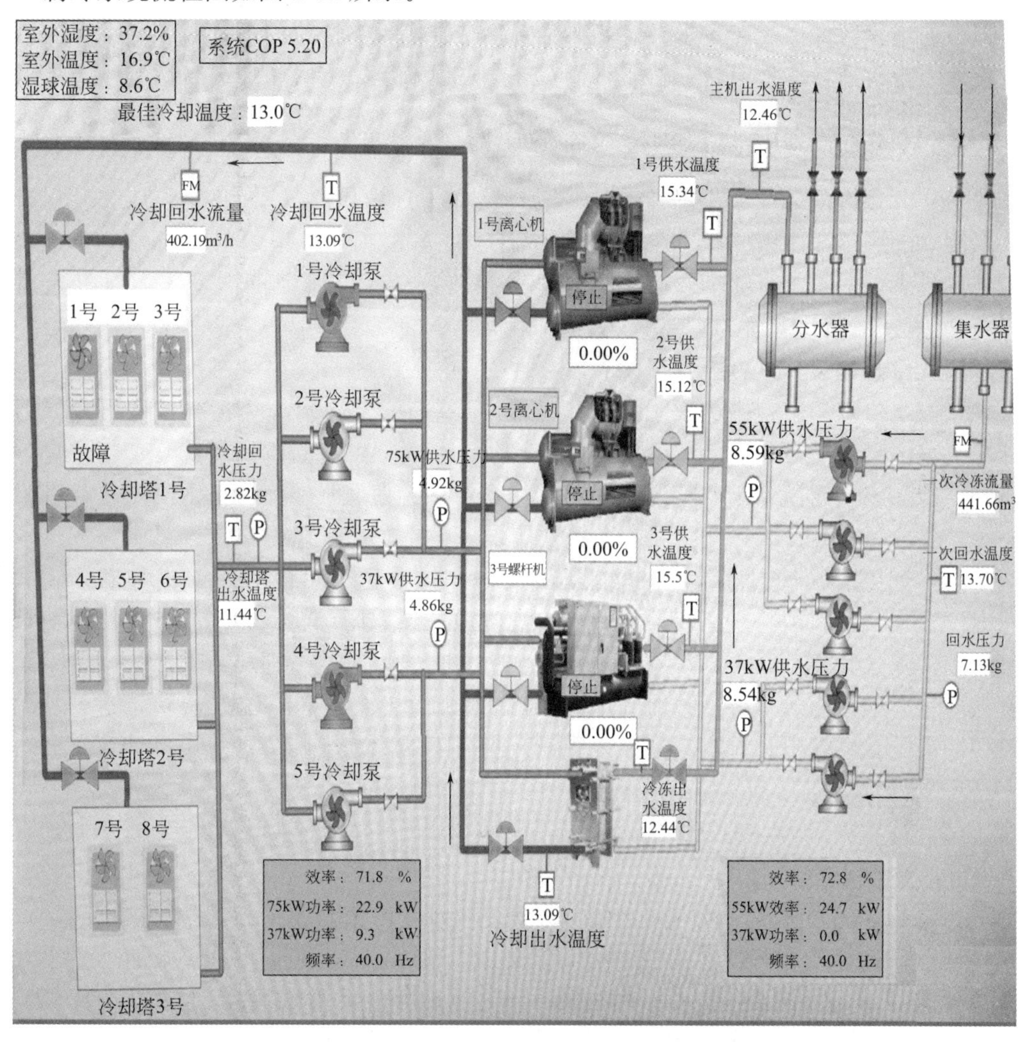

图3-51 开放式冷却塔间接供冷系统形式流程图

4. 运行效果

改造后第二年开始在过渡季节运行开放式冷却塔间接制冷系统，按运行三年的统计，第一年累计运行了992h；第二年累计运行了1005h；第三年累计运行了1113h。无论是客房，还是餐厅、公共区域温度都能控制到全天不超过26℃，基本上保持23～26℃之间，再没有客人投诉。

5. 节能与投资回报

（1）节能情况

三年运行开放式冷却塔间接制冷系统的平均小时数为1037h/a，该期间节约的电能＝

该期间运行一台400Rt冷冻机耗电量＋该期间（定频冷冻泵－变频冷东泵）耗电量＋该期间（定频冷冻泵-变频冷东泵）耗电量。经统计计算，过渡季节平均每年节约电量267546＋51850＝319396kWh，节约电费383275元。

（2）改造工程总造价

该项工程总造价470000元。工程总造价/过渡季节约电费＝1.226。这也是在所有改造工程中，造价较低、运行效果良好的案例。这一案例说明使用原配的开放式冷却塔进行间接供冷系统改造，绝对可行，通常可以在2个过渡季节以内收回投资。

3.3.10 封闭式冷却塔直接供冷技术应用典型案例

位于华北地区的一个大型商业建筑，设计室内干球温度27℃，相对湿度55%，对应湿球温度20.4℃。夏季空调室外设计参数：干球温度33.4℃，湿球温度26.9℃。过渡季节室外设计参数：干球温度20℃，湿球温度14.5℃。计算得到夏季设计工况冷负荷为570kW，过渡季设计工况冷负荷为262kW。

1. 闭式冷却塔设计条件

空调冷水供水温度范围为7～16℃，供回水温差为5℃，水质无污染，主机冷凝器入口冷却水温度不高于32℃，冷凝器出口与入口水温温差为5℃。选用闭式冷却塔，夏季为主机提供冷却水，过渡季节当室外湿球温度降低到一定程度时转换为仅由闭式冷却塔为空调系统提供冷量。在冷却塔尺寸及冷负荷一定的条件下，冷却塔出口水温是由空气湿球温度决定的。如果空气湿球温度为10℃，则冷却塔出口水温就可以降到14℃左右，制冷机就可以停止运行，将从冷却塔出来的冷却水直接输送到空调房间，去消除室内冷负荷。本方案选用逆流式闭式冷却塔，夏季为主机提供冷却水，过渡季节则转为直接为空调系统末端提供冷水。通过合理设计闭式冷却塔的换热面积，可以尽可能少开制冷机，达到利用天然冷源制冷的目的。设计选型时，以夏季设计工况下的冷却塔能力进行设计计算，再对过渡季工况进行校核计算[21]。

2. 设计计算结果

计算时先假设喷淋水温度，分别从管内至管外水膜侧和管外空气侧初步计算出需要的换热面积，并比较两种方法计算的误差，当误差超过允许值时则重新假设喷淋水温度，进行迭代计算。计算结果如下：总传热面积183m^2，换热盘管管排数为横排22、纵排28，盘管换热器外形尺寸为长3.77m、宽1.2m、高1.37m。喷淋水循环量58.7m^3/h，风量40614m^3/h，管内冷却水流量56.5m^3/h。盘管内冷却水流动阻力58.1kPa。

3. 确定直接供冷湿球温度工况点

采用闭式冷却塔直接供冷的空调系统，初投资相对开式冷却塔供冷系统高，但如果合理利用过渡季闭式冷却塔的冷却能力，采用直接供冷，则可以大大减少主机开机时间，从而节省空调系统的全年运行费用。直接供冷工况点如何确定，可以采用如下方法进行估算[21]。

（1）确定过渡季节冷水供水温度

首先假设夏季由主机供冷，冷水供水温度7℃，冷水回水温度12℃，设计送风温度19℃，室内温度27℃，风机盘管送风与冷水的对数平均温差为Δt＝12.4℃。夏季设计工况送风温度与室内温度之差为27℃－19℃＝8℃，过渡季设计工况冷负荷为夏季设计工况的46%，即过渡季设计工况送风温度与室内温度之差为3.7℃，此时风机盘管送风与冷水的对数平均温差也为夏季的46%，即5.7℃。来自闭式冷却塔的冷水进出口温差仍设为5℃，计算得到需要的闭式冷却塔供水温度为15.9℃。即过渡季设计工况下，闭式冷却塔供水温度不得高于15.9℃。

（2）确定闭式冷却塔过渡季节直接供冷工况点

对于一般空调系统，可以认为当围护结构冷负荷降低为0时，即进入了过渡季节，或者说此时的冷负荷全部来自室内散热。但对于以消除室内散热冷负荷为主的建筑，当采用闭式冷却塔冷却系统时，可以将环境湿球温度比室内湿球温度低4～6℃作为过渡季工况转换点。对于闭式冷却塔，夏季排热能力与过渡季排热能力也不相同。在选择闭式冷却塔时，可以先考虑满足夏季设计工况的冷却要求，再以过渡季设计工况来校核冷却塔的冷却能力是否满足供冷方式转换的冷量要求。仍以本案例为例，以对数平均温差来计算过渡季的湿球温度，夏季设计工况湿球温度为26.9℃，夏季冷却水进/出口温度为37℃/32℃，过渡季节设为20℃/15℃，夏季冷凝器负荷按制冷负荷的1.25倍计算。忽略闭式冷却塔喷淋水的温升，并认为喷淋水进入换热盘管组和流出换热盘管组的温度近似相等[21]，这种假设造成的计算误差一般在10%以内，这在工程计算中基本可以接受，要比入口空气湿球温度高2～4℃。经计算，夏季设计工况下冷却塔的对数平均温差Δt=4.1℃。过渡季节设计工况下闭式冷却塔的冷却负荷相对于夏季设计工况下的比例为36.8%。当闭式冷却塔采用与夏季工况同样的喷淋水量和冷却风量时，可以认为过渡季设计工况冷却塔需要的对数平均温差Δt=4.1℃×36.8%=1.5℃，取喷淋水温度比入口空气湿球温度高3℃，经计算，需要的入口空气湿球温度为11.8℃，比过渡季设计工况下的入口空气湿球温度还要低。因此，实际运行时可以将入口空气湿球温度12℃，作为过渡季工况转换点。

4. 节能与投资回报

（1）节能情况

经统计，该地区过渡季节湿球温度连续5h低于12℃的时间为2522h，约合105d。设计的制冷主机功率为142kW，如果这些时间内主机都停止运行，即使以80%的负荷率计算，停止主机也可以节约用电286499kWh。对于过渡季冷负荷比例较小的大型商业建筑，需要配置多台冷水机组主机，可以考虑设计开式冷却塔和闭式冷却塔联合冷却的系统，夏季由两种冷却塔共同承担冷却水冷却任务，在空气湿球温度低于14℃时，闭式冷却塔能把冷却水温度降到17℃左右送入冷冻机，再经冷冻机将冷却水温度降到15℃，即冷却塔承担部分负荷，冷冻机承担部分负荷，也能节省能量[21]。

（2）改造工程总造价

该项工程总造价380000元，经一年过渡季节运行，经计算节约电费200550元。工程总造价/过渡季节节约电费=1.894，即运行2个过渡季节收回投资。

闭式冷却塔是一种清洁高效的蒸发式冷却设备，比较适用于对工艺流体清洁度和密闭性要求高的工业冷却系统，以及适用于如水源热泵空调系统等对冷却水清洁度有特殊要求的空调系统。对于室内散热占主导的商业建筑，或在过渡季节或全年需要供冷的建筑，可以考虑采用闭式冷却塔冷却系统，在空调负荷较大的夏季，由闭式冷却塔为制冷主机提供冷却水，而当室外湿球温度降低到14℃以下时，则可以转为由闭式冷却塔直接为空调末端提供冷水的方式，从而减少冷冻机全年的运行时间，达到系统节能和降低系统运行费用的目的。案例分析表明，在过渡季节主机不运行，采用闭式冷却塔直接供冷，可以节约过渡季节的运行费用，在2内可收回投资。

3.4　空调通风换气系统置换补风技术与典型案例

现代大型商业建筑都设有厨房，特别是大型综合性高档酒店设有中餐厨房、西餐厨房、日餐厨房、大宴会厨房和员工厨房等及其对应的餐厅。通常厨房在凌晨3点左右就开始工作，直到半夜23点左右厨师结束工作，然后清洗工清洗厨房到凌晨1～2点左右结束。厨房空调送排风系统要运行20h左右[27-29]。一个500套房间规模的高档酒店，所有厨房的空调送排风系统要耗电2000kWh/d以上[30-32]。厨房基本上都是全新风送风+补风系统，换气次数高达60次 h^{-1} 以上，来满足燃气燃烧供氧需求和舒适温度需求，如图3-52所示。但是厨房送排风系统每日运行20h期间，并不是所有炉头都在工作，多数时间只有一个、二个炉头工作，其他20余个炉头不在高峰时间段已停止使用，若继续用如此高的换气次数来混合空气，显然浪费了很多能源，因此原系统需要节能改造[32,33]。只有搞清楚燃气工作期间产生的污染物浓度分布规律，才能确定送风方式，有针对性地布置送风口位置，确定出合理的换气次数。

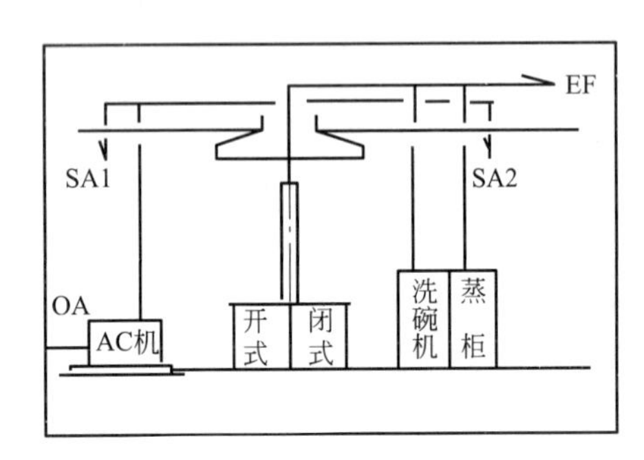

图3-52　厨房空调送排风、换气系统简图

3.4.1　污染物浓度分布

大型酒店厨房普遍使用城市燃气，工作时将产生燃烧产物，厨房的空调换气系统要满足：

（1）燃气充分燃烧需氧量的要求；

（2）稀释燃烧产物，保证室内空气品质的要求。

国内许多设计与日本相似，只根据燃气的理论燃烧需氧量要求确定换气次数。设室外空气含氧量为21%，厨房内空气含氧量保证在20.5%以上，即要求室内新风量占20.5/21=97.6%以上，燃烧产物量占2.4%以下，新风量/燃烧产物量=40.67，所以笼统地将燃烧产物平均分散到厨房整个空间，取最小换气次数为 $40h^{-1}$[34,35]，实际的换气次数在 $40\sim60h^{-1}$[36]，使用如图3-52所示的定风量全新风+补风系统。通常大型酒店厨房总的建筑面积约占整体的3%～5%，但厨房空调系统耗能竟占全楼空调系统耗能的30%左右[37]。特别是国内有些设计人员担心燃气质量，为慎重起见而选择近 $70h^{-1}$ 的换气次数，例如本案例的酒店中厨房的换气次数为 $68h^{-1}$，能源消耗太大。由于燃烧产物并非均匀分散到整个厨房，所以这样确定换气次数的理论依据是不科学的。

文献［33］对一个有代表性的五星级酒店厨房空调换气系统在不同换气次数（$68h^{-1}$、$40h^{-1}$ 和 $30h^{-1}$）条件下，实测了炉台附近 O_2、CO、CO_2 分布。测试结果如下：

（1）在换气次数为 $68h^{-1}$ 和 $40h^{-1}$ 的条件下，供给炉具附近燃烧用的空气含氧量平均都在 20.5%以上，满足燃气充分燃烧的需氧量要求；在换气次数为 $30h^{-1}$ 的条件下，供给炉具附近燃烧用的空气含氧量平均为 20.4%，炉子燃烧状况良好，满足厨师要求。

（2）在三种换气次数试验条件下，厨房内 CO、CO_2 浓度分布不均匀。炉台正上方（人不在该区域呼吸）浓度最高；离炉台越远浓度越低。

（3）各点浓度随着使用时间的延长积累增大，说明污染物没有完全被排出，残留在室内，换气量越小浓度积累增大越明显。当换气次数为 $40h^{-1}$ 时，开式炉一侧距炉台 800mm 以内的厨师呼吸区 CO_2 浓度超标、但 CO 浓度不超标；当换气次数为 $30h^{-1}$ 时，厨师呼吸区 CO_2 浓度超标严重，CO 浓度不超标。

（4）距离炉台 3m 以外 CO 和 CO_2 浓度均不超标。

据调查，酒店厨房炉头 100%同时使用的时间仅为 1～2h 左右，80%炉头同时使用的时间仅有 2～3h，所以在大部分工作时间内不需要总保持最大的换气量和新风量。这说明用 40～$60h^{-1}$ 这个恒定的换气次数来控制 CO 浓度超标问题是不科学的，可以设法优化送风方式，将换气次数降低到 $30h^{-1}$，本案例将有节能 50%以上的潜力。

3.4.2 空调通风换气系统置换补风技术与改进方案

根据文献［33］中厨房空间内 CO、CO_2 浓度分布状况和随时间的变化规律，应重点对厨房空调换气系统中的送风位置和送风方式进行改进。

（1）将一定数量的新风直接引到厨师呼吸区 CO_2 浓度超标的部位，进行快速高效稀释。

（2）再将一定数量的新风直接引到炉台燃气燃烧部位，高效率地满足燃气充分燃烧需氧量的要求，补给炉子附近燃气燃烧用的空气含氧量保证在 20.5%以上。

（3）设法利用新风形成的空气动力来推动污染物被烟罩吸入，减小其残留率。采用补风罩、炉台前风幕等都是解决问题的有效办法。以上三点送风方式，显然与原设计的混合方式不同，称为置换补风方式，如图 3-53 所示。

（4）排风系统也应改进。厨房内含烹饪、炒菜、蒸柜、洗碗机等部分，但是这些部分的使用时间经常是错开的，在大部分时间不是 100%地使用燃气。例如，每餐后只洗碗机工作近 2h，排气量相对很小，但总的排风机却要一直运转，能源浪费严重。应该根据厨房设备的使用特点，考虑设置主、副排风机，如图 3-53 所示。

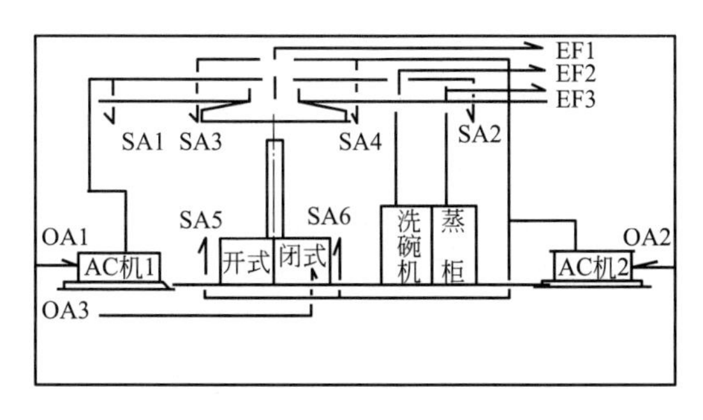

图 3-53 改进后厨房空调、换气系统示意图

改进后的空调、换气系统中，增加了排烟罩两侧上风幕送风，用于稀释厨师呼吸区污染物浓度和依靠风幕空气动力抑制污染物溢出；增加了炉台四周下风幕送风，将含氧量最高的室外空气直接引到炉台附近用于燃气燃烧；上、下组合风幕送风由单独一台AC机2供给。还增加了补给闭式炉的未经处理的室外新风OA3；增加了洗碗机和蒸柜各自单独的排风系统，当不使用燃气，厨师、洗碗工及清扫工工作时，仅使用AC机1送新风和各自的局部排风机。SA3和SA4为排烟罩两侧上风幕送风量；SA5和SA6为炉灶四周下风幕送风量；SA1、SA2为远离炉台，3m以外的顶棚送风口送风量；OA3为补给闭式炉的未经处理的室外新风量。

3.4.3 新方案设计参数

1. 厨房燃气充分燃烧用必要最小新风量 Q_{min} 的确定

要求炉灶四周供给燃气燃烧用的空气含氧量在20.5%以上，则有：

$$Q_{min}=G\times R\times O_1/(O_2-O_1)\mathrm{m^3/h}$$

式中 G——厨房每小时煤气消耗量；

R——$1\mathrm{m^3}$ 燃气完全燃烧生成的燃烧产物理论值为 $4.073\mathrm{m^3}$[37]；

O_1——满足燃气充分燃烧的空气含氧量要求20.5%；

O_2——室外空气含氧量21%。

本例 $Q_{min}=80\times4.073\times20.5\%/(21\%-20.5\%)=13040\mathrm{m^3/h}$

2. 下风幕用新风量SA5+SA6的确定

为满足燃气充分燃烧，要求SA5+SA6+闭式炉灶底部风机送新风量 $OA_3\geqslant Q_{min}$。所以，下风幕用新风量 $SA5+SA6\geqslant Q_{min}-$闭式炉灶底部风机送新风量 OA_3。其中，闭式炉灶底部风机送新风量 OA_3 为每3个炉头由一个风机供新风，平均每个炉头 $800\mathrm{m^3/h}$，本例 $OA_3=4000\mathrm{m^3/h}$，$SA5+SA6=13040-4000=9040\mathrm{m^3/h}$。

3. 上风幕用新风量SA3+SA4的确定

SA3+SA4=厨房体积×30×85%－下风幕用新风量SA5+SA6－闭式炉灶底部风机送总新风量 OA_3。本例 $SA3+SA4=800\times30\times85\%-13040=7360\mathrm{m^3/h}$。

4. 距炉台3m以外顶棚口送风量SA1+SA2的确定

SA1+SA2=厨房体积×30×15%，本例 $SA1+SA2=800\times30\times15\%=3600\mathrm{m^3/h}$。该新风量主要用于炉台以外区域厨师等工作人员呼吸及洗碗机、蒸柜排气时补风用。

5. 主排风机EF1的排风量EA1的确定

EA1=厨房体积×30－洗碗机用排风量EA2－蒸柜用排风量EA3

洗碗机用排风量EA2和蒸柜用排风量EA3由设备说明书提供，本例EA2为 $1800\mathrm{m^3/h}$，$EA3=2000\mathrm{m^3/h}$。厨房容积为 $800\mathrm{m^3}$，则EA120200$\mathrm{m^3/h}$。

6. 上、下风幕出口尺寸及设置位置

下风幕出口平均风速为0.8m/s，尺寸为7800mm×150mm×2个+2800mm×150mm×2个的长方形，炉台尺寸7000mm×2600mm；上风幕只设置在排烟罩长边两侧，出风口尺寸为7800mm×150mm×2个，上风幕的出风口速度 $v=0.87\mathrm{m/s}$。

3.4.4 试验测试运行效果

改造完毕后，在燃气设计最大用量 $80\mathrm{m^3/h}$ 连续开放，换气次数为 $30\mathrm{h^{-1}}$，1h作为一测试周期、每天测 10 次，每种试验在不同的日期重复三次，取平均值。每隔 3 个月左右，在正常营业状态下，又重复测试了两次，测试的 CO、CO_2 浓度平均值都比燃气最大用量 $80m^3/h$ 连续开放条件下的数值略低，各点的空气含氧量同前基本相同。工作人员认为工作条件正常，炉灶燃气燃烧状况良好，运行稳定。

3.4.5 改造工程造价与投资回报

1. 改造工程造价

改造工程总造价 21.3 万元。

2. 节约电费

对该厨房原空调换气系统进行改进，使换气次数从 $68h^{-1}$ 降到 $30h^{-1}$。原系统空调送风量 $29300m^3/h$，补风量 $20000m^3/h$，总排风量 $54400m^3/h$。新系统空调送风量＝SA1＋SA2＋SA3＋SA4＝$10960m^3/h$；补风量 SA5＋SA6＝$9040m^3/h$，总排风量＝EA1＋EA2＋EA3＝$20200m^3/h$＋$1800m^3/h$＋$2000m^3/h$＝$24000m^3/h$。列入表 3-31 进行比较。

厨房空调通风换气系统改造前后参数指标比较　　表 3-31

系统比较	空调送风量(m^3/h)	补风量(m^3/h)	排风量(m^3/h)	年耗电量(kWh)
原系统	29300	20000	54400	283970
新系统	10960	9040	24000	109865

表 3-44 中年耗电量是电能表计量的，只是设备本身的耗电量累计，不包含节约空调制冷和供暖的热能成分，节电率达 61.3%。通过一年运行电量统计，节约电量 174105kWh/d，节约电费 20.8 万元。基本上一年多就能收回投资。

3.5 空调变风量送风技术与典型案例

我国 2005 年以前建造使用的大型商业建筑空调送排风系统，绝大多数设计成定风量形式，以满足最大负荷需求。实际上大型商业建筑空调系统，32%的运行时间是在 30%的部分负荷下运行的，而绝大部分时间是在 40%～70%负荷下运行的，因此说空调送风量理应随着室内负荷的变化而变化进行调节，定风量（CAV）系统只不过是变风量（VAV）系统的送风量达到最大极值的一个特例而已。VAV 系统可根据负荷的变化进行调节，显著节约能源[38,39]。如果模拟设计同一栋商业建筑的空调风系统，采用变风量和定风量两种方案比较，定风量系统能耗比变风量空调送风系统高 25%左右[39]。变风量系统在美国、西欧和日本等发达国家自 20 世纪 70 年代就开始推广使用，商业建筑使用率达 95%，要比定风量系统运行节能 35%左右[40]。因此，近些年我国北京、上海等大城市的商业建筑中，也开始使用变风量系统。国内 2005 年以前建造使用的大型商业建筑绝大多数还是定风量空调系统，业主有必要投资进行节能改造。空调末端系统最常用的有全空气定风量系统形式、全空气变风量系统形式和风机盘管＋新风机系统形式。但是在同等条件下，变风量系统与风机盘管＋送风系统比较，哪个系统运行节能效果更好，初投资成本造价更低？要想对空调定风量系统做节能改造，就必须首先搞清楚这个问题。

3.5.1　变风量系统与风机盘管＋新风系统性能比较

如果单就全空气定风量系统比较而言，变风量系统的性能显然具有优势；是否比风机盘管＋新风系统也具有优势，需要比较一下。

1. 变风量空调系统组成形式

变风量空调系统有顶棚送风和地台送风两种形式，如图 3-54 和图 3-55。

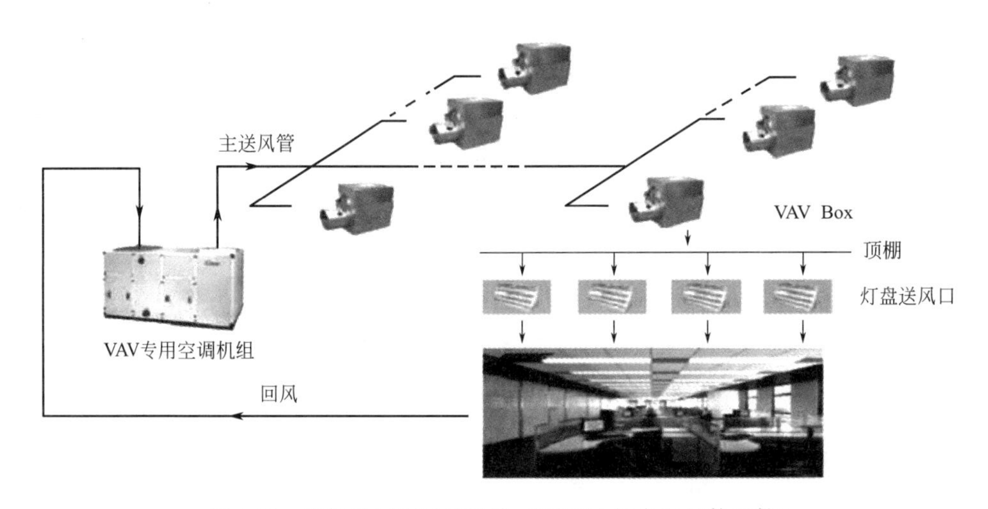

图 3-54　顶棚送风变风量系统（VAV＋灯盘送风静压箱）

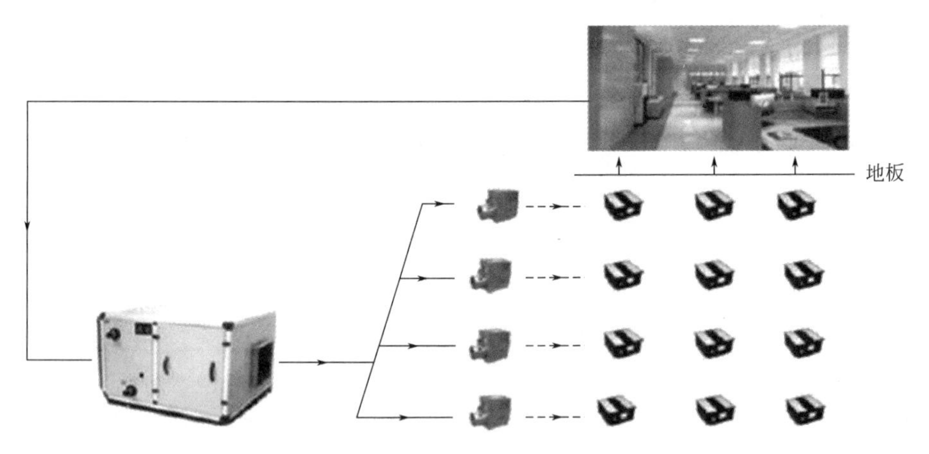

图 3-55　地台送风变风量系统（VAV＋地台送风机）

2. 两个系统性能比较

将新风与舒适度、设备数量及噪声、供回水温差影响、自动控制、低温送风系统应用、运行能耗和改造投资 7 项作为比较的性能指标，比较结果详见表 3-32。其中运行能耗和改造投资有待进一步论证。

除了运行能耗和改造投资两项有待于论证以外，通过表 3-32 中前 5 项比较可以看出，全空气 VAV 空调系统比风机盘管加新风机系统在应用上更具有性能优势。

变风量空调系统与风机盘管系统性能比较　　表 3-32

性能指标	风机盘管加 新风机系统	变风量系统 无风机驱动型	变风量系统 有风机驱动型
新风与舒适度	室内负荷达到平衡时就要关闭风机，供新风不平衡	在室内负荷达到平衡时，仍可保证30%的最小风量，保证人员必需的最小新风需要，舒适度相对较好	在室内负荷达到平衡时，仍可保证30%的最小风量，保证人员必需的最小新风需要，舒适度相对较好
设备数量及噪声	室内有风机	室内无风机	大空间室内风机数量较风机盘管系统少，
供回水温差影响	供回水温差增大时换热量无明显增加，设备型号不变，系统材料耗量不减少	供回水温差增大时，风量和水量明显减少，能大大减少系统材料数量	供回水温差增大时，风量和水量明显减少，能减少系统材料数量
自动控制	风量调节是分级调节，控制精度差	风量在30%～100%之间自动根据室内负荷变化无级调节，控制精度高	风量在30%～100%之间自动根据室内负荷变化无级调节，控制精度高
低温送风系统应用	不能	不能	国内外工程实例已经应用
运行能耗	待论证		
改造投资	待论证		

3.5.2 普通温差的变风量系统与风机盘管+新风系统能耗比较

在找不到两个条件完全相同的大型商业建筑作运行能耗比较的场合，可用模拟法对同一个建筑进行不同空调系统设计做能耗比较[40,41]。

1. 模拟建筑空调系统

(1) 建筑基本情况

建筑总面积为 43148m^2，高 98m。其中，地下共 3 层、地下三层为主机房、地下一层、地下二层为停车场，地上一～二层为对外出租商业店铺，三层为设备转换层，四～十三层为单元式办公建筑，十四～二十四层为敞开式办公建筑，长为 67m，宽为 23m，二十五层为顶层设备间。其中灯光负荷设为 20W/m^2，设备负荷为 20W/m^2。人员负荷包括显热和潜热负荷，每人办公面积为 10m^2，每人产热量为 53W，产湿量为 0.102g/h，每人所需的最小新风量为 20m^3/h。该建筑高峰负荷时，夏季最大供冷量 2785kW，室内设计参数夏季 24～26℃，相对湿度为 40%～50%。设备转换层（三层）以上办公建筑楼层与对外出租商业店铺楼层的空调系统各自独立，互不影响。

(2) 建筑空调分区

设定单元式办公楼层各房间的长度约在 5.5m，为内外分区的界限，内区为走廊通道，故在单元式办公层不需要划分内外区。对于敞开式办公楼层，办公面积随着客户需求来划分，应考虑内外分区，以距外墙 5.5m 的距离为界限来划分区域。则空调风系统以单元式办公楼层和十四～二十四办公楼层的外区为同一空调系统，称为空调 A 系统；十四～二十四层的内区为另一个空调系统，称为空调 B 系统。本例只针对外分区空调 A 系统，在普通温差条件下做能耗对比分析。

2. 变风量空调系统能耗计算方法

变风量空调系统的能耗主要包括空调水系统能耗和空调风系统能耗。其中，空调水系统能耗包括冷水机组、冷冻水泵、冷却水泵和冷却塔等设备能耗；空调风系统能耗包括空气处理系统的送风机、回风机、新风机组、串联型末端装置和排风机等设备能耗。在同一建筑物进行不同空调系统能耗比较时，由于建筑负荷是相同的，所以可认为冷水机组、冷却塔、冷冻泵和冷却泵的性能参数不因系统不同而变化。为了比较方便，冷却塔、冷却泵的能耗不计入系统能耗中。

（1）风机能耗

根据系统模拟的负荷计算系统送风量，对于各房间最大风量的总和为送风机总风量。根据部分风量运行时间、风机的风压和效率计算送风风机能耗。

（2）末端能耗

以 50m^2 为标准设置一个末端装置。变风量末端装置为风机动力串联式。根据末端的冷量和风量确定末端风机型号、功率等各种参数。

（3）冷水机组能耗

根据建筑全年最大冷负荷选择冷水机组，两台冷水机组的运行模式为系统负荷在50%以上时主，从、机各担负一半负荷，当系统负荷在50%以下时，由主机负担全部负荷。根据冷水机组的部分负荷性能参数及通过负荷的变化确定冷水机组主、从机的运行时间来计算机组的总能耗。

（4）冷冻水泵能耗

冷冻水泵与冷水机组的运行时间保持一致。一般情况下，电机额定功率根据水泵的轴功率再乘以安全系数来确定。

3. 变风量空调系统能耗计算结果

根据系统的建筑描述模拟系统冷负荷，满负荷运行时间很短，负荷率在90%以上的时间仅占5%，因此采用变风量空调系统将使空调送风机的全年能耗大大降低。

（1）风机能耗

风机能耗包括新风风机能耗＋送风风机能耗＋回风风机能耗＋排风风机能耗。模拟计算得到单元式办公层最大送风量为 7.14kg/s，敞开式办公层 6.25kg/s。最大压力损失912Pa，效率为70%。该建筑送风机能耗计算结果如表3-33所示。新风机组新风量以满足室内卫生要求确定新风量；过渡季节采用全新风运行，无负荷时间段内新风量只维持室内卫生要求即可。计算得到全年新风风机总能耗为 31302.2kWh。

送风机全年能耗　　表3-33

指标	运行时间	单元式办公层	敞开式办公层
夏季冷负荷段能耗(kWh)	1518	37532	27981
冬季热负荷段能耗(kWh)	847	6817	13710
无负荷时间段能耗(kWh)	253	5656	3560
过渡季节时间段能耗(kWh)	253	2636	1798
合计	2871	52641	47049

经计算，回风风机能耗＋排风风机能耗＝120992kWh。则风机总能耗为

252704.4kWh。

（2）末端能耗

该建筑单元式办公层每层设置16个末端，外区每层设置11个末端，全楼共276个末端，每个末端通过软管连接多个送风口。末端风机全年不间断运行，保证室内的气流组织。全年总能耗为27399.28kWh。

（3）冷水机组能耗

选择两台制冷量为1407kW的离心式冷水机组，功率为260kW。确定各机组的运行时间，如表3-34所示，用部分负荷机组的输入功率来计算机组的总能耗为444882kWh。

冷水机组在各负荷时段运行的小时数　　表3-34

空调负荷率(%)		100	90	80	70	60	50	40	30	20	10
供冷量(kW)		2814	2533	2251	1970	1688	1407	1126	844	563	281
累计出现时间(h)		18	81	177	254	308	244	180	136	69	51
主机组	负荷率(%)	100	90	80	70	60	100	80	60	40	20
	供冷量(kW)	1407	1266	1124	985	844	1407	1124	844	563	281
	运行时间(h)	262	81	357	254	444					
从机组	负荷率(%)	100	90	80	70	60					
	供冷量(kW)	1407	1266	1124	985	844					
	运行时间(h)	18	81	177	254	308					

（4）冷冻水泵能耗

以冷冻水的进/出口水温为7℃/12℃计算，每台冷冻水泵的流量为0.0665m^3/s，冷冻水泵的扬程为277kPa，根据水泵样本选择型后，当流量为0.0665m^3/s时，水泵效率为70%，则水泵的轴功率为281913kW。根据冷水机组部分负荷运行时间可知，主泵运行时间为1518h，次泵运行时间为838h。则冷冻水泵全年能耗为72685kWh。

将以上四项相加，则该建筑办公楼层空调A系统采用全空气变风量系统的情况下，全年耗电量总为796681kWh。

4. 风机盘管加新风系统能耗计算结果

假设该建筑办公楼层空调A系统采用风机盘管加新风系统，则系统总能耗为冷水机组全年能耗＋冷冻水泵全年能耗＋新风机组全年能耗＋风机盘管末端能耗＋排风机全年能耗。根据系统的全年运行方式计算全年总能耗，冷水机组总能耗为444882kWh，冷冻水泵总能耗为72685kWh，新风机组和风机盘管末端能耗为190165kWh，排风机总能耗为32770kWh。故全年总耗电量为740502kWh。

5. 定风量空调系统能耗计算结果

定风量空调系统和变风量系统都称为全空气系统，在冬季、过渡季节可采用全新风运行，在其他时间内均采用定风量运行，计算方法与上述相同。故全年总耗电量为1045092kWh。

通过以上模拟计算，对于本例建筑不同空调系统，在普通温差条件下做能耗比较，变风量空调系统与定风量系统相比节能23.8%左右，与风机盘管＋新风系统相比，还高出7.1%左右。

3.5.3　结合低温送风的变风量系统与风机盘管+新风系统能耗比较

变风量系统结合低温送风也是变风量系统的扩展设计与应用[42]。文献［43］也是通过模拟法同一个建筑不同的空调系统进行能耗比较，得出如下结论：

（1）普通温差送风条件下，供冷季节、供暖季节、全年的VAV系统与风机盘管+新风系统的能耗比为1.15倍、1.23倍、1.18倍。即在普通温差送风条件下，VAV系统比风机盘管+新风系统的能耗高出15%～23%，全年平均高出18%。

（2）结合低温送风的条件下，供冷季节、供暖季节、全年的VAV系统与风机盘管+新风系统能耗比为1.03倍、1.23倍、1.10倍。这说明结合低温送风的变风量系统在供冷季节，能耗有所下降，与风机盘管系统基本差不多。即在低温送风条件下，VAV系统比风机盘管+新风系统的能耗高出3%～23%，全年平均高出10%。

（3）在过渡季节，全新风运行与室外干球温度密切相关，一般室外干球温度小于23℃时，才可能进入节能状态，空调箱运行耗电必须重视，甚至可与运行冷冻机组耗电量相当。

通过上述两个建筑的能耗比较，可得出结论：普通温差条件下的VAV空调系统运行能耗比风机盘管+新风系统高出7%～23%，随季节变化，平均高出15%左右；结合低温送风的VAV空调系统运行能耗比风机盘管+新风系统高出3%～23%，也是随着季节变化而变化，平均高出13%。因此，相对传统的风机盘管+新风系统，VAV空调系统不是节能系统；相对传统的全空气CAV系统是节能系统。

3.5.4　变风量空调系统与风机盘管+新风系统造价比较

某城市建造一对姊妹写字楼，建筑面积、高度、外形、层高、层数均相同。A栋楼空调系统设计成全空气VAV空调系统；B栋楼空调系统设计成四管制风机盘管+新风系统。

系统配置上完全一致的部分包括：新风机组设在设备层集中处理新风，经竖井送至各个标准层；排风系统、排烟系统管道经竖井连接到设备层相应风机排出室外。区别之处：

（1）A栋：机房内空气处理机组中含有粗、中效过滤段、表冷段、风机段、紫外线消毒段，将新风与回风混合处理后，经风道送至各个标准层办公区，办公区选用风机动力型VAV Box，外区VAV Box带加热盘管。

（2）B栋：办公区内采用四管制风机盘管，不分内外区。机房内设增压风机箱将竖井内的新风送至本层的办公区。

为了比较一个标准层上述两种空调系统的造价，做出清单报价[44]。

1. 清单报价比较

由表3-35和表3-36的清单报价可知，四管制风机盘管+新风系统的总价为587251元，VAV空调系统的总投资额为733268元。四管制风机盘管+新风系统的造价是VAV空调系统的80%左右。

2. 设备配电容量参数比较

（1）VAV系统配电量

空调机组28kW；VAV Box147×10+245×24=7.35kW；紫外线灯2kW；合计37.35kW。

（2）四管制风机盘管系统配电量

定风量风机箱 7.5kW；四管制风机盘管 FP-06112×18＝2.02kW；余压型 30PaFP-08156×38＝5.93kW，FP-10180×1＝0.18kW；合计 15.63kW。四管制风机盘管系统配电量是 VAV 空调系统的 41.8%左右。设备配电容量的大幅减少，将使电气投资相应大幅减少。

3. 机房占地比较

风机盘管系统只有一个加压风机箱，安装在设备层，不需要每层占用机房。VAV 系统每层需要空调机房面积约为 48m²。经以上比较可知，在工程造价、机房占地、设备配电容量方面，风机盘管＋新风系统与 VAV 系统相比都具有明显的优势。

风机盘管＋新风系统清单报价单 **表 3-35**

序号	项目	规格型号	数量	B楼四管制风机盘管系统			
				供应		安装	
				单价(元)	合计(元)	单价(元)	合计(元)
1	风机箱	6000m³/h	1	7138	7138	1738	1738
2	风机盘管	FP-06	18	1250	22500	776	13968
3	风机盘管	FP-08	38	1410	53580	776	29488
4	风机盘管	FP-10	1	1700	1700	776	776
5	CAV	6000m³/h	1	7800	7800	610	610
6	风量调节阀	500×250	2	204	408	57	114
7	风量调节阀	400×60	1	148.9	148.9	46.63	46.63
8	风量调节阀	400×120	12	129.25	1551	46.63	559.56
9	风量调节阀	250×120	1	129.25	129.25	46.63	46.63
10	风量调节阀	120×120	2	129.25	258.5	46.63	93.26
11	70 度防火阀	800×320	2	280	560	57	114
12	电动风量开关阀	800×320	1	2083	2083	186	186
13	矩形风管	δ=0.5mm	75	48	3600	83	6225
14	矩形风管	δ=0.6mm	102	52	5304	81	8262
15	矩形风管	δ=0.75mm	177	55	9735	75	13275
16	矩形风管	δ=1.0mm	321	68	21828	80	25680
17	玻璃棉保温	δ=25mm	675	31	20925	52	35100
18	蝶阀	DN65	2	407	814	116	232
19	蝶阀	DN125	2	764	1528	206	412
20	平衡阀	DN65	1	4600	4600	119	119
21	平衡阀	DN125	1	12320	12320	212	212
22	过滤器	DN65	1	732	732	182	182
23	过滤器	DN125	1	1666	1666	320	320
24	闸阀	DN20	114	31	3534	12	1368
25	截至阀	DN20	114	31	3534	12	1368

续表

序号	项目	规格型号	数量	B楼四管制风机盘管系统			
				供应		安装	
				单价(元)	合计(元)	单价(元)	合计(元)
26	电动两通阀	DN20	114	442	50388	15	1710
27	不锈钢金属软管	DN65	2	1043	2086	118	236
28	不锈钢金属软管	DN125	2	1397	2794	187	374
29	不锈钢金属软管	DN20	228	98	22344	11	2508
30	焊接钢管	DN20	373	6	2238	22	8206
31	焊接钢管	DN25	119	11	1309	27	3213
32	焊接钢管	DN32	281	15	4215	38	10678
33	焊接钢管	DN40	207	18	3726	51	10557
34	焊接钢管	DN50	131	22	2882	52	6812
35	焊接钢管	DN65	106	31	3286	53	5618
36	焊接钢管	DN80	50	39	1950	59	2950
37	焊接钢管	DN100	60	50	3000	68	4080
38	焊接钢管	DN125	48	67	3216	72	3456
39	玻璃棉水管保温	δ=25mm,水管宵径 20mm	373	6	2238	2	746
40	玻璃棉水管保温	δ=25mm,水管直径 25mm	119	8	952	2	238
41	玻璃棉水管保温	δ=25mm,水管直径 32mm	281	9	2529	2	562
42	玻璃棉水管保温	δ=25mm,水管宵径 40mm	207	10	2070	2	414
43	玻璃棉水管保温	δ=25mm,水管直径 50mm	131	11	1441	3	393
44	玻璃棉水管保温	δ=50mm,水管直径 65mm	106	33	3498	4	424
45	玻璃棉水管保温	δ=50mm,水管直径 80mm	50	37	1850	4	200
46	玻璃棉水管保温	δ=50mm,水管直径 100mm	60	43	2580	5	300
47	玻璃棉水管保温	δ=50mm,水管直径 125mm	48	50	2400	S	240
48	热镀锌钢管	DN20	105	10	1050	12	1260
49	热镀锌钢管	DN25	104	13	1352	15	1560
50	热镀锌钢管	DN32	44	18	792	16	704
51	热镀锌钢管	DN40	61	24	1464	22	1342
52	热镀锌钢管	DN50	49	34	1666	23	1127
53	玻璃棉水管保温	δ=15mm,水管直径 20mm	105	5	541	4	383
54	玻璃棉水管保温	δ=15mm,水管直径 25mm	104	6	670	5	474
55	玻璃棉水管保温	δ=15mm,水管直径 30mm	44	8	354	6	251
56	玻璃棉水管保温	δ=15mm,水管直径 42mm	61	10	614	7	435
57	玻璃棉水管保温	δ=15mm,水管直径 50mm	49	13	615	9	437
58	方形散流器	360×360	16	120	1920	50	800
59	方形散流器	360×360(网)	16	125	2000	45	720

续表

序号	项目	规格型号	数量	B楼四管制风机盘管系统			
				供应		安装	
				单价(元)	合计(元)	单价(元)	合计(元)
60	方形散流器	420×420	40	150	6000	58	2320
61	方形散流器	420×420(网)	40	170	6800	50	2000
62	方形散流器	500×500	2	210	420	64	128
63	方形散流器	500×500(网)	1	240	240	54	54
64	风机盘管3速开关		57	270	15390	270	15390
合计					353456		233795

VAV系统清单报价单 **表3-36**

序号	项目	规格型号	数量	C楼VAV系统			
				供应		安装	
				单价(元)	合计(元)	单价(元)	合计(元)
1	空调机组	39CBF1830,40000m^3/h	1	112800	112800	6980	6980
2	VAV—1	900m^3/h	10	6157	61570	488	4880
3	VAV—2	1800m^3/h	8	6401	51208	488	3904
4	VAV—2	1800m^3/h(带盘管)	16	6869	109904	488	7808
5	CAV	6000m^3/h	1	7800	7800	610	610
6	紫外线杀菌灯		1	21880	21880	180	180
7	消声器	1800×400	4	2939	11755	857	3428
8	风量调节阀	350×350	34	173	5882	57	1938
9	风量调节阀	1600×450	2	721	1442	105	210
10	风量调节阀	1400×500	1	721	721	15	15
11	风量调节阀	1500×450	1	686	686	105	105
12	风量调节阀	600×400	1	255	255	57	57
13	70度防火阀	1600×450	2	951	1902	278	556
14	70度防火阀	1400×500	1	916	916	319	319
15	70度防火阀	1500×450	1	916	916	319	319
16	70度防火阀	600×400	1	400	400	180	180
17	电动风量开关阀	600×400	1	474	474	57	57
18	矩形风管	δ=0.5min	8	48	384	83	664
19	矩形风管	δ=0.6mm	51	52	2652	81	4131
20	矩形风管	δ=0.75mm	250	55	13750	75	18750
21	矩形风管	δ=1.0mm	270	68	18360	80	21600
22	玻璃棉保温	δ=25mm	579	31	17949	52	30108
23	蝶阀	DN65	2	407	814	116	232

续表

序号	项目	规格型号	数量	C楼VAV系统			
				供应		安装	
				单价(元)	合计(元)	单价(元)	合计(元)
24	蝶阀	DN125	2	764	1528	206	412
25	平衡阀	DN65	1	4600	4600	119	119
26	平衡阀	DN125	1	12320	12320	212	212
27	过滤器	DN65	1	732	732	182	182
28	过滤器	DN125	1	1666	1666	320	320
29	闸阀	DN20	16	31	496	12	192
30	截止阀	DN20	16	31	496	12	192
31	电动调节阀	DN125	1	13731	13731	265	265
32	电动两通阀	DN20	16	442	7072	15	240
33	不锈钢金属软管	DN65	2	1043	2086	118	236
34	不锈钢金属软管	DN125	2	1397	2794	187	374
35	不锈钢金属软管	DN20	32	98	3136	11	352
36	不锈钢金属软管	DN80	2	1164	2328	131	262
37	焊接钢管	DN20	58	6	348	22	1276
38	焊接钢管	DN25	21	11	231	27	567
39	焊接钢管	DN32	53	15	795	38	2014
40	焊接钢管	DN40	55	18	990	51	2805
41	焊接钢管	DN50	85	22	1870	52	4420
42	焊接钢管	DN65	72	31	2232	53	3816
43	焊接钢管	DN80	3	39	117	59	177
44	焊接钢管	DN125	18	67	1206	72	1296
45	玻璃棉水管保温	δ=25mm,水管直径20mm	58	6	348	2	116
46	玻璃棉水管保温	δ=25mm,水管直径25mm	21	8	168	2	42
47	玻璃棉水管保温	δ=25mm,水管直径32mm	53	9	477	2	106
48	玻璃棉水管保温	δ=25mm,水管直径40mm	55	10	550	2	110
49	玻璃棉水管保温	δ=25mm,水管直径50mm	85	11	935	3	255
50	玻璃棉水管保温	δ=50mm,水管直径65mm	72	33	2376	4	288
51	玻璃棉水管保温	δ=50mm,水管直径80mm	3	37	111	4	12
52	玻璃棉水管保温	δ=50mm,水管直径125mm	18	50	900	5	90
53	矩形散流器	600×300(带阀)	89	155	13795	55	4895
54	矩形散流器	600×300(带网)	76	123	9348	55	4180
55	矩形散流器	600×150	36	74	2664	35	1260
56	压力表		2	100	200	115	230
57	温度计		2	30	60	39	78

续表

序号	项目	规格型号	数量	C楼VAV系统			
				供应		安装	
				单价(元)	合计(元)	单价(元)	合计(元)
58	压差控制器		3	2100	6300	62	186
59	静压传感器		1	1850	1850	62	62
60	防冻开关		1	1302	1302	62	62
61	温度传感器		1	1520	1520	62	62
62	VAV温控器		34	1302	44268	62	2108
合计					592366		140902

3.5.5 某办公建筑空调VAV系统改造典型案例

某城市一幢综合性业务楼，共11层，每层面积约1800m^2，其中有6层为计算机房、会议大厅和办公室，其空调系统为全空气系统，分别有上送风和下送风方式，新风由各楼层引入。这6层楼集中空调系统原设计为定风量系统，由人工手动调节风阀实现风量和温度的控制，室内人员感觉到温度不适、风机在额定风量下工作噪声近80dB（A）。因此，决定对原空调系统实施变风量改造，要求改造不能影响正常工作。因此，在选择VAV系统时，要求其具有安装调试简单、灵活性强、维护容易等特点，同时应能够在今后对房间进行分隔时，可较方便地增减VAV末端而不会影响整个VAV系统的运行。在经过对多家VAV控制系统进行比较后，选用了某公司提供的F2000 VAV系统。

1. 系统方案设计要点

（1）参照原设计资料，计算空调冷、热负荷，确定送风状态点与总送风量。由于F2000 VAV系统可以针对不同区域进行灵活控制，与定风量系统相比，系统负荷可以减少20%左右。

（2）再根据建筑结构确定变风量的系统形式，适用于单风道系统、单风道带末端再热系统、内外区分别送风的系统等等。

（3）确定了风道系统方案后，需要通过计算来确定每个房间或者局部区域的送风量、制冷量及供热量。

（4）计算出风道干管、支管、末端及风口的几何尺寸。

2. 变风量系统末端空调指标

选择变风量末端，要考虑三个指标：（1）按照计算出的每个末端送风量，根据末端终端机箱的规格性能表，由额定风量选择与其对应的末端箱体。若没有完全对应的终端箱规格，则应选择规格大一号的终端箱。

（2）校核所选择的变风量箱能否提供足够的冷量、热量，如不满足，要选择更大一号的变风量箱并再次校核冷量、热量指标。

（3）注意检验末端箱体的噪声指标是否满足要求。

3. 变风量系统末端电气指标

需要确定变风量末端的电气连线规格与数量。所有变风量末端均需要220V、50Hz单相交流电源，该电源首先引入 F2000 EDC 末端数字控制器，再由 EDC 引至 F2000 FTB 终端箱的电机接线端，这两对电源线均可采用 1～1.5mm^2 的塑皮铜导线。每个室内温控器还需接入一对带有屏蔽层的双绞线作为 RS 485 通信电缆。

4. 系统描述

F2000 VAV 系统主要由末端数字控制器 F2000 EDC、终端箱 F2000 FTB、变频器、现场控制器及系统集中控制器 F2000 CCU 等组成，如图 3-56 所示。

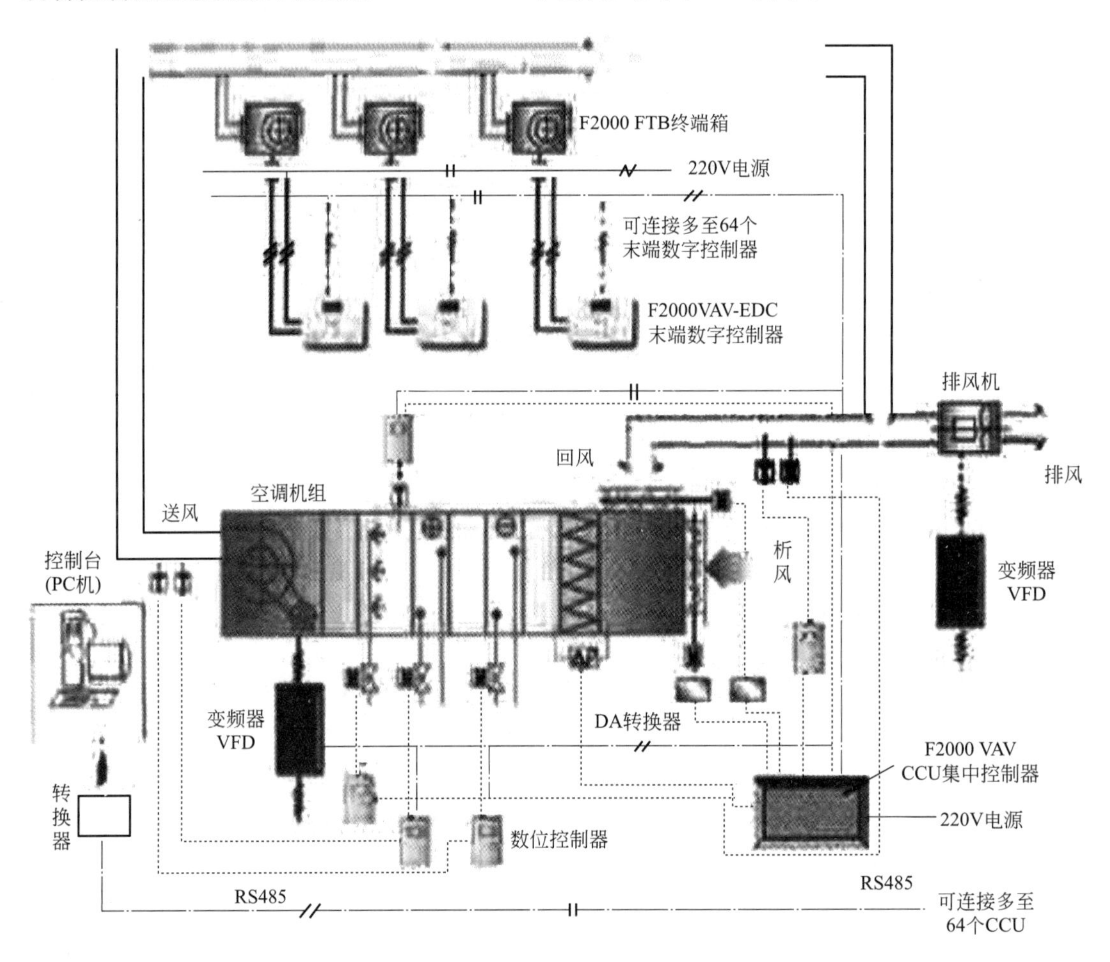

图 3-56　F2000VAV 系统简图

注：虚线部分为可选项，依空调控制要求选配。

室内控制器实时检测室内温度并与设定值进行比较，当温差大于 0.5℃时，温控器自动控制终端箱风机转速，从而实现末端送风量的自动控制和无级调节。经过风量的实时调节，每一个独立温区室温与设定值保持一致。在一个面积较大的温区，均匀分布两个以上测温及控温点，保持同一个温区的温度均匀。同时，F2000 CCU 将实时采集到的各室内控制器的参数，对风量及温度变化趋势，加以解耦计算，来控制变频器的工作频率，从而控制风机的送风量并控制其他相关设备，使总送风量和各分区风量根据负荷变化而变化。同时，各现场控制器可控制水温、新风、空气湿度，实现消防联锁等。具体实施中在每个末端加装 F2000 终端箱；房间内安装 F2000 VAV 数字控制器；增设和改动部分风口；在机组风机处安装 F2000 CCU 集中控制器、变频控制器以及检测控制柜，实现自动控制/人工控制的切换以及对风阀、水阀、防冻、防火联动等的集中控制。

5. 改造后效果

改造后对每个 VAV Box 和空调机组进行了监测，结果表明各房间的温度可非常方便地独立调节。末端数字式控制器带有大窗口的液晶屏，当前室内温度、设置温度、风量大小等均可清晰显示。各个房间的温度可自行设定，与其他房间的温度变化无关。控制系统可随时根据用户的设定值自动调节室温。机组总送风量和各温区风量均可控制在最适宜的状态下。风机送风量根据室内负荷变化而变化，这就使得风机大部分时间都运行在一个较低转速下。改造后风机的 A 声级噪声均低于 60dB。据监测，送风机组和末端风机 70%以上的时间都工作在很小的负荷下，此时机组风机的输入电流频率为 25～30Hz，大大节省了电能。而当出现短时高负荷时，则可以通过瞬间提高风机转速来满足需要。

电能表计量表明，改造后运行 1 年的耗电量为 337000kWh，改造前运行年耗电为 723000kWh，1 年可节电 386000kWh，节电率为 53.4%，远远超过模拟计算的节能效果。按照当年当地的电价核算节约的电费，与该改造工程造价比较，3 年多可收回改造投资[38]。如果按照目前当地的电价 1.24 元/度，则节约电费为 478640 元。若折算该办公楼每平方米电费为 44.31 元/(m^2 · a)，与目前改造 VAV 系统的平均造价经验值 120～150 元/m^2 比较的话，需要 2.7～3.4 年收回投资。

3.5.6 将双管定风量系统改造为变风量系统典型案例

前一节的改造案例中，VAV 系统设备都是更新的。作为改造工程，最希望充分利用原有系统的资源和设备，用最低的成本达到最理想的效果。本节介绍一种能够尽量利用原系统设备改定风量系统为变风量系统的方法和案例。针对双管定风量系统改造，夏季不用改变末端装置，只通过安装热风阀就可以把双管变风量系统转换成变风量系统。冬季通过调整冷热风风管道的静压设定值，就可以实现变风量系统效果。

1. 采用调节末端装置的方法

把双管定风量系统转换成变风量系统,，需要做两个调整：

（1）把定风量末端装置转换成变风量末端装置，或者直接安装全新的变风量末端装置。

（2）在风机上安装气流调节装置。对安装了流量调节传感器的定风量末端装置，可以修改末端装置控制器；对安装了弹簧调节的气流装置，在冷热风阀执行器上设置偏差；对冷热风阀分别独立安装执行器并更换控制器；还可以安装一个总气流执行器并更换控制器。在一个典型的双管变风量末端装置中有一个额外的总流量执行器，它是通过温度调节装置或控制器的信号来控制总流量的。图 3-57 所示为定风量和变风量末端装置中空气流量与负荷之间的变化关系。图中的负荷率指冷负荷，室内温度为 24℃，冷风温度为 13℃，热风温度为 35℃，最小流量比为 30%。

在定风量末端装置里，只要区域负荷低于设计负荷，加热和制冷就会同时发生。因为一年中设计负荷出现的时间只有很少的几个小时，当加热管道时，大部分时间里加热和制冷会同时产生。

在变风量末端装置中，如果冷风道的出风温度为 13℃，当冷负荷低于最小空气流

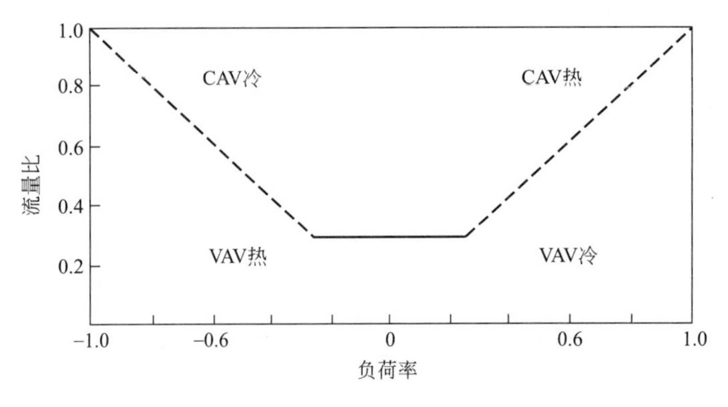

图 3-57　流量—负荷特性图

量的 30%时，热管道的空气流量为 0。当热负荷高于最小空气流量的 30%时，冷风阀被关闭。同时，热风管道和冷风管道的重新设置也会影响到风阀的位置。如果热风温度设置低于 35℃，在热负荷低于 30%时，系统的冷风阀将会被完全关闭。如果温度高于 35℃，冷风阀在热负荷高于 30%时将会被关闭。这样在变风量系统里同时加热和制冷会稍稍减少一些负荷，而且在部分负荷时比定风量系统所消耗的加热和制冷量以及所需的气流量要少得多。图 3-58 为一个双管道空气处理器（AHU）的示意图。通过安装包括一个变频装置 VFD 和一个压力传感器的风机调节装置，把定风量 AHU 转变成变风量 AHU。

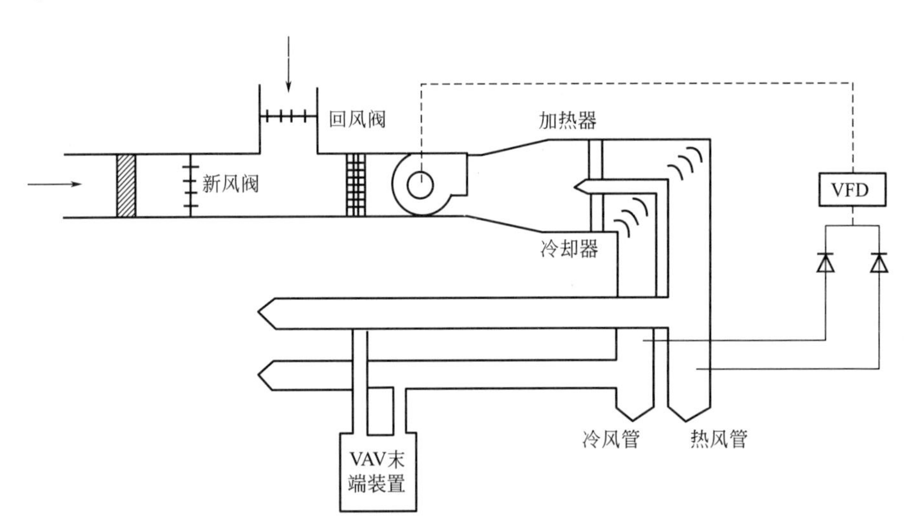

图 3-58　双管道变风量空气处理器

在这个系统中，热管道与冷管道的空气静压都需要测量。气流校准装置（例如 VFD）的设计值应该保持较低静压。在夏天运行时，热风静压通常比设定的最小热风静压要高，但是高静压增加了末端装置中的空气泄漏，这会增加制冷量和加热量以及风机的能耗。因此，在夏季运行工况的变风量系统中，改进热风静压控制能减少加热与制冷的能耗以及风机的能耗。由于建筑物负荷绝大多数时间低于设计负荷，变风量系统可以比定风量系统节约 20%～50%的能耗，平均节约率为 35%。由于更换末端装置来转换成变风量系统的成本比较高，平均回收期大约要4年[45]。如果能避免末端装置的更换费用，变风量系统的投资回收期将会缩短。

2. 安装热风阀的方法

用安装热风阀的方法，将DDCAV定风量系统转换成VAV系统，如图3-59所示。在变风量转换工程中都需要一个变频调节装置和静压控制装置。在此系统中，除了安装变频器和静压装置外，在热风干管上安装一个风阀，并不需要对末端装置进行转换，就可以将定风量系统转化成变风量系统。

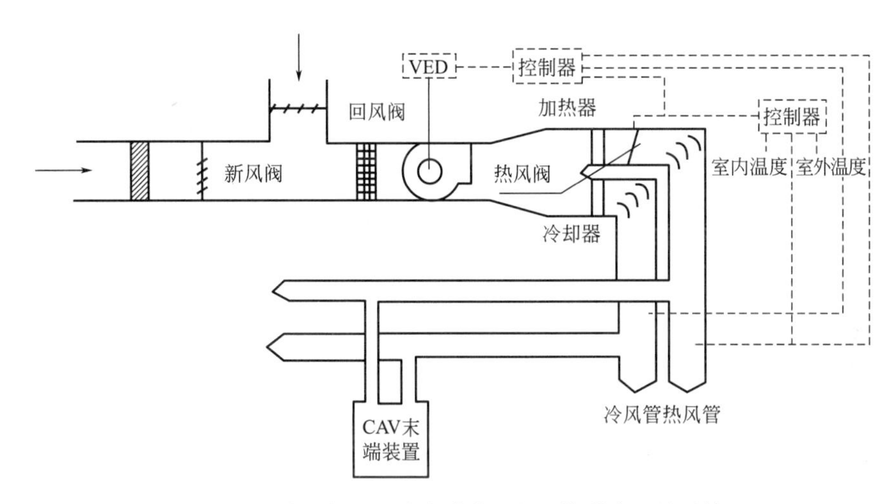

图3-59 热风阀+原有末端装置的双管道变风量系统

下面介绍一下该系统有两种操作方法：

（1）冬季和夏季的控制

热风阀的控制：夏季关闭热风阀，在其他的时间里调节热风阀来保持所需的静压值，热管道和冷管道的静压设定值可以为不同的值。

VFD控制：当热风阀关闭或部分开启时，调节VFD来保持冷管道的静压。当热风阀全开时，调节VFD来保持热管道与冷管道的静压高于设定值。

（2）室外气温控制

热风阀的控制：当室外气温高于某个值（16℃）时，关闭热风阀。当室外气温低于某个值（13℃）时，调节热风阀维持热管道的静压。热管道和冷管道的静压设定值可以不相同。

VFD控制：当热风阀关闭或部分开启时，调节VFD来保持冷管道的静压；当热风阀全开时，调节VFD来保持热管道与冷管道的静压高于设定值。

当热风阀关闭时，双管定风量系统的末端装置就好像一个单管变风量系统的末端装置。当热风阀打开且保持静压恒定时，这又是定风量系统了。

如果最小冷量所需的风量大于最小冷风风量，热风阀就关闭。如果冷管道采用恒定的温度，那么冷的气流流量就等于冷负荷。

当至少有一个区域所需比最小风量还少的风量来满足冷负荷时，调节热风阀或VFD来保持热管道的静压设定值。

当区域的最小负荷要求最小的气流流量来满足时，按上面的方式可以把一个双管道的定风量系统转换成一个单管变风量系统。

当区域的最小负荷比这低时，热风静压可以控制在不同的值。虽然是一个双管定风量系统，但一个恰当的静压值能减少建筑物的能耗。

用安装热风阀的方法转换成VAV系统，因现有的末端装置仍可以使用，其改造成本比其他任何改造方案要低得多。当用户使用冬夏季控制方式时，需要考虑夏季和冬季的工作时间，当热风阀开启或关闭时，还需要考虑室外的空气温度。

3. 改造案例

北方某城市一家著名五星级酒店中餐厅420m²，可同时容纳160人。原设计是双管定风量空调系统，AHU送风量35300m³/h，电机功率15kW。每日10：00～14：30，16：30～23：30是餐厅营业时间段，AHU机组运行12h左右。但是餐厅午餐、晚餐经常只有几个人用餐，空调系统也只好长时间在低负荷下运行，每日空调耗电量在170～190kWh。

2014年按照图3-60所示系统，改全空气双管道定风量系统为变风量系统，改造工程造价为89000元。运行3年左右，温湿度正常、效果良好，无任何负面反映。耗电量大大减少，改造后每日耗电量在80～90kWh之间，平均一年累计节电33945kWh，折合节约电费42770元，则2年收回投资。随后，该酒店的全日餐厅、日餐厅都进行了改造，效果良好。由于该案例是针对一个420m²的餐厅做节能改造，成本会高一点，相当于每平方米220元/m²的造价；如果是大面积的改造成本会大大减低。

3.6 蒸汽系统SECESPOL-JAD热交换器应用

国内大型商业建筑中以高温水为热源的场合，通常使用传统的板式热交换器进行水-水热量交换；因板式换热器的换热介质不宜为蒸汽，则以蒸汽为热源的场合，通常使用传统的管壳式热交换器进行汽-水热量交换。以市政蒸汽作为热源的大型商业建筑数量占80%多。

3.6.1 传统的管壳式热交换器的缺点

常用的管壳式热交换器为固定管板式换热器、U形管式换热器。

（1）固定管板式换热器结构特点：管板与壳体之间采用焊接连接，两端管板均固定，可以是单管程或多管箱，管束不可拆。

缺点：壳程无法进行机械清洗，壳程检查困难，壳体与管子之间无温差补偿元件时会产生较大的温差应力，即温差较大时需采用膨胀节或波纹管等补偿元件以减小温差应力。使用过程中发现管壳容易出现裂纹，导致汽—水混合。

（2）U形管式换热器结构特点：只有一个管板和一个管箱，壳体与换热管之间不相连，管束能从壳体中抽出或插入。只能为多管程，管板不能兼作法兰，一般有管束滑道。总重轻于固定管板式换热器。

缺点：管内清洗因管子成U形而较困难，管束内围换热管的更换较困难，管束的固有频率较低易激起振动。使用过程中发现管壳容易出现裂纹，导致汽—水混合。

3.6.2 新型 SECESPOL-JAD 热交换器性能优势

近几年，国内开始使用 SECESPOL 热交换器。JAD 换热器是欧洲塞斯波集团公司发明的一种螺旋螺纹管换热器，如图 3-61 所示，是目前世界上最先进的一种螺旋螺纹管结构的新型管壳式换热器，其换热系数最高可以达到 14000W/(m^2 · ℃)，传统管壳式换热器换热系数只有 2000～3000W/(m^2 · ℃)，即使板式换热器在最佳应用场合水—水换热的某些工况，其换热系数也只有 5000～7000W/(m^2 · ℃)。因此 JAD 换热器是非常适合汽—水换热这种工况的。

1. SECESPOL-JAD 系列热交换器的结构优势及特点

SECESPOL 热交换器的外观与内部结构，如图 3-60 所示；SECESPOL 热交换器内部螺旋缠绕示意图，如图 3-61 所示。

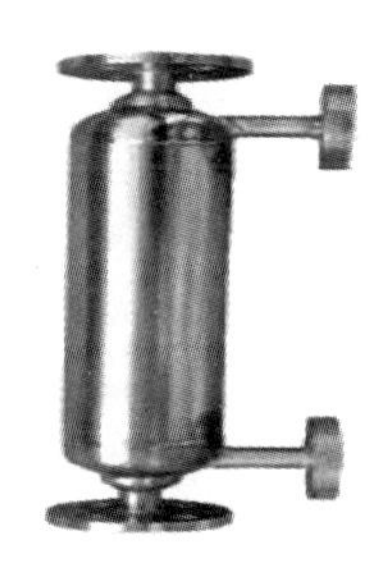
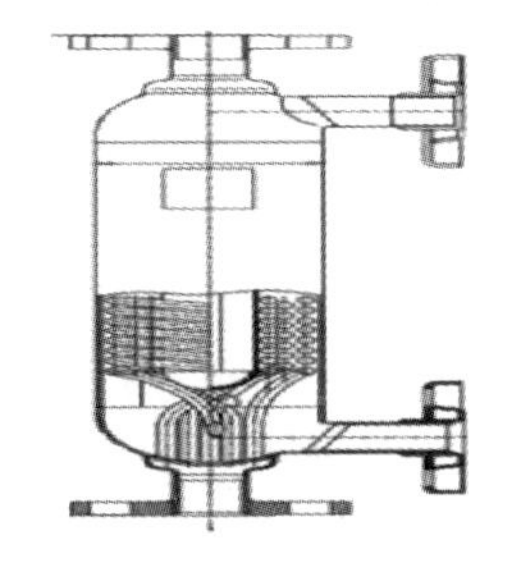

图 3-60 SECESPOL 热交换器外观与内部结构简图

因其独特的螺旋缠绕结构，使其与其他换热器相比，在换热及凝结回收过程中体现出以下优势：

(1) 体积更加小巧。JAD 系列换热器的体积只有其他一些国产管壳式换热器体积的 1/5 左右，具有更加节省空间的特点；安装方便。

(2) 更适合高温高压工况。JAD 换热器耐温可以达到 400℃，耐压 1.6MPa，由于 JAD 换热器的换热管束和换热壳体全部采用不锈钢 316L 材质，具有统一的膨胀系数，不会由于压力和温度不稳定而引起换热器的变形，所以非常适合热媒为高温高压过热的蒸汽换热工况，而无需减温减压；因此节省了系统安装费用。

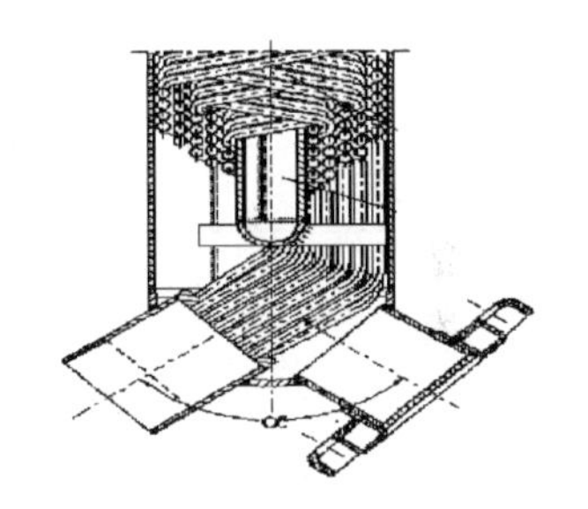

图 3-61 SECESPOL 热交换器内部螺旋缠绕示意图

(3) 非对称理念设计。众所周知，汽—水换热是一种非对称换热工况，因为热水的流量是远远大于蒸汽的流量，即少量的蒸汽变为冷凝水，其放出的热量就可以满足供暖水（由 70℃升温到 95℃）所需要的热量，所以两侧的流量是不相等的，也就是说是非对称流换热。而 JAD 换热器就是一种非对称设计理念的换热器，其壳容积最大可为管容积的 4.2 倍。

(4) 更加节省能量（蒸汽）。适当工况下 JAD 换热器可以将冷凝水温度控制在较低水平，能让蒸汽充分冷凝，释放出更大的热量，节省了蒸汽耗量，无须经过二次换热，因为 JAD 换热器尽管高度不高，但由于其独特的螺旋缠绕结构，能够让蒸汽在换热器中停留的时间更长，冷凝更加充分，可节省15%以上的蒸汽量。

（5）换热系数高。JAD系列换热器的换热系数很高，可以超过10000W/(m²·℃)，是目前市场上其他换热器所无法比拟的，衡量换热器好坏的一个最重要因素就是换热系数的大小，它代表了换热器的性能优越与否。SECESPOL-JAD热交换器的螺旋螺纹缠绕结构，改变了流体的流动状态，形成了强烈的湍流效果；又因其换热管束长度可达壳体长度的4～6倍的独特设计，可使热媒体在换热管内停留时间长，进而保证其热量的充分交换，单位换热面积的换热能力是传统的管壳式热交换器的3～5倍，提高了换热效率。还降低了运行噪声，低于60分贝。

（6）除垢方式方便快捷。一般除垢方式分为三种：手动除垢（板式）、机械除垢、化学除垢。该换热器仅适用化学除垢，效果好。

（7）不易产生"水击"现象。"水击"现象是液态在瞬间急骤升温，造成局部膨胀产生的振动。该换热器温差梯度小，且为螺旋结构，补偿性能好，不易产生水击。

（8）独特的螺旋缠绕换热结构，维护方便。SECESPOL换热管采用316L不锈钢经螺旋缠绕强化传热，流速设计高，表面光洁度好，结垢倾向低，后期维护费用低。

（9）使用寿命长。JAD换热器在正常使用的条件下，寿命可以达到12年以上，这是由于其全不锈钢材质决定的，国产换热器的材质决定了只能使用5年左右。

2. SECESPOL-JAD换热器与传统的国产管壳式换热器综合比较

将SECESPOL-JAD换热器与传统的国产管壳式换热器综合比较，以壳体材质结构、内部结构、换热系数等10余项指标进行比较，比较结果列入表3-37。其基本性能都明显具有优势；特别是凝结水温度仅60～70℃，显示出独有的高效换热性能、运行节能特性。

SECESPOL-JAD换热器与国产管壳式换热器的比较表　　表3-37

比较项目	JAD换热器	传统的国产管壳式换热器
材质	全不锈钢	碳钢壳体，换热管为不锈钢或铜管直管
体积	是传统管壳式的1/5	大
壳体结构	全焊接结构	法兰连接
内部结构	螺旋缠绕形式	直线型或U形
换热系数	可达14000W/(m²·℃)	约4000W/(m²·℃)
凝结水温度	可将冷凝水温度控制在30～40℃，节约蒸汽	冷凝水温度90℃以上，甚者存在汽水混合物
内部盘管稳定性	有弹性、基本不出问题	盘管容易裂缝，存在汽水混合物
维护保养	化学清洗方便，费用低	体积庞大，清洗麻烦，费用高
运行状况	性能优良，运行噪声低于60dB(A)	运行噪音70～80dB(A)
安装费用	低	高
使用寿命	12年以上	5～8年
节能	相对传统管壳式，节能15%～20%	高
单位价格	高于传统管壳式交换器30%	低

3. SECESPOL-JAD 换热器安装要求

（1）由于体积小、重量轻，不需要另建安装基础，通过管道连接再加固定即可。可以将换热器安装于不锈钢固定支架上，以管卡把紧；如果条件允许，也可以将换热器直接用不锈钢壁式托架固定在墙壁上。

（2）安装前必须认真检查，清除所有相连接管道开口及换热器内的异物，如包装物、焊渣及其他机械杂物等。

（3）必须采用竖直安装方式，不允许与碳钢材料接触。

（4）注意介质流向，管程与壳程介质流向应为逆流。

（5）安装时，不能造成管道变形，在垂直和水平两个方向上认真对正。

（6）连接管道应能自由膨胀和收缩，不能把液体脉动和机械振动传递到换热器上。

（7）安装时严禁损坏换热器法兰密封面。选择合适的密封垫片，均匀紧固连接螺栓。

（8）壳侧流体应加旁通管路及过滤器，并留有一定空间，以便于安装、清洗及维护。

（9）在靠近换热器处要安设必要的仪表接头，以测量其温度和压力等，在温度要求严格的情况下，最好安装自动温控装置。

3.6.3　应用案例

北方地区某五星级酒店冬季供暖热源使用市政蒸汽、3 台传统的 U 形管壳式热交换器进行汽—水换热。该热交换器内部盘管每年都出现裂纹，导致汽水混合，凝结水温度在 90～100℃，机房内雾气腾腾。每年冬季供暖期总蒸汽用量在 15000t 左右。原 3 台热交换器经过数次裂缝焊补，已经不能再维修了，最后决定重新更换 SECESPOL-JAD 热交换器，更换后的设备状况如图 3-62 所示。

图 3-62　更换 SECESPOL-JAD 热交换器

改造后已经运行 4 个供暖季，平均年蒸汽用量 9730t，蒸汽凝结水温度为 30～40℃。节约蒸汽用量达 30.3%，每年平均节约蒸汽费用 85 万元左右，改造造价 168 万元，2 年以内收回投资。改造后 4 年运行稳定，设备本身没有出现盘管裂纹问题。

近几年，国内一些新建建筑的供暖也开始使用该品牌热交换器，也有一些改造的既有建筑，都表达出该产品具有明显的高效、节能的性能优势。

3.7　蒸汽凝结水回收再利用技术与典型案例

大型商业建筑基本上都使用市政蒸汽或自家锅炉生产的蒸汽作为热源，通过热交换器进行汽—水换热，用于冬季供暖、生活用水等。特别是我国北方地区，一个 10 万 m^2 左右的大型商业建筑每年要消耗 15000～20000t 的蒸汽量，蒸汽费用大致在 230 万～300 万元，其中冬季供暖用蒸汽量占 65%～70%左右。由于很多城市即使有蒸汽管网，也没有凝结水回收管网，或者只有很少部分凝结水回收管网，导致大型商业建筑一直将蒸汽凝结水用水泵当作废水排入市政排水管道。近些年，有的业主投资将蒸汽凝结水回收再利用，有的城市在主要商业圈也铺设了部分蒸汽凝结水管道统一回收。

3.7.1 蒸汽凝结水回收的经济性

对蒸汽凝结水回收再利用，可以减少蒸汽供热系统的能耗，如果不回收或回收量很少，则不仅浪费大量软化水，还将损失大量热能。蒸汽凝结水热量损失通常为蒸汽本身热量的12%～15%。一套设计合理的蒸汽凝结水回收系统可以将凝结水有效地回收到锅炉给水系统、洗浴、洗衣、游泳池等部分生活用水系统，从而减少相应用水的加热蒸汽费用或减少锅炉燃料的消耗及相应的费用，减少自来水的消耗及相应的水费，还可减少水处理的费用。

例如，北方地区某个城市有个开发商在2000年前后投资建造了一个总建筑面积约60万m^2的大型综合商业楼群，蒸汽用量平均在30t/h，产生凝结水量30t/h；目前商业水费价格9.90元/t，化学水处理费用2.30元/t，处理后费用为9.90元/t＋2.30元/t＝12.20元/t；凝结水平均温度90℃，补给水平均温度15℃，补给水平均温升75℃；锅炉燃油价格4.40元/L；燃油的燃烧值：41.1MJ/L；水的比热容4.186kJ/(kg·℃)；当燃油锅炉热效率为80%时，通过蒸汽凝结水回收，每年可节约的水费为320.96万元，燃油费为1102.05万元，合计1423.01万元。当地市政蒸汽价格为170元/t，可购买8万t蒸汽。可见，蒸汽凝结水回收再利用的经济性十分可观。

3.7.2 蒸汽凝结水回收技术

蒸汽凝结水回收系统按其是否与大气直接相通可分为开式系统和闭式系统两类。开式系统以前使用较为广泛，但使用过程中会产生大量的二次蒸汽和凝结水损失，浪费热能和软化水，同时又由于有空气进入系统管道内，会引起凝结水管道和附件的腐蚀。闭式系统能克服开式系统的缺点。按凝结水流动动力的不同，凝结水回收系统可分为余压回水、重力回水和加压回水三类，其中加压回水按加压装置的不同又可分为两种：一种是采用电泵作为加压泵，另一种是采用机械泵作为加压泵。

1. 开式重力回收系统

开式重力回收系统中，各用汽设备的凝结水经疏水器后直接坡向凝结水箱的凝结水管道，靠凝结水本身的重力自流到凝结水箱，水箱通过排气管与大气相通。这种系统的凝结水管大多采用地沟敷设，适宜于小型蒸汽供热系统的凝结水回收，要求地形条件能使凝结水管道坡向凝结水箱。

2. 开式余压回收系统

开式余压回收系统中，用汽换热设备的凝结水经疏水器并依靠疏水器后的余压送到凝结水箱。这种系统同样把二次蒸汽排入大气，热损失大，浪费热能且影响环境，管道腐蚀严重，系统较简单，适宜于二次蒸汽量较少的场合。

3. 电泵回收系统

电泵回收系统主要包括一个蓄水池、一套由感应器或浮子操作的控制系统、一个或多个离心泵。其特点是系统设计及安装均比较简单，其不足之处体现在以下几个方面：

(1) 必须设置一个比较大的蓄水池以收集凝结水，由于电泵的运行靠水位控制，故在电泵停止运行期间，凝结水在汇集过程中会释放热量造成热损失，使回收的凝结水温度降低。

（2）当电泵从水池中抽取高温凝结水时，电泵进口会形成负压，压力的降低会使高温凝结水汽化而形成二次蒸汽，使电泵产生汽蚀，严重影响泵的叶轮的使用寿命。

（3）由于蓄水池为开式系统，容易造成凝结水二次污染。

4. 机械泵回收系统

机械泵回收系统主要包括泵体、浮球和自动机构三部分，高温凝结水依靠重力流入凝结水箱。其主要的工作原理是：当凝结水进入泵体时，浮球受水的浮力上升，泵体内的气体从排气口排出；当浮球上升到设计高度时，触发自动机构关闭排气口，打开动力气口，压缩空气或高压蒸汽进入泵体，并依靠进出口止回阀的作用，将泵体内的高温凝结水经出口止回阀压至回收管。此时泵体内水位下降，浮球落下，排气口打开，凝结水重新进入泵体，开始又一轮循环。该系统有以下几个特点：

（1）无需用电，以生产线上的压缩空气或高压蒸汽作动力，适合于大型工业的蒸汽凝结水回收。

（2）与电泵相比，没有轴承密封件的磨损或泄漏问题，减少维修保养的工作量。不会产生汽蚀现象而影响系统的正常运行，确保生产正常进行。

（3）安装简单，只需要连接蒸汽凝结水进出口管和一根动力气管。系统有凝结水产生时泵即工作，无凝结水产生时泵即自动停止，不需要另设控制系统。

目前我国既有大型商业建筑蒸汽凝结水多数是开式余压回收系统，依靠疏水器后的余压送到凝结水箱。

3.7.3 蒸汽凝结水回收再利用改造案例

节能节水是酒店工程管理的重要任务。由于很多城市水资源缺乏，商业用水价格猛增到10元/t甚至更高，而且给每家酒店都提出了用水指标限制，超出部分按10倍价格收费，所以节水成为节能的重要环节。同时，一些城市规定建筑面积超过2万m^2的宾馆、饭店应配套建设中水设施。根据北方地区某五星级酒店水系统原设计用水量和市节水办要求的节水目标，针对酒店的可利用场地，提出了中水回用MBR系统和蒸汽凝结水回收系统的合并设计方案，同时在所有用水终端加装节水器控制用水量。节能节水效果显著，实现了节水目标。该节能节水系统工程的设计与应用研究成果可推广使用。

1. 酒店原设计用水量和节水目标

酒店原设计用水量和节水目标如表3-38所示。

原设计用水量和节水目标（m^3/d）　　表3-38

区域	客房(562间)	裙楼	厨房	公寓	冷却塔	合计
设计用水量	560	285	165	192	147	1350
节水办指标						1100
节水目标	450	230	133	154	73	1040

2. 中水回用MBR系统和蒸汽凝结水回收系统合并设计的背景

该酒店地下三层仅有290m^2的使用面积，且因是主机房占地紧张，无法实现一些工程改进。酒店用蒸汽量很大，冬季120t/d左右，夏季50t/d左右，产生的凝结水原来大部分都排出浪费掉，回收利用可以节约热能和水，但需要$50m^2$的占地面积。酒店原来在这里有一套传统的中水三级处理系统，占地$280m^2$，为了将这两套系统设置在这里，并节省下部分占地面积，提出了中水回用的新系统设计方案。其最大特点是比传统的系统节省占地面积、处理效果好。综合考虑后决定以回收凝结水为主、中水回收为辅的方案进行设计。凝结水回收供给酒店洗衣房、游泳池和洗浴用热水；中水回收供给裙楼冲厕和夏季部分冷却塔补水及浇花使用。

3. 中水回用MBR系统设计

（1）进水水质的特点

进水为客房用杂排水，大多为洗浴后排水，所以pH较高、COD值较低，如表3-39所示[46]。

进水水质　　　　**表3-39**

参数指标	COD	BOD	SS	pH
浓度(mg/L)	100	50	150	12

（2）MBR系统工艺流程

工艺流程见图3-63。占地面积仅$70m^2$，为原来系统占地的25%，节省的面积部分用于蒸汽凝结水回用工程。

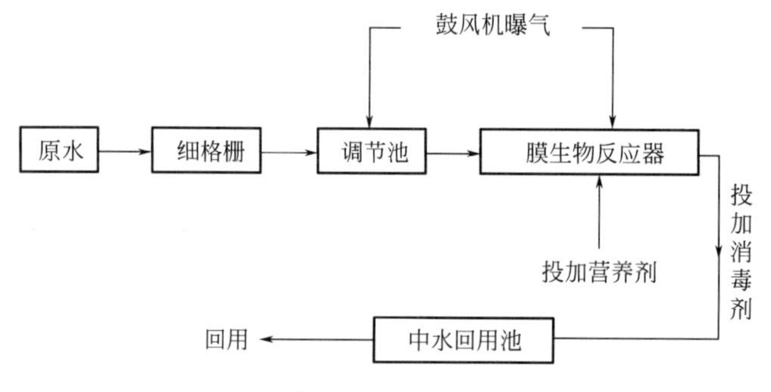

图3-63　中水回用系统工艺流程图

（3）过滤用格栅

细格栅单根断面呈梯形，可将2mm以上的杂物挡住，起到粗过滤的作用，以防中空膜堵塞。

（4）调节池

该池仅$50m^3$，起到稳定水量，并经曝气起到除臭降温的作用。因为这种膜生物反应器适宜处理40℃以下的污水，否则纤维孔径变形易堵塞。

（5）MBR的设置使用

膜生物反应器的中空纤维孔径0.4μm，通过自吸泵形成负压使水通过并阻止污泥通过。它放置在$35m^3$的池子内，并联放置两组日本制中空纤维膜组件，总膜表面积为$224m^2$，膜面透过流速为$0.27m^3/(m^2 \cdot d)$。膜组件正下方设无阻塞倒伞形中气泡曝气器，通过鼓风机曝气保证微生物生长所需的溶解氧；同时对中空纤维膜丝进行充分的扰动，以防止膜丝堵塞。设计气水比为 20∶1；由于进水缺乏营养物质，为了保证活性污泥反应正常进行，调节进水的营养平衡，在 MBR 进水中注入营养以提供氮磷；出水由自吸泵抽送入回用水池。膜组件安装于滑道上便于提出清洗。

（6）回用水池

该池池容 $100m^3$。经处理后的水在进入回用水池之前注入消毒剂。由自动控制系统的信号控制扬水泵启动，抽出中水到高位水箱。

（7）动力设备的选定

提升泵：流量 $9m^3/h$，扬程 $7.5mH_2O$，功率 0.4kW。

自吸泵：流量 $3.6m^3/h$，扬程 $22mH_2O$，功率 0.75kW。

鼓风机：风量 $1.09m^3/min$，风压 29.4kPa，功率 1.5kW。

本工程采用低压、恒流、间歇抽吸出水和加强曝气等方法来延缓膜过滤阻力的增加。系统从正式运行后一年进行清洗，膜生物反应器进行排泥。池中污泥浓度维持在 1200mg/L 左右，出水 COD 浓度保持在 10mg/L 以下，SS 几乎为 0，阴离子洗涤剂 LAS<0.2mg/L，水质完全达到生活杂用水水质标准。改造后的中水回用系统处理能力为 $160m^3/d$。目前酒店主要将此部分中水用于裙楼卫生间冲厕及绿化和空调冷却塔补水用。同时减少了污水排放量，降低了污水排放成本。

4. 蒸汽凝结水回用系统设计

酒店原有 3 台 3.6t/h 的柴油锅炉，主要用于洗衣房和厨房供蒸汽；由于城市外网蒸汽压力不稳定，仅局限使用在大楼的供暖、空调加湿和洗浴热水方面。由于曾经出现过油价的大幅度上涨，而城市外网蒸汽价格相对稳定，改造当时为 130 元/t，该酒店的锅炉每产生 1t 蒸汽需要 60kg 的柴油，经换算当柴油价格大于 2166 元/t 时全部使用柴油锅炉供汽是不经济的。所以决定改造并网，全天使用城市外网蒸汽（用汽量见表 3-40，柴油价格见表 3-41）。当外网蒸汽压力不稳定时，锅炉给特殊设备补压，蒸汽凝结水的小部分用于锅炉供水，绝大部分通过热水泵排至城市排水管网，造成热能和水的极大浪费。

酒店蒸汽平均日用量　　表 3-40

月份	市政供蒸汽量(t/d)
1、2、3	120
5、6、7、8、9、10	60
11、12、4	38

各年度柴油平均价格　　表 3-41

年份	1997	2000	2003	2006	2009	2012	2015	2017
0 号柴油价格(元/t)	1652	2285	3754	5131	5735	7566	5935	5850

通过水质分析，该凝结水水质优于生活用自来水，可将它回收用于洗衣房和人的洗浴[47,48]。全年产生凝结水 21844t，每加热 1kg 的自来水（由 15℃加热到 55℃）需要 167kJ 热量，所以全年产生的凝结水内含 6859GJ 热量，可加热自来水（由 5℃加热到 55℃）约 4 万 t，节能可观。蒸汽凝结水回收再利用工艺流程如图 3-64 所示。凝结水回收

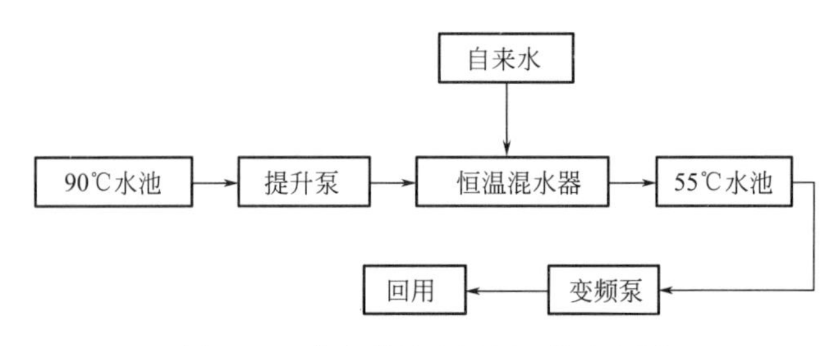

图 3-64 蒸汽凝结水回用工艺流程图

水箱 90℃凝结水自流进入 90℃水池，再通过热水泵打入恒温混水器，与市政自来水进行恒温混合（50～55℃），混合水进入 55℃水池，通过变频泵打到洗衣房与洗浴管路末端。

整个系统高度自动化，所有泵与电动阀随液位与时间控制自动运行，当系统出现故障时自动报警，同时设备故障时自动切换至备用系统，水温超出设定范围时自动兑冷水，水池水位异常时自动停泵。当外网蒸汽不足或停汽时，原有热水系统会自动向 55℃水池补水；蒸汽凝结水恢复时自动切换回凝结水系统。系统关键设备是恒温混水器与变频泵。恒温混水器为美国 Honeywell 公司提供的 SPARCOMATICTM MX 系列混水器，可在保证安全的前提下恒温混水，在两年的使用中运行稳定可靠，恒温精度高，温度误差小于 1℃。变频泵采用丹麦 GRUNDFOS 公司生产的 CRE 系列泵。该泵装有变频控制标准发动机及 PI 控制器，能根据设定的压力范围，自动调整水泵发动机的转速，使供水管网末端压力保持稳定。变频泵的使用改变了传统的供水箱顶置方式，可将所有楼层的供水系统都放置在地下室。从而节省了占地、管路与热能。

5. 中水与蒸汽凝结水回用工程关联

蒸汽凝结水系统回收的凝结热水主要供洗衣房与酒店洗浴使用，而洗衣房与洗浴废水排入中水系统，此部分污水污染程度轻，易生化处理。中水与凝结水回用工程合建在地下室，总占地面积 $120m^2$。控制系统集中在一个电控柜，电控柜主要用 PLC（可编逻辑控制器）系统全自动运行并用触摸屏改变控制方式。凝结水系统所产生的热量使地下室温度保持在 30℃左右，为中水膜生物反应器内的微生物提供适宜的生长温度。

6. 经济效益分析

（1）中水回用工程经济效益

节水量约 60000t/a，节约水费约 40 万元/a，工程建设费用 32 万，投资费用收回时间 1 年左右。

（2）蒸汽凝结水回用工程经济效益

节省蒸汽凝结水 21844t/a，节省蒸汽 2642t，按照当年的水费和蒸汽费换算，总节省能源价格为 21844×6.12＋2642×130＝133685.3＋343460＝477145.3 元/a。工程建设费用 52 万，投资费用收回时间约 1.1 年。两项工程合计也是在一年内可以收回成本[47]。

3.7.4 用水终端加装节水器控制用水量

节水器的作用是控制水的流量，根据末端压力弹性调节出水孔径，保证与热水等量混合，根据冷热水末端压力差弹性调节各自孔径。

1. 节水器使用要求

由于酒店大楼的水系统是分区的，但是同一个房间的冷、热水末端压力有的相差较大，在使用这种节水器之前一定要测量冷热水的压力差，根据压力差确定弹性孔径。

2. 节水器的应用

（1）客房部分

淋浴器、浴盆、洗面器都进行安装。用带有刻度的计量杯测试流量如表3-42所示。

出水量最大量实测比较 **表3-42**

位　　置	原出水量(L/min)	现出水量(L/min)
淋浴器	18	13
浴盆	23	18
洗面器	15	6

过去用水时，由于水量较大和冷、热水压差高，在兑出适合水温前会浪费一定量的水；而且客人投诉刚打开水阀时水量过猛，希望出水量合适。安装节水器之后，客人认为水量可以接受，一个房间平均比原来节水15%左右。

（2）厨房部分

出水量原来为17L/min，现在为10L/min。

（3）裙楼客区

裙楼客区出水量如表3-43所示。

裙楼客区器具出水量 **表3-43**

位置	原出水量(L/min)	现出水量(L/min)
洗面器	15	6
大便器	14(水箱装)	6(水箱装)

（4）洗衣房和员工洗浴间

当洗衣房用水时，瞬间用水量达到16m^3/h，造成与洗衣房同管路系统的用水单位用水瞬间水量波动很大。安装终端节水器对管路缩径减压，使冷热水管路压力相同，流量相同。不但会很快调整到人体适宜的水温，而且当洗衣房用水量最大时仍不会造成瞬间水温的变化。

3. 改造前后酒店总用水量年间比较

改造前平均每年总用水量32.4万t，改造后平均每年总用水量25.4万t[47]，节水21.6%。上述节水产生的经济效益之外，上中水项目可免去或抵消相应的城市用水增容费（当地为4000元/m^3）。节水时还会省去相应的排污费。用水费用必然呈增长趋势，节水具有长远的经济利益。我国人均可用水量仅有200L/d，大型商业建筑节水技术的革新与应用势在必行[48,49]。该项目中MBR系统的设计与应用节省了空间，为凝结水的回收再利用创造了条件，

该酒店实施节能节水系统改造工程后，节水效果显著，实现了节水目标。

3.8 建筑设备系统集成技术与典型案例

近几年伴随着互联网技术的快速发展，大型商业建筑设备运行管理模式已经进入“互联

网+”时代。新建的高档大型商业建筑几乎全面实现设备系统集成化管理，使分散的设备系统的运行参数和运行能耗得到实时监控信息化、故障及时诊断信息化，管理人员即使离开本建筑物，通过手机网络也可以了解到所有信息，大大提高了设备管理和能源管理的标准化水平。但是 2005 年以前建造使用的大型商业建筑多数还是依靠人工操作，即使有楼宇自控系统，功能不够，许多老建筑也就是有启停操作功能，根本谈不上信息化设备系统集成管理。

3.8.1　设备系统集成分类

设备系统集成，也称为硬件系统集成，简称系统集成，或称为弱电系统集成。以搭建组织机构内的信息化管理平台为目的，利用综合布线技术、楼宇自控技术、通信技术、网络互联技术、多媒体应用技术、安全防范技术、网络安全技术等将相关设备、软件进行集成设计、安装调试、界面定制开发和应用支持。设备系统集成也可分为智能建筑系统集成、计算机网络系统集成、安防系统集成三类。

1. 智能建筑系统集成

智能建筑系统集成是指以搭建建筑主体内的建筑智能化管理系统为目的，利用综合布线技术、楼宇自控技术、通信技术、网络互联技术、多媒体应用技术、安全防范技术等将相关设备、软件进行集成设计、安装调试、界面定制开发和应用支持。智能建筑系统集成实施的子系统的包括综合布线、楼宇自控、电话交换机、机房工程、监控系统、防盗报警、公共广播、门禁系统、楼宇对讲、一卡通、停车管理、消防系统、多媒体显示系统、远程会议系统。

2. 计算机网络系统集成

计算机网络系统集成是指通过结构化的综合布线系统和计算机网络技术，将各个分离的设备、功能和信息等集成到相互关联、统一协调的系统之中，使系统达到充分共享，实现集中、高效、便利的管理。系统集成应采用功能集成、网络集成、软件集成等多种集成技术，其实现的关键在于解决系统间的互联和互操作问题。

3. 安防系统集成

安防系统集成是指以搭建组织机构内的安全防范管理平台为目的，利用综合布线技术、通信技术、网络互联技术、多媒体应用技术、安全防范技术、网络安全技术等将相关设备、软件进行集成设计、安装调试、界面定制开发和应用支持。安防系统集成实施的子系统包括门禁系统、楼宇对讲系统、监控系统、防盗报警、一卡通、停车管理、消防系统、多媒体显示系统、远程会议系统。

3.8.2　系统集成组成结构

在大型商业建筑中，高档五星级酒店的设备系统最具有代表性，以此为例说明。

酒店设备系统集成主要包括：建筑设备监控系统 BA、安全防范系统 SA、消防系统 FA、通讯与计算机网络系统 CA 和酒店专用服务系统，这五大系统涉及 20 余个子系统，详见图 3-65。

由图 3-65 可以看出，作为现代大型商业建筑的典型代表高档五星级酒店的设备系统集成，涵盖了智能建筑系统集成、计算机网络系统集成和安防系统集成的三大集成体系；其中建筑设备管理系统 BA 与建筑节能密切相关。

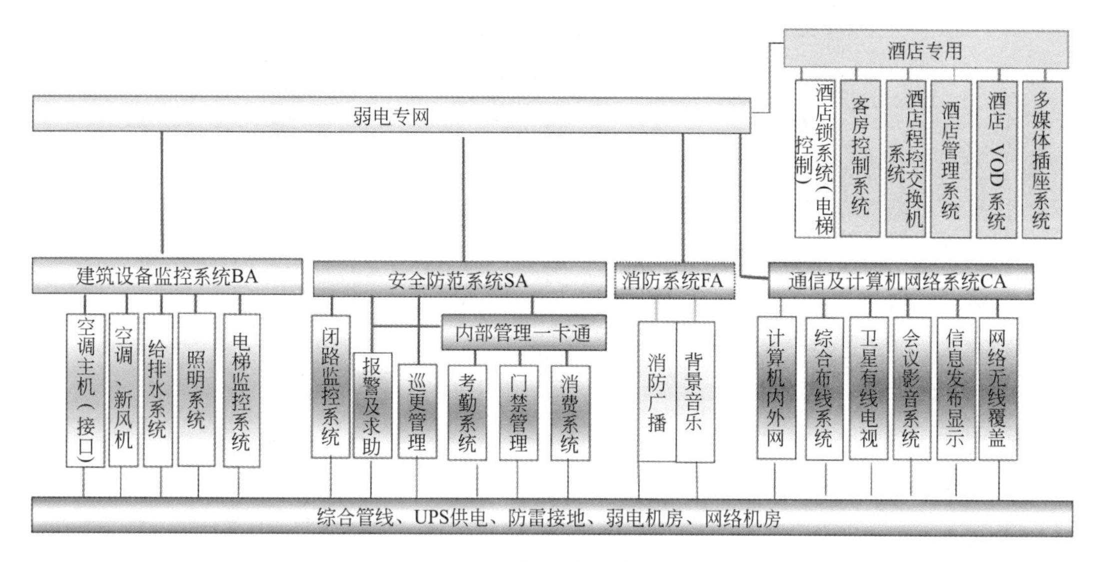

图 3-65 酒店设备系统集成子系统结构

3.8.3 建筑设备管理系统 BA

建筑设备管理系统 BA 的核心技术就是楼宇自控技术，计算机、通信网络技术是 BA 系统的操作工具。根据酒店建筑结构和运营管理特点，酒店建筑设备管理系统将利用计算机和现代通信控制技术对酒店的软硬件运行实现统一管理，由于机电设备分布在酒店的各个层面、各个不同位置，因此也就决定了酒店的 BA 系统必须是集散型系统，最终达到酒店内各种设备协调有序地工作。并在满足酒店各种必须功能的前提下，尽可能减少相关的管理人员和最大限度地节约能耗，降低酒店的管理和营运费用。整个系统由两级组成：管理层和控制层，如图 3-66 和图 3-67 所示。

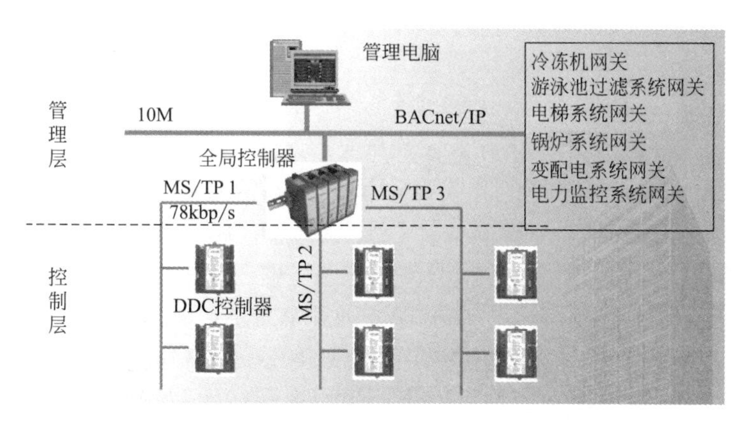

图 3-66 BA 管理层与控制层网络简图

注：楼宇管理系统（BAS）的控制中心电脑应要求分别设在工程部办公室和保安监控室。另对以下几个系统做集成：冷冻主机系统、锅炉系统、电力监控系统、电梯系统、智能照明系统。

（1）管理层网络。管理层网络设在楼宇自动控制中心 BAS，配置一台操作终端。由带鼠标及彩色显示器的个人电脑和打印机组成操作站、大型网络型 DDC 控制器和数据

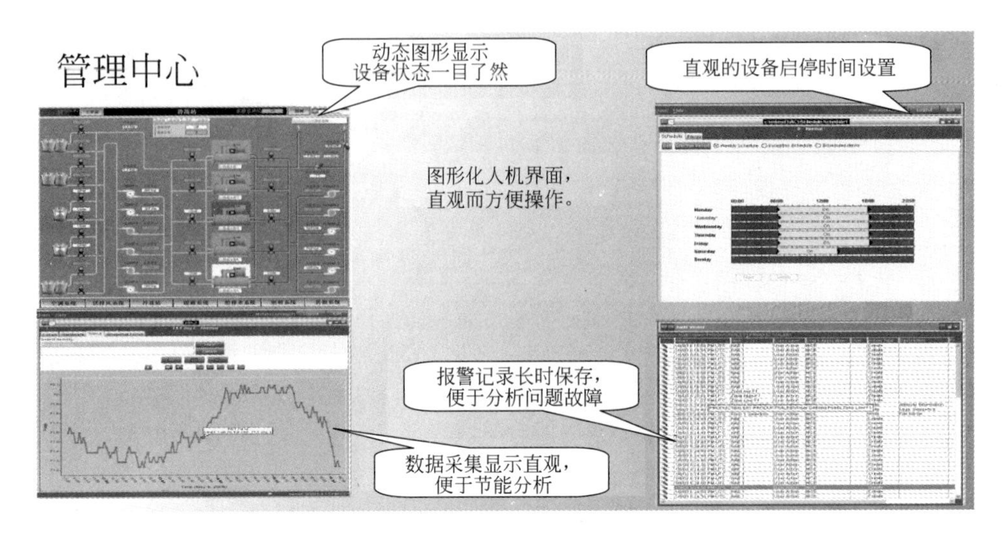

图 3-67　BA 管理中心界面显示简图

管理服务器组成。操作站不需要 BAS 专用软件，而采用网络浏览器作为用户界面，授权用户可以通过由电脑和打印机组成的操作站采用 Web 浏览器提供的用户界面简捷地登录到数据管理服务器。用户可以通过 Web 浏览器在网络任何一点获得数据管理服务器上的数据。管理人员和操作者通过观察显示器所显示的各种信息以及打印机所记录的各种信息来了解当前或以前整个酒店各种机电设备的运行状况，也可通过键盘或鼠标的操作来改变酒店各种机电设备的运行状况，从而达到管理者各种特定的控制要求。操作站以高速通信方式进行信息交换，其通信速率需达 10/100 兆波特。因而其实时性更强，几无通信阻塞之忧。大型网络型 DDC 控制器（NCE），其功能主要是实现网络匹配和信息传递，具有总线控制，I/O 控制功能。管理层网络（N1）符合国际工业标准的 100MBASE-T 以太网，以标准 TCP/IP 协议互相通信，该网络高速、可靠，因而应用广泛。

（2）控制层网络。现场控制器构成系统的第二级控制层网网络，改网络为 BACnet 总线。各层区依据受控机电设备的多寡，设置相应数量的现场控制器。现场控制器分别设置在各楼层，通过全局控制器将每个区域的 DDC 控制器所监视的设备状态、控制信息等经以太网传送给设备监控中心。全局控制器下挂现场 DDC 控制器单元，DDC 控制器放置在各层的有关机房内。各现场 DDC 控制器再经弱电线槽把有关设备（如传感器、阀门驱动器、干节点等）用线缆连接起来。对于现场通用控制器（如 FEC），工程选用的通过 BACnet 的接口连入大型网络型 DDC 控制器（NCE）的 BACnet 的端口。大型网络型 DDC 控制器（NCE）承担了从管理级网络至控制层网络的总线匹配、通信管理的功能，是现场控制器与操作站通信联系的纽带。现场控制器的主要功能是接收安装于各种机电设备内的传感器、检测器的信息，按现场控制器内部预先设置的参数和执行程序自动实施对相应机电设备进行监控，或随时接收操作站发来的指令信息，调整参数或有关执行程序，改变相应机电设备的监控要求。系统以模块方式组成，日后增加功能或设备时，只要增加有关模块，对未来系统扩展不会造成困难，同时系统充分考虑今后其他区域的建设需要，保证只增加现场控制器与现场设备，无须增加控制中心设备与软件，实现新建区域并入整个系统的要求。主要控制设备如下：冷源系统、全空气处理机组、新风机组、送排风机、高低压发变配电系统、热交换站、锅炉、室内智能照明、室外的景观灯、泛光灯、园林灌溉水泵、给水排系统、集水井、隔油池等。

1. 冷源系统监控

楼宇自控系统采用通信接口与冷冻主机通信，同时设置DDC，监控设备的启停，根据用户负荷控制机组启停数量，可以在BA监控软件界面上实现表3-44所示的监控功能。冷水系统运行逻辑如图3-68所示。

冷源系统监控内容　　表3-44

序号	监控内容	控制方案
1	冷负荷计算	根据冷冻水、供回水温度和流量测量值，自动计算建筑内空调实际所需冷量负荷
2	冷冻机组台数控制	根据所需要冷负荷，自动调整冷水机组运行台数，达到节能的目的
3	冷水机组联锁控制	启动：冷水机组冷冻水出口电动阀、冷水机组冷却水出口电动阀、冷却塔进水电动阀、冷冻水泵、冷却水泵、冷却塔风机、冷水机组。停止：停机程序则相反
4	冷却塔控制	根据冷却水温度，自动控制冷却塔风机的启停台数；当小于或等于设计数量时，根据空气的湿球温度与冷却塔的供回水温差（4℃或5℃），控制冷却塔的转速
5	变频冷却水泵控制	根据制冷主机冷凝器进出总管的压差恒定（8～10mH_2O）确定水泵转速
6	变频冷冻水泵控制	保证最不利环路（L1立管末端）的最小压差情况下，确定供回水温差，确定水泵转速
7	水泵保护控制	水泵停止后，水流开关检测水流状态，如故障则自行停机，水泵运行时如发生故障，备用泵自动运行
8	机组定时启停控制	根据事先排定的工作节假日休息时间表，定时启停机组自动统计机组水泵、风机累计工作时间，提示定时维修
9	系统运行参数	检测系统内检测点的温度、压力、压差、流量参数等，自动显示，自动打印及故障报警等
10	膨胀水箱监测	膨胀水箱水位超位进行报警
11	冷凝器自动清洗装置，压差自控，电子水处理仪等	故障状态报警

2. 空气处理机组/新风机组

空气处理机组/新风机组所耗能量占整个大楼用电较大比例，做好这些设备的自动控制可减少日常能耗开支，同时延长机组的使用寿命，提高楼宇自控系统的投资回报率。空气处理机组/新风机组采用智能控制器，对风机实现变频控制，如图3-69所示；空气处理机组/新风机组监控内容如表3-45所示。

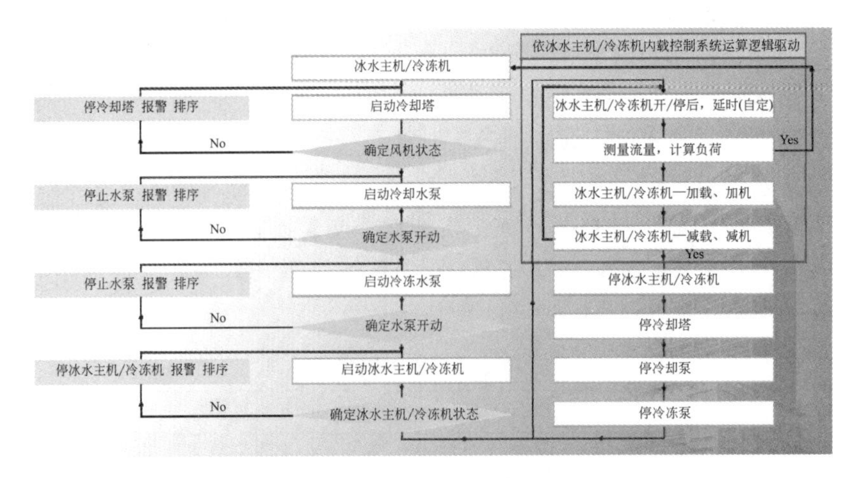

图 3-68 冷水系统运行逻辑简图

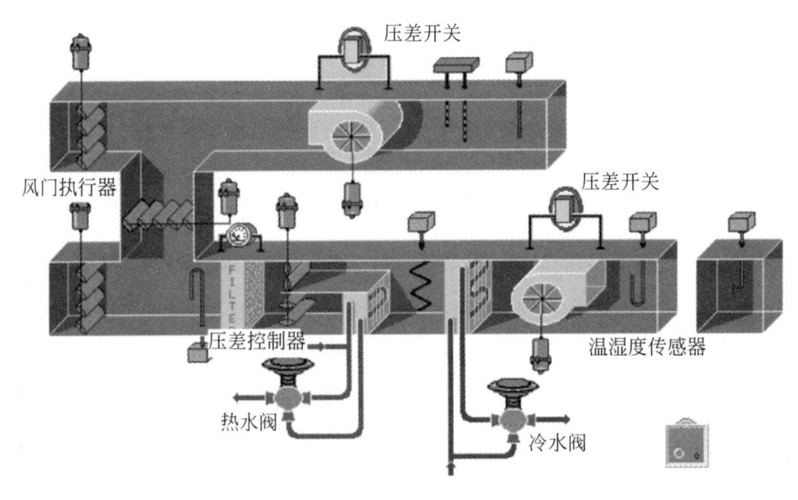

图 3-69 新风机组智能控制简图

空气处理机组/新风机组监控内容 **表 3-45**

序号	监控内容	控制方案
1	监测新、送风温度，回风温度自动控制	监测送风温度、回风温度，若回风温度小于设定温度(25℃)，通过变频减小风量，当风量减少到70%时，状况未改变，则关小冷水阀开度，减少冷冻水量；若回风温度大于设定温度(25℃)，开大冷水阀开度，增加冷冻水量，状况接近时，通过变频加大风量。 温度控制：DDC控制器能监测送、回风温度，将它与设定的温度值作比较，进行PID运算，然后输出至冷热水阀，进行温度调节
2	过滤网报警	空气过滤器两端压差过大报警时，提醒清扫
3	机组定时启停控制	根据事先排定的运行时间表，定时启停机组自动统计机组、风机累计工作时间，提示定时维修

续表

序号	监控内容	控制方案
4	联锁保护控制	保护：风机启动后，风机前后压差过低或变频器温度过高时，故障报警，并联锁停机。冷冻水阀应与风机状态联动，在风机停止状态下，将冷冻水阀关闭。可与本楼层排风机进行联动控制，联锁保护控制
5	监测风机运行状态、送风状态，并记录风机累计运行时间	监控运行参数、诊断故障、紧急情况应急对策和启停操作
6	中央站	采用动态图形和数字显示空调机组、新风机组所有参数，记录运行参数，实现历史数据的查询、统计及分析等功能

3. 送排风系统

送排风系统可采用智能控制器，对风机实现变频控制；监控内容及功能如表3-46所示。

送排风系统监控内容及功能　　表3-46

序号	监控内容	控制方案
1	监测各风机运行状态及故障状态，并记录累计运行时间	按预先编排时间程序进行控制
2	控制排风机启停	
3	可和本楼层排风机进行联动控制	与其他设备，如空调机组联动监控运行参数、诊断故障、紧急情况应急对策和启停操作
4	中央站	采用动态图形和数字显示送排风机所有参数，记录运行参数，实现历史数据的查询、统计及分析等功能

4. 高低压变配电系统

从大楼的安全性考虑，楼宇自控系统只对配电房变配电系统实时监测，不作控制。楼宇自控系统采用通信接口与变配电系统通信。监控内容及功能如表3-47所示。

配电房变配电系统监控内容及功能　　表3-47

序号	系统分项	监控内容	功能
1	高低压系统、发电机系统	(1)监测高压柜开关状态及故障报警。 (2)监测变压器超温报警状态、开关状态及故障报警。 (3)监测低压进线柜开关状态及故障报警，电流、电压等情况。 (4)监测低压联络柜的开关状态及故障状态，电流、电压等情况。 (5)监测发电机电流、电压、故障及运行状态	监控运行参数、诊断故障、紧急情况应急对策和启停操作
2	控制方案	(1)全面实时监测配电系统工作状态，当出现故障或非正常状态时，系统发出报警，并记录相关运行数据。 (2)全面监测大楼的用电负荷和能耗数据，为大楼节能提供相关分析数据	

续表

序号	系统分项	监控内容	功能
3	中央站	进入楼宇自控系统控制中心页面	采用动态图形和数字显示送排风设备所有参数，记录运行参数，实现历史数据的查询、统计及分析等功能

5. 给排水系统

给排水系统监控内容及功能如表 3-48 所示。

给排水系统监控内容及功能　　表 3-48

序号	系统分项	监控内容	功能
1	生活用冷热给水泵、各类排水泵、集水井等	(1)监测集水井的超高水位、低水位、在水位超高报警、超低时关泵。 (2)监测水泵运行状态和故障状态，并记录累计运行时间	监控运行参数、诊断故障、紧急情况应急对策和启停操作
2	绿化景观水	设备运行状态	设定时、定量进行自动喷淋，也可以根据天气状况任意增加、减少或停止喷淋时间和次数
3	控制方案	(1)全面实时监测给排水系统工作状态，当出现故障或非正常状态时，系统发出报警，并记录相关运行数据。可控制水泵启停。 (2)全面监测大楼的用水量数据，为大楼节能提供相关分析数据。 (3)控制绿化、景观水泵启停。全面实时监测工作状态，当出现故障或非正常状态时，系统发出报警，并记录相关运行数据	监控运行参数、诊断故障、水量统计、紧急情况应急对策
4	中央站	进入楼宇自控系统控制中心页面	采用动态图形和数字显示给排水系统设备的所有参数，记录运行参数，实现历史数据的查询、统计及分析等功能

6. 电梯

从大楼的安全性考虑，由楼宇自控系统对电梯的状态实时监测而不作控制。电梯系统监控内容及功能如表 3-49 所示。

电梯系统监控内容及功能　　表 3-49

序号	系统分项	监控内容	功能
1	开关	电梯的开关状态及故障报警，并记录累计运行时间	监控开关、诊断故障、紧急情况应急对策
2	控制方案	全面实时监测电梯系统工作状态，当出现故障或非正常状态时，系统发出报警，并记录相关运行数据	报警

续表

序号	系统分项	监控内容	功能
3	中央站	进入楼宇自控系统控制中心页面	采用动态图形和数字显示电梯系统设备的所有参数，记录运行参数，实现历史数据的查询、统计及分析等功能

7. 空调出风口消毒设备自动控制系统

高档酒店对房间内的空气质量非常重视，因为顾客希望空气中没有异味，最好是没有任何味道的清新空气，普通的空气清新剂很难满足这样的要求，因为普通空气清洗剂中通常是利用某种主要香型，例如茉莉花、柠檬香等，来遮盖由家具、装修材料、地毯、被褥等散发出来的异味，而任何香型都不能得到所有顾客的认可。国际几大著名酒店管理集团都要求在装修完成后 3 个月内消除异味，空气净化装置安装在客房及 VIP 房内的送风口处，在每个房间单元内净化空气，增加氧负离子数量，使顾客在每个房间内享受清新的空气。

将每个房间的消毒设备进行回路控制，然后利用楼控的远程控制特点，对所有房间的若干个该消毒设备回路进行每天的定时全部/部分开启和关闭，或在客人退房后即可自动进行消毒灭菌。既起到对酒店客房进行空气洁净的功能，也可与酒店管理同步。空气净化装置自动控制系统监控内容及功能如表 3-50 所示。

空气净化装置自动控制系统监控内容及功能　　表 3-50

序号	系统分项	监控内容	功能
1	空气净化装置	消毒设备回路状态，按回路数量提供状态点	监控、诊断故障
2	控制方案	对空调通风口的消毒设备进行控制，实现自动时间表开启关闭	控制启停
3	中央站	进入楼宇自控系统控制中心页面	采用动态图形和数字显示空气净化设备的所有参数，记录运行参数，实现历史数据的查询、统计及分析等功能

8. 照明系统

照明控制系统是 BA 系统的一个重要子系统，可有效管理建筑物室内照明、室外景观照明、泛光照明的使用情况，调节照度。系统设中央控制室，通过电脑界面可监控每个区域的照明灯具的工作状态。在一个大型商业建筑中，普通照明区域包括地下停车场、办公走廊、卫生间等，采用普通开关控制方式，同时进行简单的回路状态监测、时间表开关控制，由楼宇自控系统的 DDC 监控管理；另外，还有场景功能的公共区域照明，则需要现场开关控制、场景开关控制、联动控制等综合性控制方式。以某五星级酒店为例说明如下：

（1）大堂

大堂服务台接待厅是客人进入酒店的必经之路，是光临酒店的第一感觉，其灯具的选用和灯光布置不仅仅是照明的需要，还要体现照明与装潢、酒店休闲高雅的协调氛围。整个大堂的灯光由BA照明系统随运行时间自动调整灯光效果，有表3-51所示几种控制形式。

酒店大堂照明系统控制方式　　表3-51

区域	控制方式	控制内容
大堂	定时控制	白天、上半夜、下半夜等定时控制
	隔灯控制	利用隔灯方式，区分照明回路，实现1/3、2/3、3/3照度控制
	现场可编程开关控制	通过编程的方式，确定每个开关按键所控制的回路，根据实际需要指定开关相关回路
	照度感应控制	设置照度感应器，实时侦测大堂的照度，合理打开或者关闭相关回路，达到节能与智能的效果
	区域控制	利用各个功能区域的实际需要，进行手动分区控制
	开关控制	可通过开关进行统一开关控制

（2）宴会厅、餐厅、行政酒廊等

餐厅、咖啡厅及行政酒廊等采用多种光源，通过智能控制始终保持最柔和、最优雅的灯光环境。可分别预设4种或8种灯光场景，分别有清洁、早上、下午、进餐、晚上等多种不同的灯光控制场景，也可由工作人员进行手动编程，能方便地选择或修改灯光场景。在厅内或需分割的包房内安装可编程控制面板，可预设4种或8种场景，也可由工作人员通过可编程控制面板方便地选择或改变灯光的场景，有表3-52所示几种控制形式。

酒店宴会厅等照明系统控制方式　　表3-52

区域	控制方式	控制内容
宴会厅、餐厅、行政酒廊	隔灯控制	利用隔灯方式，区分照明回路，实现1/3、2/3、3/3照度控制
	现场可编程开关控制	通过编程的方式，确定每个开关按键所控制的回路，根据实际需要指定开关相关回路
	开关控制	可通过开关进行统一开关控制

场所应用特点举例：餐厅、咖啡厅照明控制特点为5%的长明灯；应急照明，BA不控制；25%控制为清洁人员进场清洁；75%控制为服务员营业前准备；100%控制为营业期间，或根据不同时间进行场景设计。

地下层停车场照明控制特点：地下层停车场照明控制分为时间段控制，其特点为：25%的长明灯；应急照明，BA不控制；100%全开时间段为17：00～22：00；50%控制的时间段为22：00～2：00。25%控制时间段为2：00后。

9. 锅炉、热交换站及计量

锅炉、热交换站等项目，由于属于压力容器，也是只监不控，主要监控内容就是压力、温度、工作状态等。

3.8.4　设备系统集成典型案例

某五星级酒店建筑面积8.9万m^2、33层、629间客房，1999年开始营业。最初虽然安装了简易式的楼宇自控系统 BMS，但功能上只能对个别系统设备进行监控、启停操作和部分照明回路进行开闭操作。随着国内大型商业建筑智能化的发展趋势，BA、SA、FA 和 CA 系统在新建项目的普及应用，智能化建筑的管理优势明显体现出来，特别是完善的 BA 系统对节能管理、设备管理实现了系统化推进。相比之下，该酒店为了适应智能化酒店发展的需求，2010 决定投资，全面进行设备系统集成改造和内部装修改造。设备系统集成改造工程设计范围包括建筑设备管理系统、信息设施系统、公共安全系统、客房智能化管理系统和机房工程。总体装修设计用时 4 个月，设备系统集成设计用时 3 个月，施工期 6 个月。

1. 设备系统集成改造工程设计范围及要点

某五星级酒店设备系统集成化改造工程设计范围及要点如表 3-53 所示。

某五星级酒店设备系统集成化改造设计范围及要点　　表 3-53

序号	系统分类	设计要点
1	建筑设备管理系统	
1.1	楼宇自控系统	冷源群控； 电力监测通过智能仪表提供的 M-Bus 接口集成到 BAS； 电梯、扶梯、锅炉通过接口集成到 BAS； 能耗计量通过软件接口集成到 BAS； 换热站通过软件接口集成到 BAS； 调光系统通过软件接口集成到 BAS； 其他机电系统通过 DDC 纳入 BAS 监控管理； 客房走廊照明开关控制及状态监控通过 DDC 纳入 BAS 监控管理
1.2	能耗计量系统	抄表范围：水、电、气、空调能量计量； 按可能的独立管理区域计量：商店、厨房、酒吧、泳池、健身中心、宴会厅； 通过软件接口集成到 BAS
1.3	调光系统	首层大堂、接待区、首层会议前厅、大堂酒吧； 二层全日餐厅、风味餐厅、中餐包房走廊； 三层多功能厅、宴会前厅、宴会厅； 四层健身中心接待处、健康舞室； 六层健身房； 三十一层豪华套房； 三十二层行政酒廊； 三十三层总统套房； 室外景观照明控制； 首层、二层、三层联网，其他楼层仅提供本地控制； 由模块控制灯光的开关、灯光调节、时间运行策略和大功率灯具的开关顺序等
2	信息设施系统	
2.1	综合布线系统	数据语音均采用六类布线； 每弱电间布置 6 芯多模万兆光缆 2 条，分别引至机房； 标准层每 3 层一个弱电间； 综合管槽设计

续表

序号	系统分类	设计要点
2.2	计算机网络系统	分客人网和管理网，物理隔离； 客人网和管理网分别引入外线，内网配置防火墙和路由器连接酒店管理集团的系统平台，外网配置认证计费网关； 均采用核心、接入两层结构，内网核心交换机关键器件冗余配置； 酒店无线网络全覆盖，采用馈线方式
2.3	语音通信系统	客房、公共客区及后勤区配置 TDM 分机、前台、话务员室、套房和酒店高管办公室配置 IP 话机； 4 套电脑话务员； 16 路语音信箱、客户服务中心、语音计费系统
2.4	有线电视系统	本次设计暂考虑酒店内部有线电视网络系统； 采用全分配网络结构； 建议部分高级套房卫生间预留电视点； 卫星电视与自办节目待管理方确认后再设计新的系统前端结构
2.5	信息导引系统	信息发布终端； 信息查询终端； 大堂、接待台、首层客用候梯厅、客用电梯轿厢、会议室门口、餐厅门口、商务中心、健身房门口、行政酒廊门口
2.6	背景音乐系统	所有客用公共区域，可接受客人服务中心控制和消防信号强插； 需布置背景音乐的区域有：大堂入口外的车道及雨棚区域、大堂水池区域、大堂酒吧、大堂联络站、水池、二层全日餐厅、风味餐厅、中餐包房走廊、三层多功能厅、宴会前厅、宴会厅、三层会议区域走廊、四层健身中心接待处、健康舞室、六层健身房； 所有客房卫生间电视机伴音喇叭及音量控制器
2.7	多媒体会议系统	首层会议室 3 间，可 2 间合并、3 间合并； 二层中型会议室 2 间； 三层多功能厅 3 间； 三层小会议室 6 间； 中型会议室 1 间； 宴会厅 1 间，可分为 3 间宴会厅； 小会议室可采用流动式投影设备和幕布； 中型会议室、多功能厅考虑视频、扩声、音视频切换、中控、视频会议； 宴会厅考虑视频、扩声、音视频切换、中央控制、视频会议、舞台灯光等，并考虑间隔使用时设备的移动使用接口预留
2.8	无线对讲通信系统	设计 3～4 个通道，分别给工程部、客房部/前台、保安部、酒店总经理或其他高管； 地下部分每层 2 套天线，地上裙房每层 1～2 套天线，标准层每 2 层 1 套天线
3	公共安全系统	
3.1	闭路电视监控系统	采用矩阵+嵌入式硬盘录像机的方式； 主要通道监控、大堂入口车道、员工通道、客房走廊、重要设备房、重要库房、重要办公室、现金存放室、贵重物品存放室、垃圾处理处、餐厅、收货通道、通往天台通道、电梯轿厢； 分楼层集中供电； 全 D1 录像，保存 30 天以上； 电视墙为 LCD 专业监视器

续表

序号	系统分类	设计要点
3.2	入侵报警及紧急求助系统	财务办公室、出纳室、贵重物品存放室、重要设备房、现金存放处设置红外探测器； 前台、收银台设置脚踏开关； 重要通道门设置门磁开关； 豪华套房、残疾人卫生间、床头设置紧急求助按钮和拉绳； 集成进入 CCTV 系统，并提供电子地图
3.3	门禁、考勤一卡通系统	主要通道门出入管制(天台通道、员工室外通道、客区与后勤区通道、公寓与酒店通道)； 重要设备房出入管制； 重要办公室(财务、出纳、现金存放处)； 行李及贵重物品存放室； 重要库房； 在员工主要通道或更衣室或员工餐厅设置 1～2 个考勤点
3.4	电子巡更系统	分布于地下室、重要设备房、天台通道、客房层消防走梯(隔层布置)； 离线式电子巡更
3.5	停车场管理系统	暂定在地下室部位设置一进一出； 车辆出入图像对比，车牌抓拍存储； 分长期用户、临时用户； 长期用户远距离自动刷卡开闸，临时用户刷卡进入
4	客房智能管理系统	客房控制系统； 客房多媒体连接器； 客房服务管理系统
5	机房工程	地下一层电话网络机房 79m^2，需分隔为电话机房、网络机房及话务员室； 首层保安室 25m^2； 实施范围包括顶棚、防静电地板、墙面装饰装修、电气，气体消防系统，机房安保，机房内部综合布线各专业施工项； 电源部分防雷及机房内部接地处理； 考虑重要设备不间断电源供应； 楼层设备不间断电源由机房后备电源集中输出

2. 设计进度计划

某五星级酒店系统集成改造工程设计进度如表 3-54 所示。

某五星级酒店系统集成改造工程设计进度表　　表 3-54

设计任务		起始时间	结束时间	备注
1. 总体设计方案				
1.1	提供酒店智能化系统总体设计方案。包含各子系统组成范围、设计要点、设计依据、技术实现路线等设计指导性文件	2011 年 1 月 11 日	2011 年 1 月 12 日	提交规划方案表格
1.2	总体方案确认	2011 年 1 月 13 日	2011 年 1 月 18 日	提交各子系统设计要点
2. 施工图设计阶段				

续表

设计任务		起始时间	结束时间	备注
2.1	提供智能化各系统平面施工图(含点位布置、管线槽)等设计文件初稿。	2011年1月19日	2011年1月31日	提交点位布置图及点位表
2.2	审核及修改	2011年2月10日	2011年2月15日	确认点位布置
2.3	提供智能化各系统拓扑图等文件	2011年2月15日	2011年2月22日	按确认点位提交系统图
2.4	提供智能化各应用系统工程量清单及工程预算一览表	2011年2月15日	2011年2月22日	按确认点位提交清单
3.审核阶段				
3.1	设计会审	2011年2月23日	2011年2月25日	会审意见
3.2	设计修改	2011年2月25日	2010年3月2日	修改、设计变更
4.招投标阶段				
4.1	编写招投标技术规范书及招标清单	2011年3月3日	2011年3月10日	招标技术要求及招标清单

3. 系统集成改造工程预算

系统集成改造工程预算汇总如表3-55所示。

某五星级酒店系统集成改造工程预算汇总表（单位：元）　　表3-55

序号	系统分类与名称	设备材料费用	安装费	调试费	税金	合计
1	建筑设备管理系统					
1.1	楼宇自控系统	1194870.55	143384.47	35846.12	54964.05	1429065.18
1.2	能耗计量系统	171068.31	17106.83	8553.42	7869.14	204597.70
1.3	调光系统	874190.00	87419.00	43709.50	40212.74	1045531.24
						2679194.12
2	信息设施系统					
2.1	综合布线系统	1372616.25	178440.11	41178.49	63689.39	1655924.24
2.2	计算机网络系统	1194612.50	71676.75	35838.38	52085.11	1354212.73
2.3	语音通信系统	1310400.00	65520.00	39312.00	56609.28	1471841.28
2.4	有线电视系统	289140.15	37588.22	14457.01	13647.42	354832.79
2.5	信息导引系统	261752.53	26175.25	13087.63	12040.62	313056.02
2.6	背景音乐系统	1113031.01	111303.10	33390.93	50309.00	1308034.05
2.7	多媒体会议系统	3776848.06	302147.85	113305.44	167692.05	4359993.40
2.8	多媒体连接器	499950.00	49995.00	9999.00	22397.76	582341.76
2.9	无线对讲通信系统	519487.50	51948.75	20779.50	23688.63	615904.38
3	公共安全系统					
3.1	闭路电视监控系统	1227290.55	122729.06	36818.72	55473.53	1442311.85
3.2	入侵报警及紧急求助系统	37799.83	3779.98	1133.99	1708.55	44422.35

续表

序号	系统分类与名称	设备材料费用	安装费	调试费	税金	合计
3.3	门禁、考勤一卡通系统	180867.15	18086.72	9043.36	8319.89	216317.11
3.4	电子巡更系统	18687.50	1868.75	560.63	844.68	21961.55
3.5	停车场管理系统	116507.38	11650.74	5825.37	5359.34	139342.82
4	客房智能管理系统	1207783.00	144933.96	48311.32	56041.13	1457069.41
5	机房工程	560021.25	72802.76	5600.21	25536.97	663961.19
	合计	15926923.51	1518557.29	516751.00	718489.27	18680721.0

4. 建筑设备管理系统集成改造工程设备清单

建筑设备管理系统 BA 的设备清单如表 3-56 所示。此表格仅供参考，设备规格是针对具体改造工程而言的，因工程不同而变化。

建筑设备管理系统集成改造工程设备清单汇总表　　表 3-56

序号	设备名称	设备规格	数量	单位	备注
楼宇设备自控系统					
1	BAS 中央服务器	Intel Xeon 2G/4G/146G/19″ LCD/DVD	1	台	
2	管理工作站	Intel 2.8GHz/4GB/独立显卡/500GB/DVD 光驱/22 寸 LCD	1	台	
3	打印机	激光打印机	1	台	
4	交换机	16 口百兆网络交换机	1	台	
5	数据管理服务器软件		1	套	
6	网络控制引擎		5	台	
7	通用数字控制器		26	台	
8	扩展模块		91	台	
9	扩展模块		2	台	
10	控制箱		41	台	
11	风管温度传感器		79	个	
12	高灵敏度气体压差开关		41	个	
13	防冻开关		41	个	
14	冷源群控接口		1	套	
15	锅炉接口		1	套	
16	泳池系统接口		1	套	
17	换热站系统接口		1	套	
18	电扶梯系统接口		1	套	
19	柴油发电机系统接口		1	套	
20	变配电系统接口		1	套	
21	能耗计量系统接口		1	套	

续表

序号	设备名称	设备规格	数量	单位	备注
22	模拟点线材	RVVP2×1.0	2500	m	
23	数据点线材	RVV2×1.0	18000	m	
24	电源线	BVV3×1.5	2000	m	
25	通信电缆	RVVP3×1.0	2500	m	
26	超五类线	Cat 5e UTP 电缆	500	m	
27	镀锌钢管(DN25)	DN25	5400	m	
28	辅材		1	批	
智能照明系统					
1	12 路,10A/路调光控制器		15	台	
2	4 路,10A/路调光控制器		30	台	
3	12 路,10A/路开关控制器		7	台	
4	7 键可编程控制面板		8	台	
5	10 键可编程控制面板		19	块	
6	液晶显示时间管理器		1	台	
7	数据线	Cat5e UTP	2000	m	
8	线管	DN20	1500	m	
能耗计量系统					
1	电脑	Intel 2.8GHz/2GB/500GB/DVD 光驱/宽屏液晶 22 寸	1	台	
2	打印机	激光打印机	1	台	
3	能耗计量管理软件	能耗计量管理软件,详见技术要求	1	套	
4	区域管理单元	详见技术要求	2	台	
5	协议转换器	详见技术要求	1	台	
6	中继器	详见技术要求	5	台	
7	采集器	详见技术要求	45	只	根据表具数量统计
8	中央空调热能表	DN32	1	只	表具数量暂估算
9	中央空调热能表	DN40	3	只	表具数量暂估算
10	中央空调热能表	DN150	4	只	表具数量暂估算
11	中央空调热能表	DN200	1	只	表具数量暂估算
12	网络电子冷水表	DN100	7	只	表具数量暂估算
13	网络电子冷水表	DN150	2	只	表具数量暂估算
14	网络电子热水表	DN100	2	只	表具数量暂估算
15	网络三相电子电表	详见技术要求	25	只	表具数量暂估算
16	镀锌线管	DN20	1500	m	
17	线缆	RVV2×1.0	2000	m	
18	通讯线	RVVP2×1.0	500	m	
19	安装材料	安装盒等	1	批	

5. 其他系统设备清单

除建筑设备管理系统 BA 之外的其他系统设备清单如表 3-57 所示。此表格仅供参考，设备规格是针对具体改造工程而言的，因工程不同而变化。

除建筑设备管理系统 BA 之外改造工程设备清单汇总表　　表 3-57

序号	设备名称	规格	数量	单位	备注
		一、综合布线系统			
1.1 工作区子系统					
1	单口信息面板	单口 86 面板	950	个	
2	双口信息面板	双口 86 面板	622	个	
3	六类非屏蔽信息模块	六类非屏蔽	2194	个	
4	双口金属地插	双口铜合金地面插座	20	个	
5	原厂生产数据跳线	插拔次数：大于 750 次，标准等级：厂家原装超五类条线，9FT	785	条	
	水平区子系统				
6	六类非屏蔽双绞线	线规：23AWG 带支撑骨架	375	箱	
1.2 管理间子系统					
7	24 口六类非屏蔽配线架	24 口内置的水平线缆	88	个	
8	110 语音配线架	100 对可端接 22-26 线规的线缆	13	个	
9	5 对连接块	110 型配线架线缆连接块	26	包	
10	110-RJ45	1 对型	601	条	
11	理线器	110 型配线架线缆理线器	13	个	
12	安装背板	110 型配线架安装背板	12	个	
13	光纤配线架	24 口 LC 前部可翻转门，集成的前部理线器	12	个	
14	光纤配线架面板	可接 48 芯光纤的接线盒面板	12	个	
15	LC 多模双工耦合器	LC 型高性能，低衰耗型耦合器	48	个	
16	LC 多模单芯尾纤	采用 LC/型高性能，低衰耗型光纤尾纤	96	条	
17	六类非屏蔽跳线	厂家原装六类	814	条	
18	LC-LC 多模双工跳线	外皮材料：OFNR	48	条	
19	标签条支架	标示使用	10	包	
1.3 垂直主干子系统					
20	室内 12 芯多模光缆	外皮材料：OFNR 规格：50\125um	2200	m	
21	50 对大对数电缆	线规：24AWG EIA/TIA 标准：3 类	9	轴	
1.4 设备间子系统					

续表

序号	设备名称	规格	数量	单位	备注
22	110语音配线架	100对可端接22-26线规的线缆	9	个	
23	光纤配线架	24口LC前部可翻转门,集成的前部理线器	3	个	
24	光纤配线架面板	可接48芯光纤的接线盒面板	3	个	
25	5对连接块	110型配线架线缆连接块	14	包	
26	理线器	110型配线架线缆理线器	9	个	
27	安装背板	110型配线架安装背板	5	个	
28	LC多模双工耦合器	LC型高性能,低衰耗型耦合器	48	个	
29	LC多模单芯尾纤	采用LC/型高性能,低衰耗型光纤尾纤	96	条	
30	LC-LC多模双工跳线	外皮材料:OFNR	48	条	
31	标签条支架	标示使用	8	包	
1.5管槽及辅助器材					
32	单对打线工具	线缆与模块端接用工具	1	套	
33	打线工具刀片	单对打线工具替换刀片	1	套	
34	多对打线工具	打线或同时卡接线缆进接线块	1	套	
35	42U立式机柜	600mm×600mm×2040mm	11	个	
36	42U立式机柜	600mm×800mm×2040mm	4	个	
37	镀锌线槽	500mm×100mm×2.0mm	200	米	
38	镀锌线槽	300mm×100mm×1.5mm	1200	米	
39	镀锌线管	DN25	15000	米	
40	镀锌线管	DN20	12000	米	
41	其他辅材		1	批	
		二、计算机网络系统			
2.1管理网					
1	核心交换机	三层机箱式交换机机箱(含软件),12×业务插槽,不小于692Gbps背板容量,24口光纤接口板,24口1000BASE-TX口,双引擎,冗余电源24口miniG-BIC端口模块(非交换机引擎板自带接口)	1	台	
2	24口交换机	三层交换机主机,24×百兆电口,2×千兆电口,2×miniGBIC	22	台	
3	48口交换机	三层交换机主机,48×百兆电口,2×千兆电口,2×mini GBIC	3	台	
4	光纤模块	千兆多模SX转发器,LC接头	24	个	
5	网管软件	带50设备许可	1	套	

续表

序号	设备名称	规格	数量	单位	备注
6	防火墙	交流主机，提供4个固定的10/100/1000M以太网口，内置加密芯片，支持VPN，支持国密算法，标准一年服务	1	台	
7	路由器	安全路由器主机，2×百兆电口，1×dl窄模块插槽，1×dl宽模块插槽	1	套	
2.2 客人网					
9	核心交换机	三层机箱式交换机机箱(含软件)，12×业务插槽，不小于692Gbps背板容量，24口光纤接口板，24口1000BASE-TX口，双引擎，冗余电源24口mini GBIC端口模块(非交换机引擎板自带接口)	1	台	
10	24口交换机	三层交换机主机，24×百兆电口，2×千兆电口，2×mini GBIC	2	台	
11	48口交换机	三层交换机主机，48×百兆电口，2×千兆电口，2×miniGBIC	10	台	
12	光纤模块	千兆多模SX转发器，LC接头	24	个	
13	网管软件	带50设备许可	1	套	
14	防火墙	交流主机；提供四个固定的10/100/1000M以太网口，内置加密芯片，支持VPN，支持国密算法，标准一年服务	1	台	
15	路由器	安全路由器主机，2×百兆电口，1×dl窄模块插槽，1×dl宽模块插槽	1	套	
16	HSIA系统	Linux操作系统、服务器、上网管理系统、用户认证、网络计费、流量管理、正版操作系统软件、正版数据库软件	1	套	
2.3 无线网络					
17	无线控制器	多服务无线移动控制器含AP许可	2	台	
18	无线AP	室内单基站多服务AP，支持802.11a/b/g，2.4GHz瘦AP	69	台	
19	无线网络管理软件	含AP管理授权	2	套	
三、语音交换系统					

续表

序号	设备名称	规格	数量	单位	备注
1	程控电话系统	支持IP/TDM话机/系统主机板热备/1000来电显示分机/90路数字中继/4个酒店专用话务台/24数字话机/4IP电话授权;根据不同品牌配置详细设备清单,应包含配线器材、线缆、整流器、后备电池、维护终端、打印机等外围设备	1	套	
2	电话计费系统	根据不同品牌配置详细设备清单,包括语音计费系统软件、电脑、正版操作系统、正版数据库软件、接口软件	1	套	
3	语音信箱系统	根据不同品牌配置详细设备清单,16路语音信箱系统	1	套	
4	呼叫中心系统	根据不同品牌配置详细设备清单,包括呼叫中心系统、电脑、正版操作系统、正版数据库软件、接口软件	1	套	
5	IP电话系统	包括VoIP语音板;IP终端使用许可软件;IP电话机4台(黑色)	1	套	
四、有线电视系统					
1	卫星接收天线	偏馈1.2m	1	面	
2	卫星接收天线	正馈1.8m	1	面	
3	卫星接收天线	正馈3m	1	面	
4	高频头	Ku波段	1	个	
5	高频头	C波段	2	个	
6	馈线防雷器		3	个	
7	功分器	8路功分	4	台	
8	数字电视机顶盒		45	台	甲供,当地数字电视运营商购置,节目数量根据酒店运营要求增减,暂定45套
9	卫星接收机(境外节目接收使用)		17	台	境外卫星节目开通使用的接收机及包月费用由业主向境外节目代理商另购
10	32″液晶电视	32″	2	台	
11	2位操作台	定制	1	套	
12	DVD机		3	台	
13	邻频调制器	频道固定	50	台	
14	捷变频调制器	可变换频道	15	台	

续表

序号	设备名称	规格	数量	单位	备注
15	16 路混合器	16 路	5	台	
16	放大器	分配放大	12	台	
17	三分配器	三路分配	2	个	
18	四分配器	四路分配	4	个	
19	六分配器	六路分配	42	个	
20	八分配器	八路分配	30	个	
21	十二分配器	十二路分配	2	个	
22	机柜	42U,600×800	5	台	
23	终端电阻	75Ω	100	只	
24	用户终端盒	电视终端口	437	个	
25	主干线缆	SYWV-75-9	2000	m	
26	用户分支线缆	SYWV-75-5	28800	m	
27	镀锌线管	DN20	15000	m	
28	天线基座		3	套	土建单位配合建设
29	附材		1	批	
五、信息发布系统					
1	播控工作站	intel Pentium/2G/250G/19″	1	台	
2	流媒体服务器	intel Core2 双核心处理器/4G/HDMI/320G/19″	1	台	
3	多媒体控制器	2.4GMHz;工业缓存:DDR 1GB RAM;数据存储:250GB	18	台	
4	系统软件	系统播放管理中心/时间表/任务管理/用户管理等	1	套	
5	显示屏	42 寸 LCD 高清显示屏	18	台	
6	音频线	RVVP2×0.5	300	m	
7	VGA 线	3+6	300	m	
8	电源线	RVV3×1.5	500	m	
9	镀锌线管	DN20	600	m	
六、背景音乐系统					
6.1 L1 层酒店大堂					
1	IPOD 播放器	16GB	3	台	
2	音频处理器	Cobranet8 进 8 出	1	台	
3	功率放大器	双通道 500W 定压	3	台	
4	吸顶扬声器	4 寸	36	只	
5	音量调节器	100V	2	只	
6	喇叭线	2×1.5	1000	m	

续表

序号	设备名称	规格	数量	单位	备注
7	镀锌线管	DN20	800	m	
8	机柜	600×600×1200mm	1	台	
6.2 L1层大堂酒吧					
9	IPOD播放器		1	台	
10	Cobranet4进4出音频处理器	4进4出	1	台	
11	功率放大器	双通道500W定压	1	台	
12	吸顶扬声器	4寸	8	只	
13	音量调节器	100V	1	只	
14	喇叭线	2×1.5	300	m	
15	镀锌线管	DN20	200	m	
16	机柜	600×600×1200mm	1	台	
6.3 L2层风味餐厅					
17	IPOD播放器		1	台	
18	4通道DMX音源		1	台	
19	Cobranet8进8出音频处理器	8进8出	1	台	
20	功率放大器	双通道500W定压	2	台	
21	吸顶扬声器	4寸	33	只	
22	音量调节器	100V	5	只	
23	喇叭线	2×1.5	800	m	
24	镀锌线管	DN20	600	m	
25	机柜	600mm×600mm×1200mm	1	台	
6.4 L2层中餐厅和全日餐厅					
26	IPOD播放器		2	台	
27	4通道DMX音源		1	台	
28	Cobranet8进8出音频处理器	8进8出	1	台	
29	功率放大器	双通道500W定压	3	台	
30	吸顶扬声器	4寸	65	只	
31	音量调节器	100V	18	只	
32	喇叭线	2×1.5	1200	m	
33	镀锌线管	DN20	1000	m	
34	机柜	600mm×600mm×1200mm	1	台	
6.5 L4层健身中心和游泳池					
35	IPOD播放器		3	台	
36	Cobranet8进8出音频处理器	8进8出	1	台	
37	功率放大器	双通道500W定压	3	台	
38	吸顶扬声器	4寸	35	只	

续表

序号	设备名称	规格	数量	单位	备注
39	音量调节器	100V	4	只	
40	喇叭线	2×1.5	700	m	
41	镀锌线管	DN20	500	m	
42	机柜	600mm×60mm×1200mm	1	台	
6.6 L32 层行政酒廊					
43	IPOD 播放器		1	台	
44	Cobranet4 进 4 出音频处理器	4 进 4 出	1	台	
45	功率放大器	双通道 500W 定压	1	台	
46	吸顶扬声器	4 寸	15	只	
47	音量调节器	100V	1	只	
48	喇叭线	2×1.5	300	m	
49	镀锌线管	DN20	200	m	
50	机柜	600mm×60mm×1200mm	1	台	
6.7 客房洗手间伴音系统					
51	音量调节器	音量开关	305	台	
52	防水吸顶扬声器	二分频扬声器	305	个	
53	扬声器线缆	RVS2×1.0	5000	m	
54	镀锌线管	DN20	5000	m	
6.8 独立音响系统					
55	独立音响系统及安装线缆	5.1 声道音响系统	3	台	豪华套房、总统套房
七、多媒体会议系统					
7.1 L1 会议厅					
视频部分					
1	DVD 播放器	标清	3	台	
2	一体化摄像机	标清	3	台	
3	投影机 6500 流明	6500 流明 DLP	1	台	
4	投影机 9000 流明	9000 流明 3DLP	3	台	
5	120 寸电动投影幕	120 寸 4∶3	1	台	
6	200 寸电动投影幕	200 寸 4∶3	3	台	
7	投影机升降架	3M 行程	4	台	
8	16 入 8 出视频矩阵	16 入 8 出	1	台	
9	8 入 8 出 RGB 矩阵	8 入 8 出	1	台	
10	4 路硬盘录像机	4 路，1T 硬盘	1	台	
11	液晶监视器	22 寸	1	台	
12	多媒体接口盒	VGA+AUDIO+VIDEO	6	套	
音频部分					

续表

序号	设备名称	规格	数量	单位	备注
13	手持无线话筒		3	只	
14	会议鹅颈式话筒	双鹅颈,防 RF 干扰	8	只	
15	话筒底座		8	只	
16	话筒输入插座	4MIC 接口	6	套	
17	音频处理器	8 进 8 出	1	台	
18	控制室有源监听音箱	5 寸	2	只	
19	调音台	24 路 4 编组	1	台	
20	电动扬声器	6.5 寸电动升降	18	只	
21	吸顶扬声器功放	双通道 500W	3	台	
集中控制系统					
22	中央控制器	6 串口,8IR,8IO	1	台	
23	墙壁安装控制面板	16 键控制面板	3	台	
24	全彩无线触摸屏	8.4 英寸	1	台	
25	电源供应器		1	台	
26	网卡		1	张	
27	红外线电缆		8	根	
28	继电器控制器	8 路输出	3	台	
29	系统软件及编程		1	套	
附材					
30	机柜	600mm×60mm×2000mm	1	个	
31	网络线	六类	2	箱	
32	视频线	SYV75-5	1000	m	
33	RGBHV 线	RGBHV75-2	800	m	
34	音频线	RVVP2×0.5	2500	m	
35	音箱线	2×1.5	2000	m	
36	电源线	RVV3×1.5	1000	m	
37	镀锌线管	DN25	3000	m	
38	接插件		1	批	
7.2 L2、3 层小会议室					
固定部分(9 套)					
39	综合矩阵切换器	4 进 1 出,含 VGA,AV	9	台	
40	投影机	4000 流明	9	台	
41	固定投影机吊杆	1.5M	9	套	
42	DVD 播放器	标清	9	台	
43	120 寸电动投影幕	120 寸 4∶3	9	台	
44	多媒体接口盒	VGA+AUDIO+VIDEO	18	套	

续表

序号	设备名称	规格	数量	单位	备注
45	话筒输入插座	4MIC 接口	27	套	
46	吸顶扬声器	4 寸	36	只	
47	设备柜	600mm×60mm×1200mm	9	台	
流动部分(3 套)					
48	手持无线话筒		6	只	
49	机柜式调音台	16 路 4 编组	3	台	
50	吸顶扬声器功放	双通道 500W	6	台	
51	流动全频扬声器	12 寸	6	只	
52	流动航空机柜	定制	3	台	
附材					
53	视频线	SYV75-5	1350	m	
54	RGBHV 线	RGBHV75-2	1350	m	
55	音频线	RVVP2×0.5	3600	m	
56	音箱线	2×1.5	900	m	
57	电源线	RVV3×1.5	1800	m	
58	镀锌线管	DN25	4500	m	
59	接插件		9	批	
7.3 L2 多功能厅					
视频部分					
60	DVD 播放器	标清	3	台	
61	投影机 4500 流明	4500 流明 LCD	3	台	
62	120 寸电动投影幕	120 寸 4∶3	3	台	
63	投影机升降架	2M 行程	3	台	
64	16 入 8 出视频矩阵	16 入 8 出	1	台	
65	8 入 8 出 RGB 矩阵	8 入 8 出	1	台	
66	4 路硬盘录像机	4 路,1T 硬盘	1	台	
67	液晶监视器	22 寸	1	台	
68	多媒体接口盒	VGA+AUDIO+VIDEO	6	套	
音频部分					
69	手持无线话筒		3	只	
70	会议鹅颈式话筒	双鹅颈,防 RF 干扰	8	只	
71	话筒底座		8	只	
72	话筒输入插座	4MIC 接口	6	套	
73	音频处理器	8 进 8 出	1	台	
74	控制室有源监听音箱	5 寸	2	只	
75	调音台	24 路 4 编组	1	台	

续表

序号	设备名称	规格	数量	单位	备注
76	吸顶扬声器	4寸	18	只	
77	吸顶扬声器功放	双通道500W	3	台	
集中控制系统					
78	中央控制器	6串口,8IR,8IO	1	台	
79	全彩无线触摸屏	8.4英寸	1	台	
80	电源供应器		1	台	
81	网卡		1	张	
82	红外线电缆		8	根	
83	继电器控制器	8路输出	2	台	
84	系统软件及编程		1	套	
附材					
85	机柜	600mm×60mm×2000mm	1	个	
86	网络线	六类	2	箱	
87	视频线	SYV75-5	1000	m	
88	RGBHV线	RGBHV75-2	800	m	
89	音频线	RVVP2×0.5	2500	m	
90	音箱线	2×1.5	2000	m	
91	电源线	RVV3×1.5	1000	m	
92	镀锌线管	DN25	3000	m	
93	接插件		1	批	
7.4 L3宴会厅					
视频部分					
94	DVD播放器	标清	3	台	
95	蓝光DVD播放器	高清蓝光	2	台	
96	一体化摄像机	高清	3	台	
97	投影机6500流明	6500流明DLP	3	台	
98	投影机9000流明	9000流明3DLP高清	2	台	
99	150寸电动投影幕	150寸4:3	3	台	
100	250寸电动投影幕	250寸16:9	2	台	
101	投影机升降架	3M行程	5	台	
102	16入16出视频矩阵	16入16出	1	台	
103	16入8出RGB矩阵	16入8出	1	台	
104	4路硬盘录像机	4路,1T硬盘	1	台	
105	液晶监视器	22寸	3	台	
106	多媒体接口盒	VGA+AUDIO+VIDEO	10	套	
同声传译系统					

续表

序号	设备名称	规格	数量	单位	备注
107	增强型中央控制装置		1	台	
108	红外辐射主机	8路输出	1	个	
109	红外辐射板	25W功率	4	台	
110	译员装置	31语种	3	套	
111	译员耳机		3	套	
112	专用线缆		1	卷	
113	接头		6	对	
114	无线接收装置	31通道选择	50	套	
115	耳机		50	套	
音频部分					
116	手持无线话筒		6	只	
117	会议鹅颈式话筒	双鹅颈,防RF干扰	10	只	
118	话筒底座	防滑防振	10	只	
119	心型指向动圈话筒		6	只	
120	话筒立式支架		6	只	
121	音频跳线板	24路	2	块	
122	话筒输入插座	4MIC接口	10	套	
123	音频处理器	24进24出	1	台	
124	模拟输入输出卡	8入8出	3	块	
125	COBRANET卡	32进32出	1	块	
126	效果器	100预设	1	台	
127	控制室有源监听音箱	5寸	6	只	
128	调音台	32路8编组	2	台	
129	网络管理服务器	配置	1	台	
130	网络交换机	16口百兆网络交换机	2	台	
131	吸顶扬声器	8寸	21	只	
132	吸顶扬声器功放	双通道500W	3	台	
133	吸顶扬声器	4寸	37	只	
134	功率放大器	双通道500W	2	台	
135	15″两分频全频主音箱	15寸	4	只	
136	专业级功放	双通道900W	2	台	
137	18″超低音音箱	双18寸	2	只	
138	专业级功放	双通道1200W	2	台	
139	12″舞台返听音箱	12寸	2	只	
140	专业级功放	双通道600W	1	台	
141	音箱跳线板	24路接口	1	套	

续表

序号	设备名称	规格	数量	单位	备注
142	音箱接口插座	2SPK 接口	10	套	
集中控制系统					
143	中央控制器	6 串口,8IR,8IO	1	台	
144	墙壁安装触摸屏	16 键控制面板	3	台	
145	全彩无线触摸屏	8.4 英寸	1	台	
146	电源供应器		1	台	
147	网卡		1	张	
148	扩展插槽		1	台	
149	红外扩展卡	8 路输出	1	张	
150	红外线电缆		8	根	
151	继电器控制器	8 路输出	4	台	
152	系统软件及编程		1	套	
舞台灯光系统					
153	电脑摇头灯	1200W	10	台	
154	多功能会议灯	750W	24	台	
155	LED 投光换色灯	36 颗 LED	16	台	
156	追光灯	2500W	2	台	
157	数码烟机	3000W	2	台	
158	泡泡机		2	台	
159	灯控台	2048 通道	1	台	
160	大灯钩		50	台	
161	保险绳		50	台	
162	灯架	4 方铝合金	12	m	
163	电动葫芦	1T	4	台	
164	电动葫芦控制器	4 位控制器	1	台	
165	电源线	RVV3×2.5	5000	m	
附材					
166	机柜	600mm×60mm×2000mm	3	个	
167	网络线	六类 UTP 电缆	4	箱	
168	视频线	SYV75-5	1000	m	
169	RGBHV 线	RGBHV75-2	800	m	
170	音频线	RVVP2×0.5	2500	m	
171	音箱线	2×1.5	2000	m	
172	电源线	RVV3×1.5	1000	m	
173	镀锌线管	DN25	3000	m	
174	接插件		1	批	

续表

序号	设备名称	规格	数量	单位	备注
八、无线对讲系统					
1	数字中转台	403-470MHz 40W TDMA	2	台	
2	双工器	插入损耗≤1.5dB	1	台	
3	合路器	2路,信道间隔离度:70db 插入损耗:3db	1	台	
4	分路器	2路,信道间隔离度:25db 系统增益:4db	1	台	
5	数字对讲机	403～470MHz,4W	1	台	
6	分支分配器	400～2400MHz	392	只	
7	室内全向天线	400～2400MHz	461	副	
8	分支分配器	400～2400MHz	78	只	
9	室内全向天线	400～2400MHz	10	副	
10	馈线电缆	1/2″同轴电缆	5500	m	
11	馈线接头	1/2″同轴电缆接头	2020	只	
12	Wlan 和无线对讲合路器	400～2400MHz	1	只	
13	辅材	胶带,天线支架,膨胀螺丝,扎带等	5500	套	
14	机柜	600mm×600mm×2050mm	1	台	
九、闭路电视监控系统					
1	视频矩阵控制主机	256×32 视频矩阵	1	台	
2	报警接入模块		1	块	
3	三维操控键盘	RS 422/485/232 接口,三维摇杆控制,液晶显示屏	1	台	
4	协议转换器	RS 422、RS 485 进/RS 232 出	1	台	
5	控制信号分配器	控制信号输出放大	1	台	
6	十六路数字硬盘录像机	16路嵌入式硬盘录像机,16路全实时D1,H. 264压缩,每路25帧/秒;8个SATA硬盘接口	16	台	
7	专业监控硬盘	容量 2TB	64	块	
8	电梯楼层信号叠加器		10	台	
9	22寸液晶监视器	16∶9 分辨率:1680×1050	12	台	
10	42寸液晶监视器	16∶9 分辨率:1366×768	2	台	
11	控制台	定制	5	位	
12	视频分配器	16路输入32路输出	16	台	

续表

序号	设备名称	规格	数量	单位	备注
13	彩色半球摄像机	高分辨率宽动态固定半球摄像机，日/夜转换，550线，最低照0.001Lux（DSS），背光补偿(BLC)，宽动态(WDR)，强光抑制(BMBTM)，信噪比>50dB	212	台	
14	彩色枪式摄像机	高分辨率宽动态固定枪式摄像机，彩转黑，550线，照度0.002Lux，信噪比>50dB	19	台	
15	镜头	3.8～8mm镜头自动光圈手动变焦镜头	19	个	
16	支架		19	个	
17	护罩	铝合金	19	个	
18	电梯轿厢摄像机	高分辨率宽动态固定半球摄像机，日/夜转换，550线，最低照0.001Lux（DSS），背光补偿(BLC)，宽动态(WDR)，强光抑制(BMBTM)，信噪比>50dB	10	台	
19	一体化高速球机	1/4″CCD/分辨率：480TVL（彩色）；520TVL(黑白)/最低照度：0.01LUX/宽动态/信噪比：>50dB/白平衡/背光补偿/26倍光学变焦/12倍数字变焦/360°/预置位速度：360°/秒/定位精度：0.3°/128个预置位	3	个	
20	护罩/支架	定制	3	个	
21	三合一防雷器	视频/电源/信号	1	个	
22	交换机	24口机架式10/100M自适应交换机	1	台	
23	电视墙	定制	5	联	
24	集中供电电源箱	AC220V/DC12V	39	台	
25	监控工作站	Intel 2.8GHz/4GB/独立显卡/500GB/DVD光驱/22寸LCD	1	台	
26	镀锌线管	DN25	8500	m	
27	视频线	SYV 75-5/7	26800	m	
28	电梯视频线	SYV 75-5-144#+2×0.75	2100	m	
29	电源线	RVV 2×1.0	2350	m	
30	信号线	RVVP 2×1.0	500	m	
31	辅材	BNC接头等	1	批	
十、入侵报警及求助系统					

续表

序号	设备名称	规格	数量	单位	备注
1	报警主机	总线型报警主机，最大可扩展到128防区	1	套	
2	控制键盘	中英文编程键盘	1	台	
3	继电器模块		1	块	
4	主机串行接口模块		1	块	
5	防区地址模块	单防区模块	28	块	
6	增强型总线延伸模块		1	块	
7	报警管理软件	报警管理系统	1	套	
8	红外双鉴探测器	红外微波双鉴探测器	6	个	
9	32路继电器输出模块		1	块	
10	报警解除键盘	撤防键盘	1	个	
11	网络接口模块		1	个	
12	警号		1	个	
13	警灯		1	个	
14	手动报警按钮		18	个	
15	脚踏报警开关		4	个	
16	报警管理工作站	Intel 2.8GHz/2GB/500GB/DVD光驱/22寸LCD	1	台	
17	打印机		1	台	
18	电源线	RVV 2×1.0	600	m	
19	信号线	RVVP 2×1.0	600	m	
20	镀锌线管	DN20	300	m	
十一、门禁控制系统					
1	综合门禁管理软件		1	套	
2	门禁控制器		47	台	
3	TCP/IP模块		47	台	
4	读卡器		47	台	
5	考勤机		2	台	
6	发卡器		2	台	
7	电源箱		47	台	
8	单门磁力锁	250-300KG	45	台	
9	开门按钮	86	45	台	
10	门磁		19	对	
11	IC卡	M1白卡	500	张	
12	工作站	Intel 2.8GHz/2GB/500GB/DVD光驱/22寸LCD	1	台	

续表

序号	设备名称	规格	数量	单位	备注
13	信号线(门磁、电锁)	RVV 2×1.5	400	m	
14	信号线(出门按钮)	RVV 2×0.5	400	m	
15	信号线(读卡器)	RVVP 6×0.5	800	m	
16	信号线(控制器)	RVVP 6×0.5	2000	m	
17	镀锌线管	DN20	400	m	
十二、电子巡更系统					
1	巡检记录器	LCD,带按键	5	台	
2	巡更点		70	块	
3	通信座		5	个	
4	巡更管理软件		1	套	
5	工作站	Intel 2.8GHz/2GB/500GB/DVD 光驱/22 寸 LCD	1	台	
6	辅材		1	批	
十三、停车场管理系统					
13.1 入口设备部分					
1	自动道闸		1	个	
2	压力电波防砸车装置		1	个	
3	数字式车辆检测器		1	个	
4	入口控制机	含发票机	1	台	
13.2 出口设备部分					
5	自动道闸		1	个	
6	压力电波防砸车装置		1	个	
7	数字式车辆检测器		1	个	
8	出口控制机		1	台	
13.3 岗亭设备部分					
9	对讲主机		1	台	
10	LED 显示屏	收费结算显示	1	台	
11	停车场管理软件		1	套	
12	调试卡		4	张	
13	软件狗		2	个	
14	RS 485 通信卡		1	张	
15	彩色枪式摄像机	高分辨率宽动态固定枪式摄像机,550 线,照度小于 0.002Lux,信噪比>50dB	2	台	
16	镜头	3.5～8mm	2	台	
17	护罩/支架		2	台	
18	聚光灯	400W,带立柱	2	台	

续表

序号	设备名称	规格	数量	单位	备注
19	岗亭管理电脑	Intel 2.8GHz/4GB/独立显卡/500GB/DVD光驱/22寸LCD	1	台	
20	视频采集卡		1	张	
21	视频分配器		1	台	
22	UPS电源	1kVA,30min	1	套	
23	岗亭	2.4×1.2×2.4	1	套	
13.4发卡中心部分					
24	通用发行器		2	个	
25	RS 485通信卡		1	张	
26	软件狗		2	个	
27	工作站	Intel 2.8GHz/4GB/独立显卡/500GB/DVD光驱/22寸LCD	1	台	
28	IC卡		500	张	
29	视频线	SYV 75-5/7	600	m	
30	电源线	RVV 3×1.5	200	m	
31	控制线	RVVP 2×1.0	200	m	
32	信号线	RVV 6×0.5	600	m	
33	镀锌线管	DN20	200	m	
5	10键可编程控制面板		19	块	
6	液晶显示时间管理器		1	台	
7	数据线	Cat5e UTP	2000	m	
8	线管	DN20	1500	m	
十四、客房控制系统					
14.1标准间及普通套房					
1	RCU控制器	工业级设计,实现功能模块化(可分为调光模块、继电器板、窗帘控制板等)扩展性能优异、1M内存。内置时钟(掉电后时间准确运行可达十年)、看门狗、按键伴音、系统监测保护、抗干扰等电路,支持TCP/IP、FTP、HTTP多种通信协议,40路输出32路输入,含各类输入输出模块,箱体	301	台	
2	智能取电器KEY	身份识别,插卡取电卡槽	301	个	
3	网络型空调温度调节器	液晶显示网络型,485联网数字传输,含温度传感器	301	个	
4	客房门磁开关		301	个	

续表

序号	设备名称	规格	数量	单位	备注
5	低压双音门铃		301	套	
6	紧急报警按钮		303	个	
7	勿扰面板		301	个	
8	请稍后面板		301	个	
9	门外请勿打扰显示、门铃开关面板	多合一门外显示套件	301	套	
10	管理服务器	Intel Xeon 2G/4G/146G×2/22″ LCD/DVD	1	台	
11	系统管理软件		1	套	
12	PMS 接口		1	项	
13	线缆	Cat5e UTP	185	箱	
14	镀锌线管(JDG25)	Φ25	22500	m	
15	空调温控器	客人可通过该面板上"风速"调节按键和"温度"调节按键对客房空调风机的运转速度进行选择:高速、中速、低速;和对客房内的温度进行适合自己的设置:16～32℃范围内,含内置式温度传感器	301	个	甲供/暖通专业提供
16	复压式电气开关面板	由电气专业提供,需支持干接点信号接入		套	甲供/电气专业提供
17	插座	由电气专业提供		套	甲供/电气专业提供
18	辅件		1	批	
14.2 多媒体连接器					
1	多媒体连接器	HDMI\USB\RAC\VGA\3.5\国际标准电源插座 X2,多功能金属面板,一线通连接方式,即插即用	303	个	
2	连接线缆及线管		303	条	
十五、机房工程					
15.1 保安监控机房					
地面					
1	地面找平处理	水泥砂浆找平、抹面	29	m^2	
2	地面防尘防潮处理	刷防尘防潮漆两遍	29	m^2	
3	抗静电活动地板	600mm×60mm×35mm	29	m^2	
4	地板收边处理	定制	1	项	

续表

序号	设备名称	规格	数量	单位	备注
5	地板开孔	定制	10	个	
6	机房入口踏步工程	定制	1	项	
墙面					
7	墙面批灰及防尘防潮处理	定制	60	m^2	
8	墙面刷乳胶漆	防水乳胶漆	60	m^2	
9	不锈钢踢脚线	定制	24	m	
门					
10	单开防火门	1200mm×2100mm	1	樘	
顶棚					
11	顶棚防潮防尘处理	刷防尘防潮漆两遍	29	m^2	
12	顶棚龙骨	顶棚配套	29	m^2	
13	微孔铝扣顶棚	600mm×60mm×0.8mm	29	m^2	
照明					
14	嵌入式灯盘	1200×600，不锈钢	8	套	
15	照明灯管	40W/支	24	支	
16	安全出口指示灯		1	个	
17	单控双联开关		1	套	
配电					
18	配电柜	成品定制	1	套	
19	照明控制箱	成品定制	1	套	
20	电源墙装插座	250V 10A 2+3 孔	3	个	
21	UPS 插座	250V 16A 3 孔	6	个	
22	进线电缆	VV-4×25+1×16	50	m	
23	电线	ZR-BVV4 m^2	200	m	
24	电线	ZR-BVV2.5m^2	500	m	
25	照明电线	ZR-BVV2.5m^2	200	m	
26	强电线槽	100×100×1.0	30	m	
27	镀锌线管	Φ25	100	m	
后备电源					
28	UPS 主机	30kVA，配置后备 1h 电池及配套电池柜、施工连接电缆、承重架等	1	台	
防雷、接地					
29	B 级防雷器	V25-B+C/3+NPE	1	个	
30	C 级防雷器	V20-C/3	1	个	
31	接地专用铜导线	25mm^2 黄绿线	30	m	

续表

序号	设备名称	规格	数量	单位	备注
32	接地专用铜导线	$6mm^2$ 黄绿线	50	m	
33	等电位母线铜排	TBY3×30	25	m	
34	等电位跨接	定制	1	项	
空调					
35	空调柜机	2匹，壁挂机，冗余运行	2	台	
辅助材料					
36	辅材		1	项	
15.2电话网络机房					
地面					
37	地面找平处理	水泥砂浆找平、抹面	77	m^2	
38	地面防尘防潮处理	刷防尘防潮漆两遍	77	m^2	
39	抗静电活动地板	600mm×60mm×35mm	77	m^2	
40	地板收边处理	定制	4	项	
41	地板开孔	定制	20	个	
42	机房入口踏步工程	定制	2	项	
墙面					
43	墙面批灰及防尘防潮处理	定制	90	m^2	
44	墙面铝塑板	轻钢龙骨铝塑板墙面	27	m^2	
45	玻璃隔断		20	m^2	
46	不锈钢踢脚线	定制	35	m	
顶棚					
47	顶棚防潮防尘处理	刷防尘防潮漆两遍	77	m^2	
48	顶棚龙骨	顶棚配套	77	m^2	
49	微孔铝扣顶棚	600mm×60mm×0.8	77	m^2	
门					
50	单开钢质甲级防火门	1200×2100	2	樘	
51	防火玻璃门	配套	2	樘	
照明					
52	嵌入式灯盘	1200×600，不锈钢	14	套	
53	照明灯管	40W/支	42	支	
54	安全出口指示灯		2	个	
55	单控双联开关		4	套	
配电					
56	市电配电柜	成品定制	1	套	
57	UPS配电柜	成品定制	1	套	
58	电源墙装插座	250V 10A 2+3孔	8	个	

续表

序号	设备名称	规格	数量	单位	备注
59	空调插座	250V 16A 3孔	4	个	
60	机柜插座	250V 16A 3孔	12	个	
61	市电进线电缆(由电气专业提供)	$4\times35+1\times16mm^2$	100	m	
62	UPS输入输出电缆	$5\times6mm^2$	20	m	
63	电线	ZR-BVV4 mm^2	600	m	
64	电线	ZR-BVV2.5mm^2	300	m	
65	照明电线	ZR-BVV2.5mm^2	200	m	
66	强电线槽	100×100×1.0	15	m	
67	镀锌线管	Φ25	200	m	
后备电源					
68	UPS主机(1+2)	30kVA	3	台	
防雷、接地					
69	B级防雷器	V25-B+C/3+NPE	2	个	
70	C级防雷器	V20-C/3	2	个	
71	接地专用铜导线	$25mm^2$ 黄绿线	30	m	
72	接地专用铜导线	$6mm^2$ 黄绿线	200	m	
73	等电位母线铜排	TBY3×30	35	m	
74	等电位跨接	定制	1	项	
空调					
75	空调机	3匹，壁挂机	6	台	网络机房及电话机房各2台冗余
UPS集中供电部分					
76	强电电缆	ZR-VV$4\times10+1\times6mm^2$	300	m	
77	强电电缆	ZR-VV$4\times6+1\times4mm^2$	300	m	
78	配电箱电缆	ZR-BVV2.5mm^2	360	m	
79	配电箱及配套开关	H520×W400×D220	12	套	
80	UPS插座	250V 10A 2+3孔	12	套	
81	镀锌线管	Φ25	120	m	
82	接地专用铜导线	$6mm^2$ 黄绿线	240	m	
83	等电位跨接	定制	12	项	
84	辅助材料		12	项	

6. 改造后收益分析

由于该酒店是20世纪90年代末建成营业的，受当时的智能化系统集成设计水平的限制，整体设备系统智能化程度很低，基本上都是人工操作。改造后已经运行了4年，在能耗成本和人力成本都发生较大改观。

（1）人力成本改观

改造前酒店工程部56人，其中从事机电设备运行、维护保养的员工人数达42名，每日每班运行人员10～12名，平均每年人力成本费用5103×56×12=3429216元；改造后，运行人员每日每班减少到4名，从事机电设备运行、维护保养的员工总人数减少到28名，工程部门总人数优化为39人。若同等条件下比较，现平均每年人力成本费用5103×39×12=2388204元，即人力成本减少约30.4%。

（2）能耗成本改观

该酒店629套客房，改造前每年平均支出能源费用近17100000元，每套房间平均每年支付能源费用27000元左右；改造后每年平均支出能源费用近15300000元左右，每套房间平均每年支付能源费用24320元左右；平均每年节约能耗成本费用9.9%。即人力成本和能源成本支出，每年减少合计为1800000+1041012=2841012元。表3-68中建筑设备管理系统集成改造工程预算价格为2679194.12元，改造完最后决算价格为2866300元。相当于一年能够收回投资。

3.9　LED人工照明系统节能技术与典型案例

我国大型商业建筑照明电量能耗占整个建筑电量能耗的25%～35%[50]，一个有500间左右客房的五星级酒店每年照明耗电量基本在550万kWh左右，平均每天照明耗电量基本在1.5万kWh左右，仅次于中央空调系统耗电量，位居第二。因此，减少照明能耗对建筑节能具有十分重要的意义。

3.9.1　建筑照明能耗构成分析

建筑照明能耗由光源能耗、器件能耗、技术能耗、设计能耗和其他能耗五个部分构成。

1. 光源能耗

众所周知，光源发光便带来了能耗，也就是电能转化为光能，同时也产生了热能，造成了能源的浪费。随着电压的升高，光源的功率、通量和光效也相对增加，但光效的增加幅度要小于功率和光通量。

2. 器件能耗

照明电器配件能耗主要为照明辅助器件的能耗，包括补偿电容、镇流器等环节的能耗。

3. 技术能耗

常规的照明技术在管理维护、电压功率调整等方面缺乏智能和自动调整，在降低有功功率消耗和无功功率方面还不理想。

4. 设计能耗

主要体现在线路设计、控制开关和利用自然光、照明方式、选择照度值等方面不理想产生的能耗浪费。

5. 其他能耗

主要是线路损耗及变压损耗等产生的能耗。

3.9.2 建筑照明节能措施

1. 选择优质的电光源

科学地选用电光源是照明节电的首要工作。节能的电光源发光效率要高，使得每瓦电（W）发出更多光通量（Lm）。电光源发光原理可分为两类：一类是热辐射电光源，如白炽灯、卤钨灯等；另一类是气体放电光源，如汞灯、钠灯、氮灯、金属卤化物灯等。气体放电光源比热辐射电光源高得多。一般情况下，可逐步用气体放电光源替代热辐射电光源，并尽可能选用光效高的气体放电光源。当然，在选择发光较高的光源时要考虑应用场所，根据场所的特点和电光源的特性进行科学合理的照明改造。

2. 选择节电的照明电器配件

在各种气体放电光源中均需要有电器配件。例如镇流器，旧的T12荧光灯其电感镇流器要消耗其20%的电能，40W的灯，其镇流器耗电约8W；而节能的电感镇流器耗电则小于10%，更节能的电子镇流器，则只耗电只占2%～3%，节能空间十分可观。

3. 安装照明系统节电器

目前海内外都鼎力推广照明节电器，在现有照明系统上加装节电控制设备。海内外市场上的照明节能设备较多，其中照明控制节电装置所占比例最大。从工作原理上大致可分为控硅斩波型照明节能装置、自耦降压式节电装置、智能照明调控器。

3.9.3 LED光源基本特征

发光二极管LED灯泡无论在结构上还是发光原理上，都与传统的白炽灯有着本质的不同。LED光源就是发光二极管LED作为发光体的光源。发光二极管发明于20世纪60年代，这种灯泡具有效率高、寿命长的特点，可连续使用10万h，比普通白炽灯泡长100倍，已经成为目前照明的主流产品。发光二极管是由数层很薄的掺杂半导体材料制成，一层带过量的电子，另一层因缺乏电子而形成带正电的“空穴”，当有电流通过时，电子和空穴相互结合并释放出能量，从而辐射出光芒。人们之所以将发光二极管用于照明，主要是将发光二极管发出的红色光、黄色光、蓝色光混合，这样，红、黄、蓝三种光“混合”后，就产生出白光，简称MCLED；还可以利用“蓝光技术”与荧光粉配合能形成白光，称为PCLED；此外还有MOCVA。

1. 发光效率高

LED经过几十年的技术改良，其发光效率有了较大的提升。白炽灯、卤钨灯光效为12～24Lm/W，荧光灯为50～70Lm/W，钠灯为90～140Lm/W，大部分的耗电变成热量损耗。LED光效经改良后将达到达50～200Lm/W，而且其光的单色性好、光谱窄，无需过滤可直接发出有色可见光。世界各国均加紧提高LED光效方面的研究，在不远的将来其发光效率将有更大的提高。

2. 耗电量少

LED单管功率为0.03～0.06W，采用直流驱动，单管驱动电压1.5～3.5V，电流15～18mA，反应速度快，可在高频操作。同样照明效果的情况下，耗电量是白炽灯泡的万分之一，是荧光灯管的1/2。日本有关研究表明，如采用光效比荧光灯还要高两倍的LED替代日本一半的白炽灯和荧光灯，每年可节约相当于60亿升原油。以桥梁护栏灯为例，同样效果的一支日光灯 40 多瓦，而采用 LED 每支的功率只有 8W，而且可以七彩变化。

3. 使用寿命长

采用电子光场辐射发光，具有灯丝发光易烧、热沉积、光衰减等缺点。而采用 LED 灯体积小、重量轻，环氧树脂封装，可承受高强度机械冲击和振动，不易破碎。LED 灯具使用寿命可达 5～10 年，可以大大降低灯具的维护费用，避免经常换灯之苦。

4. 安全可靠性强

LED 灯发热量低，无热辐射性，冷光源，可以安全抵摸；能精确控制光型及发光角度，光色柔和，无眩光；不含汞、钠元素等可能危害健康的物质。内置微处理系统可以控制发光强度，调整发光方式，实现光与艺术结合。

5. 有利于环保

LED 为全固体发光体，耐振、耐冲击，不易破碎，废弃物可回收，没有污染。光源体积小，可以随意组合，易开发成轻便短小型照明产品，也便于安装和维护。当然，节能是考虑使用 LED 光源的最主要原因，也许 LED 光源要比传统光源昂贵，但是用一年时间的节能收回光源的投资，从而获得 4～9 年中每年几倍的节能净收益期。

3.9.4　LED 光源种类

1. 二基色荧光粉转换

二基色白光 LED 是利用蓝光 LED 芯片和 YAG 荧光粉制成的。一般使用的蓝光芯片是 InGaN 芯片，另外也可以使用 A1InGaN 芯片。蓝光芯片 LED 配 YAG 荧光粉方法的优点是结构简单、成本较低、制作工艺相对简单，而且 YAG 荧光粉在荧光灯中应用了许多年，工艺比较成熟。其缺点是，蓝光 LED 效率不够高，使 LED 效率较低；荧光粉自身存在能量损耗；荧光粉与封装材料随着时间老化，导致色温漂移和寿命缩短等。

2. 三基色荧光粉转换

在较高效率前提下有效提升 LED 的显色性。得到三基色白光 LED 的最常用办法是，利用紫外光 LED 激发一组可被辐射有效的三基色荧光粉。这种类型的白光 LED 具有高显色性，光色和色温可调，使用高转换效率的荧光粉可以提高 LED 的光效。不过，紫外 LED＋三基色荧光粉的方法还存在一定的缺陷，比如荧光粉在转换紫外辐射时效率较低；粉体混合较为困难；封装材料在紫外光照射下容易老化，寿命较短等。

3. 多芯片白光 LED 光源

将红、绿、蓝三色 LED 芯片封装在一起，将它们发出的光混合在一起，也可以得到白光。这种类型的白光 LED 光源，称为多芯片白光 LED 光源。与荧光粉转换白光 LED 相比，这种类型 LED 的好处是避免了荧光粉在光转换过程中的能量损耗，可以得到较高的光效；而且可以分开控制不同光色 LED 的光强，达到全彩变色效果，并可通过 LED 的波长和强度的选择得到较好的显色性。此方法的弊端在于，不同光色的 LED 芯片的半导体材质相差很大，量子效率不同，光色随驱动电流和温度变化不一致，随时间的衰减速度也不同。为了保持颜色的稳定性，需要对 3 种颜色的 LED 分别加反馈电路进行补偿和调节，这就使得电路过于复杂。另外，散热也是困扰多芯片白光 LED 光源的主要问题。

3.9.5　性能指标

与传统光源单调的发光效果相比，LED 光源是低压微电子产品。它成功融合了计算机技术、网络通信技术、图像处理技术、嵌入式控制技术等，所以亦是数字信息化产品，是半导体光电器件“高新尖”技术，具有在线编程、无限升级、灵活多变的特点。

（1）颜色：主要有红色、绿色、蓝色、青色、黄色、白色、琥珀色。

（2）电流：根据功率级的不同，常用的LED电流在20mA～2A不等。

（3）电压：与颜色有关系，一般红、绿、蓝的VF在1.8～2.4V之间；白、蓝、绿的电压在3.0～3.6V之间

（4）反向电压V_{rm}：LED所允许的最大反向电压，超过此值，LED可能被击穿损坏。需注意的是，有的LED是不允许反向的（如OSRAM），一般V_{rm}在3～5V之间。

（5）色温：以绝对温度K来表示。e夏日正午阳光5500K，下午日光4000K。

（6）发光强度：以坎德拉cd来计。这个量表明发光体在空间发射的会聚能力，是对光功率和会聚能力的一个共同描述。Φ5的LED的发光强度约为5mcd。

（7）光通量：以流明Lm来计。此量是描述光源的发光总量的大小，与光功率等价。现有的1W的LED光通量可以做到80～130Lm。

（8）光照度：以勒克斯Lux来计，即均匀分布在1m^{2}表面上的光通量。

（9）显色性：以CRI来表示。Luxeon冷白为70，中性白为75，暖白为85。

（10）半值角：发光强度为峰值的一半时距中心线的2倍角度。根据不同应用，可以分为高指向性、标准型和散射型。XP-C的半值角为110°。

（11）热阻：单位为℃/W，目前国外的功率级LED的热阻基本在10℃/W以内。

（12）寿命：维持到初始光通量70%的时间，而这个时间可以到30000～100000h。

但是LED与其他光源比较也有不足的方面，比如在白光照明中显色性偏低。目前用黄色荧光粉和蓝光产生的白光LED，其显色性指数约为80。作为一般照明还可以，但对于一些色彩分辨要求高的场所就显得不足。虽然通过增加适当红色荧光粉等方法，可以使显色指数提高到90或者更高，但是与白炽灯的99相比较还是有一定差距，而且其效率会受到影响。通过RGB混色处理也可以提高显色性，但是该技术在普及应用上还需要做更多工作，因此显色性方面，LED还需要作提升。至于价格过高、一次性投入较大，其实从综合成本考虑，很多场合使用LED还是节约了大量成本。

3.9.6 应用范围

LED应用范围包括指示灯类、LED背光、LED显示屏类、手持产品背光、闪光类、通用照明类、景观照明类、特殊照明等。

3.9.7 应用案例

在大型商业建筑中，大型五星级酒店照明系统较为复杂，照明耗电占总耗电的30%以上，酒店照明节能改造能在很大程度上降低了酒店的电力消耗成本。大连地区一家12万m^{2}的五星级酒店和公寓，2012年改传统照明光源为LED光源，照明改造工程采用BT模式，取得了良好的节能效益。

1. 传统照明灯具在五星级酒店使用情况

传统节能灯具能耗高、光源寿命短，更换灯泡的工作量也很大，使酒店运行成本相应增加。灯具功率集中在30～40W以上，白炽灯和日光灯占了很大比例，酒店照明节能改

造潜力巨大。广泛使用的传统的照明灯具有金卤灯、射灯、白炽灯、荧光灯、紧凑型节能灯、壁灯、落地灯、床头调光灯、草坪灯、庭院灯、装饰霓虹灯、雨篷灯（金卤灯）、安全应急灯、地埋灯等类型。

2. 酒店照明光源类型和使用地点分布情况

酒店照明光源类型和使用地点分布情况如表 3-58 所示。

酒店照明光源类型和使用地点分布　　表 3-58

灯具类型	分布地点						
金卤灯	大厅	景观照明	走廊	雨篷	宴会厅		
射灯	大厅		走廊	会议室	宴会厅		
白炽灯（调光）	餐厅	客房		会议室	宴会厅	公共 WC	
日光灯	背景墙	厅柱背景	地下车库	机房	办公室	设备间	厨房
紧凑型节能灯	大厅	客房	走廊	景观照明			
壁灯		客房	走廊				
落地灯		客房			宴会厅		
床头调光灯		客房					
草坪灯		景观照明					
庭院灯		外部道路					
霓虹灯		外部装饰					
雨篷灯	专用部位						
应急灯	消防						
地埋灯	外景观照明						

3. 改传统照明为 LED 照明方案

改传统照明为 LED 照明方案，如表 3-59 所示。大宴会厅、几个多功能厅等的调光灯具没有改造，原因在于经试验 LED 灯源调光效果不理想。

酒店中各个部位采用 LED 替换方案表　　表 3-59

传统灯具	LED 灯具
金卤灯	LED 射灯
射灯/雨篷灯	LED 射灯
日光灯	LED 日光灯管
紧凑型节能灯	LED 球泡灯
壁灯	LED 球泡灯
落地灯	LED 球泡灯
白炽灯（调光）	LED 球泡灯
草坪灯	LED 球泡灯
庭院灯	LED 球泡灯
装饰霓虹灯	LED 灯带

4. 投资成本与回报期概算

以 1000 个 36W 的 T8 卤粉荧光灯，1000 个 9W 电感镇流器灯具与 1000 个 15W LED-T8 灯管灯具做对比分析，如表 3-60 所示。除了初期投入多出（135 元－5 元）×1000 支＝130000 元，每年维护成本多出 3720 元－564＝3156 元以外，每年可节省电费 108000 元，由此计算出（130000 元＋4236 元）÷108000 元×12 个月＝14.9 个月，即改造后 15 个月可收回成本。

酒店使用传统灯具与 LED 灯具的对比　　表 3-60

对比项目		1000 个 36W 的 T8 卤粉荧光灯 1000 个 9W 电感镇流器	1000 个 15W LED-T8 灯管	改后效果
性能对比	光效对比	60Lm/W	85Lm/W	提高 50%以上
	显色指数	50～70	大于 80	色彩自然
	频闪	有	无	自然
节能效果	照明时间	12h/d	12h/d	
	日耗电	540kWh	180kWh	节电 360kWh
	年耗电量	162000kWh	54000kWh	年节电 108000kWh
	年电费	162000 元,(单价 1 元)	54000 元	节省 108000 元
维护成本	使用寿命	3000h	50000h 以上	
	每年更换灯具	1200 个	72 个	每年减少损坏 1128 个
	每年更换灯具费用	6000 元,单价 5 元	9720 元,单价 135 元	多支出 3720 元
	维护人工费	600 元	36 元	年节省 564 元
	三年费用	5×1000＋(162000＋6000＋600)×3＝510800 元	135×1000＋(54000＋9720＋36)×3＝326268 元	相差 184172 元

5. 改造工程的合作模式

经统计，该酒店可更换 LED 灯具的数量为 17433 个，核算总造价为 2875000 元。年节约电量为 1883000kWh 左右，节约电费 1883000×1.26＝2372282 元左右。经双方协商，酒店照明改造采用 BT 合作模式，酒店不用先期投入，而是将照明改造每年实际节约的电费的 30%支付给改造承包商，直到付清为止。

6. 改造前后实际节电效果

将改造前三年照明系统平均年用电量和改造后三年照明系统平均年用电量比较，如表 3-61 所示。节电率为 30.6%，节约电费 2136078 元。按照 BT 合作模式协议，每年平均支付 2136078×30%＝640823 元，需要连续支付 4 年多。该案例说明采用 BT 合作模式进行 LED 照明系统节能改造，绝对可行，而且双赢。该案例值得借鉴。

改造前后节电比较　　表 3-61

改造前三年照明系统平均年用电量(kWh)	改造后三年照明系统平均年用电量(kWh)	节电量(kWh)	节电率	节约电费(元)
5548604	3853304	1695300	30.6%	2136078

本章参考文献

[1] 江亿.商业建筑节能技术市场分析 [J].江西能源，2000，3：45-48.

[2] 殷曼.商业建筑节能技术市场分析 [J].建筑与装饰，2013，9（上）：5-6.

[3] 李峥嵘.上海市公共建筑能耗与运行管理现状调查 [J]，暖通空调，2005，35（5）：134-136.

[4] 高兴.酒店建筑能耗和空调系统能耗合理性评价 [J].暖通空调，2005，35（4）：34-38.

[5] 高兴.大型酒店能耗消耗合理性评价及预算控制 [J].能源工程，2003，103（2）：58-62.

[6] 高兴.酒店使用水平对能耗的影响规律分析 [J].制冷，2017，103（3）：.

[7] 陈晨.上海市某商业建筑能耗分析与节能评估 [J].暖通空调，2006，36（4）：88-93.

[8] 陈文.商业建筑中央空调节能技术实现及投资模式分析 [J].建筑节能，2007，4；46-50.

[9] 薛志峰.既有建筑节能诊断与改造 [M].北京：中国建筑工业出版社，2007.

[10] Minea V. Drying heat pumps e Part II：Agro-food，biological and wood products. International Journal of Referigeration. 2013，36：659-673.

[11] 郑东林.大温差空调水系统的应用研究 [D].上海：同济大学，2006.

[12] LECV，BANSAL. P. K. Simulation Model of a Screw Liquid Chiller for Process Industries Using Local Heat Transfer Integration Approach. Proceedings of the Institution of Mechanical Engineers，2005：95-107.

[13] 王当瑞.既有空调水系统中采用大温差的可行性研究 [D].哈尔滨：哈尔滨工业大学，2008.

[14] Donald. M. Eppelheimer，P. E. Variable Flow-The Quest for System Enemy Efficieney. ASHRAE. Transaction，2006：223-225.

[15] 肇宇，高兴.风机盘管系统冷量梯级利用队末端设备的影响 [J].建筑热能通风空调，2010，29（6）：75-77.

[16] 茅柳豪，高兴.新型空调大温差水系统设计及应用研究 [D].大连：大连海洋大学，2017.

[17] 娜日莎，高兴.高层建筑空调水系统大温差节能设计研究 [J].制冷与空调，2014，5：542-546.

[18] 马最良.冷却塔供冷系统运行能耗影响因素的研究与分析 [J].暖通空调，2000，30（6）：20-22.

[19] 王翔.冷却塔供冷系统设计方法 [J].暖通空调，2009，39（7）：99-104.

[20] 杨光.冷却塔供冷系统应用与节能设计分析 [J].制冷与空调，2010，4：43-48.

[21] 朱东生.闭式冷却塔直接供冷及其经济性分析 [J].暖通空调，2008，38（4）：100-103.

[22] 季阿敏.冷却塔供冷技术的实验研究 [J].哈尔滨商业大学学报，2010，26（1）：99-102.

[23] 马最良.冷却塔供冷技术在我国应用的模拟与预测分析 [J].暖通空调，2000，30（2）：5-8.

[24] 季阿敏.冷却塔供冷节能技术应用研究 [J].哈尔滨商业大学学报，2009，25（2）：214-216.

[25] 牛润平.用于供冷的闭式冷却塔换热模型与性能分析 [J].沈阳建筑大学学报，2007，23（3）：453-456.

[26] 王再峰.冷却塔供冷系统在既有建筑空调节能改造中的应用研究 [D].哈尔滨：哈尔滨工业大学，2008.

[27] 高兴著.绿色酒店经济发展与运行管理模式 [M].北京：中国建筑工业出版社，2009.

[28] 高兴.酒店主要产品服务经济－能源－环境系统分析 [J].中国人口资源与环境，2007，（17）4：81-86.

[29] 高兴.建立循环经济发展模式绿色酒店评估体系 [J].建筑科学，2007，23（2）：61-65.

[30] 高兴.酒店餐饮服务系统能耗现状分析 [J].建筑科学，2007，23（4）：40-44.

[31] 高兴.酒店餐饮垃圾含能损失分析 [J].建筑热能通风空调，2007：26（4）：76-79.

[32] 高兴.酒店餐饮服务系统能耗合理性评价 [J].建筑热能通风空调，2007：26（5）：71-73.

[33] 高兴.旧厨房空调换气系统改进潜力分析 [J].暖通空调，2005，35（5）：88-92.

[34] 高兴.旧厨房空调换气系统改进及测试分析［J］.建筑热能通风空调，2004，23（5）：53-57.
[35] 井上宇市编著.建築設備ポケットブック［M］.东京：オーム社，1993.
[36] 篠原隆政编著.空気調和、衛生設備の実務の知識［M］.东京：オーム社，1991.
[37] 近藤端史.業務用厨房におけるエネルギー消費量と換気、空調システム［J］.空気調和衛生工学，2001.75（9）：1-9.
[38] 盛家伦.某办公建筑空调系统变风量改造［J］.暖通空调，2003，33（3）：109-110.
[39] 陈华.变风量空调系统全年运行工况特性分析［D］.天津：天津大学，2003.
[40] 马惠芳.某办公建筑变风量空调系统节能潜力模拟分析［J］.电力制冷空调与机械，2011，32（2）：77-79.
[41] 吴明.变风量空调系统模拟及能耗研究［J］.节能，2003，253（8）：10-13.
[42] 蔡敬琅.变风量空调设计［M］.北京：中国建筑出版社，1997.
[43] 陈亮.变风量系统与风机盘管系统的能耗对比［J］.暖通空调在线，http：//www.ehvacr.com.
[44] 赵凤羽.VAV空调系统与四管制风机盘管系统的比较［J］.洁净与空调技术，2009，79（3）：5-9.
[45] 陈俭.改双管定风量系统为变风量系统的方法［J］.节能，2003，257（12）：21-22.
[46] 高兴.酒店排水COD浓度动态监测分析［J］.建筑科学，2007，23（6）：49-52.
[47] 徐晓晨，张兴文，高兴等.酒店节水系统工程设计与应用［J］.能源工程，2003，4：59-62.
[48] 张捍民，张兴文，高兴等.宾馆污水及蒸汽凝结水的再生回用工程［J］.中国给水排水，2003，19（2）：72-74.
[49] 张捍民.中水回用工程的MBR系统设计［J］.给水排水，2002，28（11）：65-67.
[50] 周欣.大型办公建筑照明能耗实测数据分析及模型初探［J］.照明工程学报，2013，24（4）：14-23.

第4章　区域集中供热管网系统节能改造技术与典型案例

城市集中供热管网是由城市集中供热热源向热用户输送和分配供热介质的管线系统。热网由输热干线、配热干线、支线等组成。输热干线自热源引出，一般不接支线；配热干线自输热干线或直接从热源接出，通过配热支线向用户供热。热源生产企业，如图4-1所示；热源经输热干线、配热干线、热网站送往用户的系统流程，如图4-2所示。热网管径根据水力计算确定。在大型管网中，有时为保证管网压力工况，集中调节和检测供热介质参数，而在输热干线或输热干线与配热干线连接处设置热网站或换热站。集中供热是指以人工技术在热源处集中产生热能，由热水或蒸汽作为热媒，通过管网供给给热用户，以保证生产、供暖和生活所需的热量的供热方式。目前我国主要以区域锅炉房和热电厂两种应用方式，使燃料燃烧产生热能，将热水或蒸汽加热，此外也可以利用太阳能、地热、核能、电能以及工业余热等作为集中热力系统的热源。热网按照功能范围通常有一级热网，二级热网，甚至三级热网，如图4-3所示。

图4-1　生产热源的热电厂简图

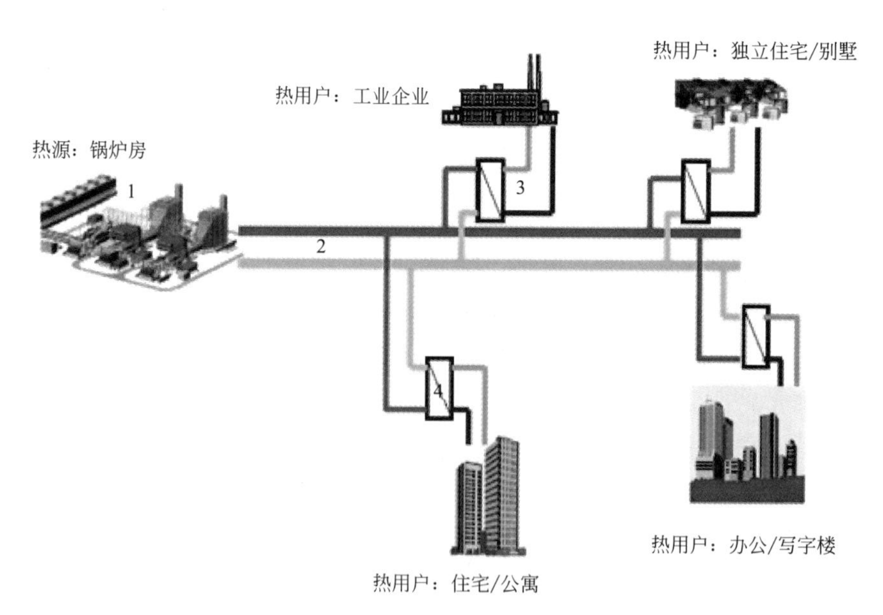

图4-2　热源经输热干线、配热干线、热网站送往用户的系统流程简图

自20世90年代开始，我国住宅建筑和商业建筑规模快速增长，促使城市集中供热系

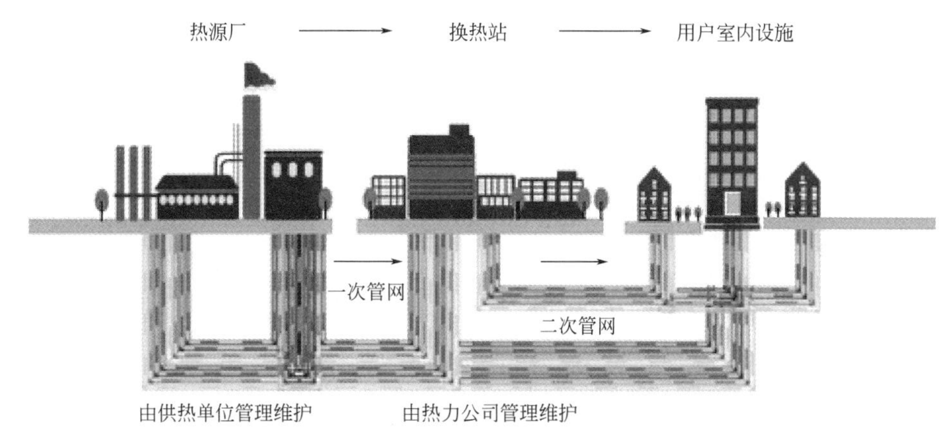

图 4-3 集中供热管网中一级管网、二级管网、换热站示意图

统也进入快速发展时期。1985 年，我国北方 40 多个城市建设了集中供热设施，供热面积达 5500 万 m^2。到 1989 年，三北地区供热面积达到 1.89 亿 m^2，普及率为 12.1%[1]。进入 20 世纪 90 年代，我国各地的集中供热规模越来越大，截至 2000 年，全国城镇集中供热面积达到 11 亿 m^2 左右。到 2005 年底，全国有 329 个城市建设了集中供热系统，此时全国热水供热管网铺设 7.1 万 km 以上，蒸汽管网铺设 1.5 万 km 以上。集中供热面积已从 20 世纪 90 年初的近 2 亿 m^2 增长到了 25.21 亿 m^2[2]。至 2015 年，供暖区建筑面积为 45.4 亿 m^2。随着城市集中供热管网规模的急剧扩大，供热企业、供热管网系统在技术与管理方面也都出现了一些问题。

4.1 集中供热企业普遍存在的问题

通过对一些供热系统的调查发现，许多供热企业都存在着一些相同的技术问题，这些问题很严重，具有普遍性。不仅造成了很大的能源浪费，又严重地影响着企业的经济效益和生存发展。

4.1.1 落后的供热系统艰难地运行

全国的供热企业多数都集中在三北地区，虽然一些新建的大型集中供热系统技术比较先进，但大多数中小型供热系统的技术水平仍很低，运行成本高、事故率高。我国的集中供热事业已发展了三十多年，但落后的供热系统还大量存在，而且一些新建的供热系统仍在走老路。还是原始型的直供不混水系统，虽然在小型的供热系统中采用是恰当的，但在一些中型的供热系统中仍被广泛的采用，有些都超过 200 万 m^2 供热面积，甚至在地形高差较大的供热系统中也在采用；还有的供热系统把直供、直供混水和间供，这三种形式混在一个系统中，并由热源供出统一供水温度；还有大于 500 万 m^2 的直供混水系统仍在艰难地运行。

4.1.2 各种供热系统都存在许多技术缺陷

热源、热网和热力站都普遍存在着许多技术缺陷和设备选型明显不合理的现象。因此，运行费用高，能源浪费严重，使一些企业经营亏损，生存和发展均成问题。

4.1.3　供热质量合格率不高

供热质量差、热用户冷热不均现象普遍存在。不少供热企业解决低温用户的方法不正确，进一步加大了能源浪费。

4.1.4　供热新技术推广缓慢

一些供热企业对已在实践中被反复验证、可提高供热质量、提高系统安全性和节约能源的先进供热技术不了解、不学习，更谈不上吸收采用。当今，热水管网的直埋无补偿技术、自力式流量控制阀调网技术、水泵超常规节电技术、分布式变频供热技术、多热源联合供热技术等都是具有科学依据的、能够提高供热质量和节省能源的新技术。可惜有些企业仍坚守落后的供热系统运行着，一直处在能耗大、供热效果差的落后状态。

4.2　集中供热系统普遍存在的问题

实际工程中，一级热网在设计时由于考虑到管网规模的不确定性而忽视了其在节能方面的考虑。随着管网规模的不断扩大，一级热网的能源效率却在不断地降低。现阶段各个城市对于集中供热系统的改造侧重于热源锅炉房、小区二级热网以及既有建筑的墙体改造方面，很少偏向于作为第一级能量传递的一级热网的节能改造。由于一级管网的运行情况往往决定着二级管网末端用户供热质量的高低，并且一级热网的管理掺杂着许多复杂因素，所以作为区域的各热力企业对于一级热网的节能改造慎之又慎，宁愿高能耗运行，采用“大马拉小车”的方式维持一级热网的运行现状。作为以燃煤为主要能源的中等规模以上城市集中供热系统，一级热网总长度一般都超过 400km，燃煤集中供热系统占总供热面积的 50%～70%。从分散供热到集中供热再到热电联产，我国供热能力在逐步提高，规模不断扩大，但就其技术、设备、管理而言，其一级热网普遍存在热网老化、安全性差、输送效率低、水力平衡度差、各系统自成体系等问题。下面列举一些具有普遍性的具体问题。

4.2.1　循环水泵选型错误具有普遍性

循环水泵选型错误是一个普遍存在的大问题，由于各供热企业和热电厂循环水泵的现状几乎都一样，因此很少被人们发现和重视。这是供热行业中电能浪费最严重的地方。按目前全国总供热面积 40 亿 m^2 大略推算，每年至少多耗电能价值在 90 亿元以上。全面纠正循环水泵选型错误是供热行业以及各发电厂刻不容缓的大问题。如果能迅速在全国供热行业和热电厂开展一个调换循环水泵的技术措施，将会给国家节约大量电能。水泵扬程过高和多台泵并联运行的传统理念，致使电耗超过实际需要，甚至高出数倍。经调查分析，导致选型错误的原因主要如下几个：

1. 设计不科学

设计人员“宁大勿小”的心理，促使他们在套用有关设计规范时，全部采用“上限叠加”的做法，再乘一个安全系数。水力计算套用类似的设计，把楼房的高度也加到循环水泵扬程中，当水泵扬程超过实际需要时，运行中就会造成水泵出口阀门无法开大，否则电机就会过载，同时使电能大量浪费。如果设计资料齐全，可在正确选择运行参数的基础上，进行详细的水力计算来确定，而不是硬套规范。如果原供热系统正在运行，或有历年的运行记录，可根据各处压力表的读值推算出各部分的阻力损失，以此作参考校核水力计算结果，以确定水泵扬程。其中：热源总出口压差即为外网的总阻力损失、锅炉或换热设备进出口压差即为此设备的阻力损失；水泵进、出口压差即为该水泵实际工作的扬程，如果压力表设在水泵进口阀之前，水泵出口阀之后，则二者之间的压差即为该供热系统实际需要的水泵扬程。

另外，对于新建或扩建的供热系统，在委托设计时，一般只把远期规划的供热负荷提供给设计者，没有同时向设计者提供近期的热负荷大小。设计者就会按规划负荷选择循环水泵的型号，但近期热负荷往往很小，大马拉小车，此泵工作就会大量浪费电能。虽然有时建设单位向设计者同时提供了近、中、远三期的负荷，设计者就会按远期负荷设计成多台泵并联的形式，但水泵的扬程是按远期负荷确定的。当近期只用一台泵时，由于管网管径是按远期负荷确定的，近期热负荷小，而管网的阻力损失会很低，结果就会出现水泵扬程过高的问题，仍会浪费电能。在这种情况下，最理想的解决办法是先按近期实际负荷进行水力计算后选泵并留有一定的负荷变化范围即可。过几年负荷增大时再重新选泵。实践证明，用小循环泵时节约的电费，会大大超过换泵的投资。还可以通过多种方案的比较，选出一条最经济实用的方案来。

循环水泵选型后，应认真检查一下本企业循环水泵选型是否合理。简单的诊断方法是，参照表 4-1 中的水泵选型数据来判断现有循环水泵的型号、功率是否偏大，流量和扬程是否合理[3]。

循环水泵选型的经验数据参考值 **表 4-1**

循环水泵	直供系统	间供系统	
		热源	换热站
每万平方米功率(kW/万 m^2)	2.5～5	1～3	1.5～2.5
水泵扬程(mH_2O)	25～35	25～50	8～15
每万平方米循环水量[m^3/(h·万 m^2)]	25～33	6～12	25～33

2. 水泵并联运行工况有误

大多数供热企业是按照一台锅炉或一个换热设备配一台泵的方式确定的，错误地认为水泵运行的实际参数应与铭牌上的参数相同。实际水泵铭牌上的流量和扬程参数，只是水泵最高效率点工作时的参数值。而水泵实际运行参数是由水泵的特性曲线与管路的特性曲线交点决定的，如图 4-4 所示。

多台泵并联运行时的实际参数，是由水泵并联后产生的特性曲线与管路特性曲线的交点决定的，如图 4-5 所示。

由图 4-5 可看出，多台同型号水泵并联工作后，其扬程要高于单台泵工作时的扬程，而其流量一般要小于单台泵工作时的流量的代数和，同时也小于每台泵铭牌流量的代数

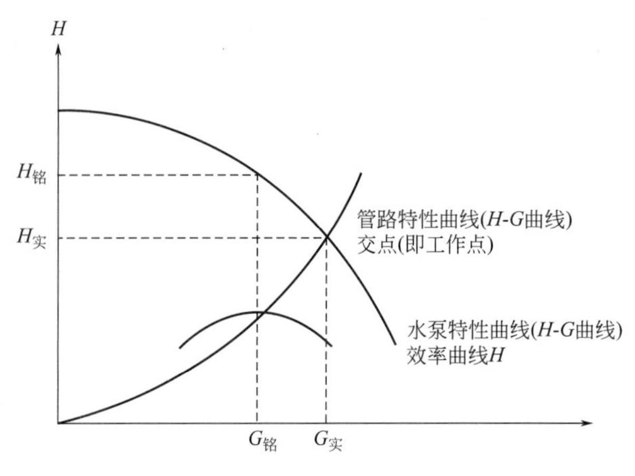

图 4-4　水泵特性曲线

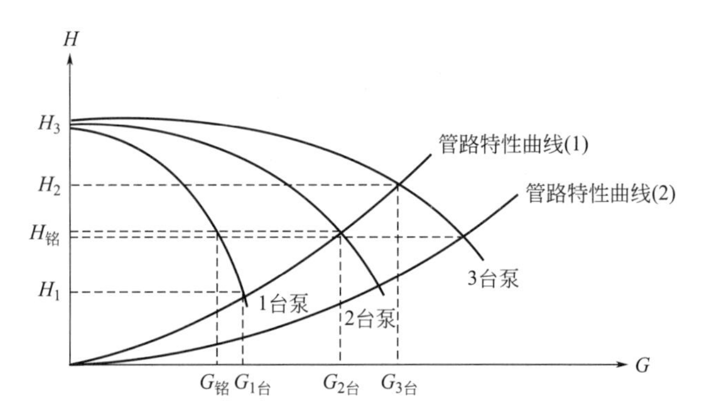

图 4-5　水泵并联后产生的特性曲线与管路特性曲线的交点

和。而且此时每台泵实际的工作效率都低于铭牌的效率。只有当管网的管径较粗，管路的特性曲线比较平缓时才有可能是铭牌流量的代数和，即图 4-5 中管路特性曲线 2 的交点。但设计时往往是按铭牌流量的代数和确定水泵并联运行流量的，因此运行时每台泵均不在高效点工作，浪费了电能。有时又会无法满足系统对流量的要求，再增加运行台数或增大泵的型号。这种情况在很多单位存在，误以为水泵台数不够用，继续投资购入水泵。

3. 多种运行工况条件下简单采用多台泵并联

在一个供热系统可能存在多种运行工况的条件下，采用分阶段改变流量的质调节方式运行时，通常会采用多台同型号水泵并联的设计方案。这种方案表面看很合理，但结果每台泵都不在高效区工作，浪费了电能。应大力推广单台泵运行的方案，任何工况下均是单台泵运行的方案是最佳设计方案。如果热源或热力站是恒流量质调节运行方案，应该重新选一台流量和扬程合适的水泵作为工作泵，把原有的几台泵作为备用泵。实践证明这样改造后，可在 1～2 个月内从节约的电费中收回改造费用。例如有一个企业供热面积为 180 万 m^2，原有 9 台泵，运转 6 台，改成一台泵后每年节电 280 万元[7]。如果热源为分阶段改变流量的质调节运行方案，可选一台变速泵解决。如果一个热源有多种运行工况或者是逐年递增的系统，可选择几种不同型号的循环泵，根据不同的工况启动不同型号的水泵。各种泵可根据实际情况互为备用。例如某单位的调峰热源有 6 台 29MW 的热水炉，采用了一小、一大、二中共 4 台恒速泵并联安装的方式，各种工况下只单独运转其中的一台泵，特殊情况时运二台泵，已正常运行了十几年[3]。

4. 技改措施不当使水泵功率越来越大

有一些企业在供热系统因水力失调而造成远端用户供热效果不好时，往往对产生水力失调的原因不了解，不是采用调网的方法解决，而是认为末端用户压差不足，采用更换大流量、高扬程水泵的方法解决，使水泵的功率进一步加大。虽然此种方法可以相对提高一些末端用户的供热效果，但并没有解决冷热不均的现象，却进一步增大了电能消耗，运行成本更高。这种错误在大多数供热企业中频频发生。

4.2.2 循环水泵传统安装方式问题

水泵因为在各种系统中起的作用不同，而具有不同的专用名称。在供热系统中水泵的名称有：蒸汽锅炉给水泵、热水锅炉循环水泵、热网补水泵、热网循环水泵、中继加压泵或中继泵、热网混水泵、混水加压泵、凝结水泵等。各种水泵的安装方式和配套阀门、配套设备等也应根据水泵所起作用的不同而有所区别。但在传统的做法中却忽视这一点，出现了只要是水泵，其出口必安止回阀的做法。各种类型的止回阀在管路中都会对流动的液体产生阻力，都会消耗电能。在没有必要安装止回阀的地方就不应安装。这样既可节省运行电费，又可节省阀门费用和安装费。水泵出口是否安装止回阀应根据水泵在系统中所起的作用来确定。

1. 循环水泵出口安装止回阀的弊端

热水锅炉的循环水泵和热网循环泵，包括热电厂热网首站的循环泵和热力站中的二级网循环泵，都是使水在供热系统中循环流动。每一个供热系统都是由一个或多个完全独立的闭式循环系统组成的，每一个闭式循环系统都由一套循环水泵提供循环动力，使水克服各种阻力损失而在整个系统中“首尾相接”地循环流动。当断掉循环水泵的电源或突然停电时，循环水泵就会停止运转。热网中正在流动的水因失去了循环动力也会在短时间内自动停下来。这时没有任何动力会使热网里的水作反向流动。因此循环水泵的出口处没有必要安装一个止回阀用来防止水泵倒转。在大多数情况下锅炉的安装位置都高于锅炉循环水泵的安装位置；热用户供暖系统的楼房高度都高于安装循环水泵的热力站，它们和循环水泵之间都有一个高度差。但由于供热系统是一个闭式系统，由水静力学可知，由这个高度差而产生的静水压强会同时由循环水泵的出口管道和入口管道作用在水泵两侧，其静压值相等、方向向反。因此水泵在断电的情况下不会倒转。习惯做法在循环水泵出口安装的止回阀只会在运行时增加无用的电耗，应该取消，如图 4-6 所示，循环水泵停止运行时 $P_1 = P_2$ =系统静水压强。

如果循环水泵有备用泵，也不应该用泵出口安装止回阀的方式来代替变换运转水泵时应关闭出口阀门的做法。这样做一方面违反了操作规程，同时还可能由于止回阀不严密而使水流在泵间短路循环。

对于锅炉给水泵、热网补水泵、中继泵、热网混水泵、混水加压泵、凝结水泵等，由于在这些泵停运后，水泵出水管道的压力高于水泵入口管的压力，必须在水泵出口处安装止回阀。但所安装的止回阀一定要选择那些阻力小、启闭灵活、严密的，千万不可用那种带有钢丝弹簧结构的蝶形止回阀，这种止回阀结构非常不合理，阻力损失大，而且有时还

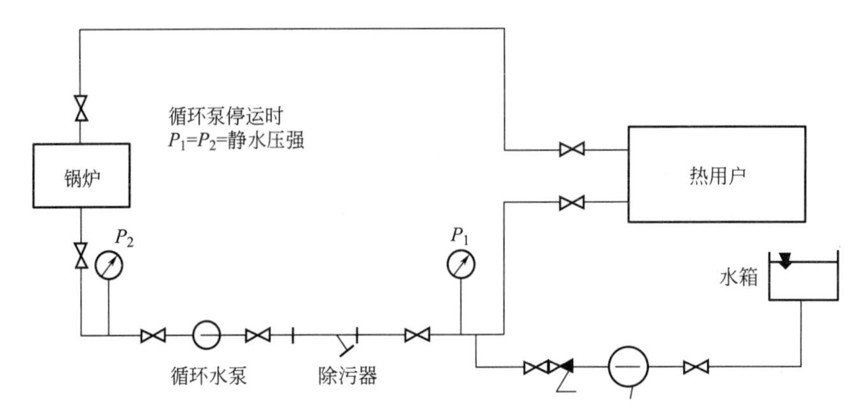

图 4-6　锅炉热水供暖系统循环水泵的安装方式示意图

会因生锈而开启不全。取消循环水泵出口止回阀的节电措施已得到了理论和实践两方面的验证[3]。

2. 循环水泵进出口配管连接问题

许多水泵由于结构上的原因而使得泵体的出口法兰的公称直径小于入口的直径。如泵的入口为 DN300，则出口为 DN250；入口为 DN600，出口为 DN400 等。在水泵安装中，大多数都不对配管的大小做经济比摩阻的验算，而是按水泵进出口法兰大小配管。结果按水泵工作的流量验算，则进口配管往往比经济比摩阻稍大一些，而出口的配管却大大超过了经济比摩阻。造成水泵配管阻力损失很大，长时间运行浪费了许多电能。合理的做法是，在水泵的出口配一个渐扩管，然后再配出口阀门和出口管道，使水泵进出口管道直径相等。同时水泵进出口管道与系统总管连接处，应采取斜三通的配管方式，而不用丁字形的直三通，以进一步减小局部阻力损失。

3. 盲目给循环水泵安变频调速器的做法

对于流量和扬程都偏大的泵，也可以采用给电机增加变频器或车削叶轮的方法解决。但对于只是扬程偏高，而流量合适或偏小的泵，只能用更换水泵的方法，不能用增加变频器来节电。因为当电的频率降低时，水泵的扬程和流量会同时降低，使本来偏小的流量变得更小了，如图 4-7 所示。

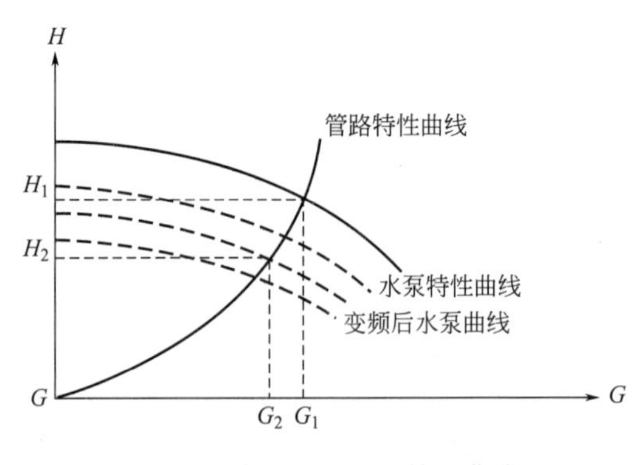

图 4-7　水泵变频后的特性曲线

变频调节也是在原水泵特性曲线的范围内实现节电的。对于那些泵的型号同实际需要相差很大的泵，必须重新选型才能达到根本的节电。那些不分情况盲目安装变频器的做法不够科学，而且变频器的价格往往高于换泵的价格，并不经济。到底选择哪种方案，必须认真分析，并做出经济对比。

4.2.3 锅炉房热力系统常见问题

锅炉热力系统的形式，各种管道和设备的布置以及管径大小等都直接影响着循环水泵的功率和锅炉效率，但这些往往被忽视，结果给整个供热系统的能耗和供热参数带来很大影响。常见的问题有：

1. 锅炉循环水量超过额定值

热力系统缺陷使锅炉本体的循环水量超过锅炉的额定值。热水锅炉的铭牌中都给出了锅炉的额定供回水温度和锅炉的额定发热量。而锅炉的使用说明书中也会相应地给出锅炉在额定发热量和额定供回水温差下的额定循环水量。如果锅炉在实际运行时的循环水量低于额定循环水量，就有可能使锅炉本体某处的水循环系统的水流速低于安全循环倍率，使此处产生汽化而影响锅炉的安全运行。因此，锅炉运行时本体的循环水量不能低于额定循环水量。但当锅炉本体的循环水量超过锅炉的额定循环水量时，就会使锅炉本体的水阻力损失增加。锅炉本体的总阻力损失是额定循环水量下计算的，一般不超过 0.08MPa，即 $8mH_2O$。所以使锅炉在额定循环水量下工作，不但可以保证锅炉的安全，而且可以使锅炉本体的阻力损失最低，即循环水泵的电耗最低。在供热系统中，热源的循环水泵必须同时满足热网和锅炉对循环水量的要求，而热网的循环水量是根据热网的总负荷和热网的供回水温差确定的，在所有的工况下，都是热网的供回水温差要小于或等于锅炉的额定供回水温差。同时，热网和锅炉的热负荷是相等的，因此热网的循环水量一定要大于或等于锅炉额定循环水量之和。如果把热网的总循环水量全部由每台锅炉分摊，那么在大多数情况下锅炉本体的实际循环水量都会高于锅炉的额定水量，使锅炉本体的阻力损失超过锅炉说明书中给定的阻力损失。由流体力学的阻力计算可知，当锅炉的循环水量是额定水量的 2 倍时，锅炉本体的阻力损失就会是额定阻力损失的 4 倍，此时水泵所消耗的电功率就会是原来的 8 倍，电能浪费严重。而且由于锅炉阻力损失的增加，使热网的总供水压力下降，有时会无法保证热网对供水压力和供回水压差的要求。据调查，大多数热水锅炉房都忽视了这一点，在热力系统的设计和实际运行中都没有采取措施，不但浪费了大量电能，而且有时又无法保证供热参数。解决这一问题的办法很简单，就是在循环水泵去锅炉的总供回水干管之间，设一个旁通管和调节阀。在供热系统运行时调节此阀门的开度，使锅炉按额定水量运行，而热网大于锅炉的水量由旁通管流过，如图 4-8 所示，此时再控制锅炉的燃烧强度即可同时保证热网的总供水温度。理论和实践证明，不论是高温热水锅炉的间供系统还是低温热水锅炉的直供系统，都应设此旁通管。因为虽然低温热水锅炉的额定供回水温差是 25℃。但直供系统热网的实际供回水温差均在 15～20℃之间，因此也必须有一部分热网的循环水量经过旁通管才行。对于用高温热水锅炉作为直供系统热源的，更必须设此旁通管。

在我国公开出版发行的锅炉房设计标准图集中，所有热水锅炉房的热力系统，也都没有设此旁通管，可见这个问题的普遍性。也有一些供热锅炉房在设计和施工中设有旁通管，但由于设计者没有把它的作用交代给运行人员，结果在系统运行中不打开阀门进行调

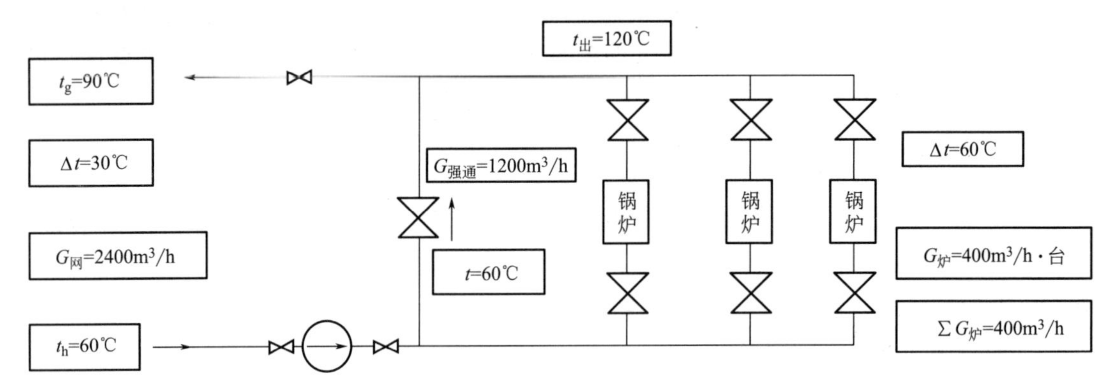

图4-8 热水锅炉供回水管路连接旁通管示意图

节，旁通管没有起到应有的作用，因为运行人员怕打开此阀门后会降低热网的供水温度。

2. 锅炉进出口管径偏小，进口管加设止回阀

大多数锅炉房在热力管道安装时都是按锅炉进出口阀门的型号大小布置进出口管径。而锅炉厂配置的进出口阀门往往都偏小一号。即根据锅炉的额定循环水量和锅炉房内供热管道的经济比摩阻不大于120Pa/m的规范设计的锅炉进出口管径，一般都大于锅炉本体进出口阀门的公称通径。如果管道安装时不在锅炉进出口处设变径管来扩大进出口管径，就会使锅炉进出口阻力过大，增加了水泵电耗。尤其是锅炉进口再安装一个毫无作用的止回阀，更进一步加大了锅炉房内部管道的阻力损失。热水锅炉入口止回阀同循环水泵出口的止回阀一样，完全可以取消而节电。

3. 压力表安装太少，不利于运行管理和节电

压力表是记录和了解系统运行状况，分析判断和处理问题最常用、最重要的仪表，因此在供热系统各主要位置都应布置。热源向热网供热的总供回水出口、除污器前后、循环水泵进出口、锅炉和换热设备的进出口、自力式流量的调节阀前后等都必须安装，而且还应备有1～2块精度等级高的压力表作为校验表，对读数有疑问的地方进行现场校验。但许多热力公司的供热系统中压力表安装的数量很少，以上几个关键的部位都各有短缺，给系统的正常运行管理，节能运行和技术改造都带来很大问题。如除污器是否堵塞无法知道、水泵实际的工作点无法确定，从而无法判断厂家提供的水泵是否能达到性能，也无法判断水泵选型是否合理等。因此必须如数安装，并认真做好运行记录，以备分析问题，为逐步优化供热系统和提高热效率服务。热力公司应把压力表、温度计或红外测温枪、流量计或便携式超声波流量计作为供热技术人员必备的三大工具仪表。

4. 系统定压点位置错误

对于一个供热系统，必须根据楼房高度和地形状况保持一个合理的回水压力和系统静压强，这是一个常识性技术问题。因此，系统的定压点一般都放在热源的总回水处。但有些热力公司却把保证供水不超压当成了主要控制对象，而把补水定压点放在了热源总供水处。这样的结果是当循环水泵的扬程偏高时，就会使回水压力不够，而造成系统的一些最高点出现倒空存气的现象，严重影响了供热效果。这种错误经常发生在一些小型直接式供热系统上，还有时发生在由发电厂改为热电厂的大型供热系统上，主要是发电厂的热工人员对供热系统不太了解的结果。应予以纠正。

5. 热网总出口设分集水器的弊端

目前仍有许多锅炉房和热力站在热网总出口处设有分集水器，它不但增加了热源和热力站的建筑面积及施工工程量、设备投资，而且增加了外网的投资和施工难度，同时也增加了运行电耗。这是从间歇式供热的蒸汽供暖系统中沿袭下来的不合理做法。这种既浪费资源又浪费能源的做法仍在几个大油田和许多县城的供热系统中盛行，而且还是这些地方的通用模式。其中有些分集水器上有十几个分支，致使外网有二十几个供回水管道直埋，或地沟，或架空分布在地上、地下。这在目前枝状管网和环状管网都已普及的情况下，是不应该继续存在的了。也说明先进供热技术的普及工作在我国还有很大的空间，还需要投入很大的力量。

但对于一些几种使用功能不同的建筑同在一个热源中的系统，如只需白天使用的公共建筑同民用建筑共用一个系统时，为了节约能源，在夜间采用不同参数供热时，可由热源分出两种不同性质的管道实现，也不需要设分集水器。因此，新建供热系统应彻底取缔在热源或热力站设分集水器的做法。

4.2.4 锅炉燃烧系统常见问题

目前各种类型的集中供热系统的热源，多数还是以燃煤的链条锅炉为主，只有一些大城市中心区域的中、小型供热系统是燃气锅炉。对于燃煤锅炉，影响其热效率和出力的主要是“炉”的结构、煤的质量和燃烧系统的运行调节水平。当热源的炉型和煤种已经确定的情况下，燃烧系统的运行调节则成为最关键的问题。这个系统常见的问题有：

1. 炉旁送风口无风压表

链条锅炉的炉下送风是保证煤充分燃烧的关键一环。在手动控制的情况下，都是用调节各段送风口的阀门开度来保证各燃烧段煤层下的风量和风压的，在各段送风口没有风压表的情况下，运行人员只能凭眼睛观察火焰情况调节风门的开度。为了准确把握和精细的量化管理，随时根据锅炉出力的大小、煤层厚度和煤质的情况确定最佳的调节方案，使不同的司炉人员都有一个统一的参考模式，则必须在每个送风口上都装上风压表，并做好调节记录供研究和参照。例如，一个五段送风的链条锅炉，在煤闸板后的200mm左右为引燃段，其风压可控制在100～200Pa；其后的二段、三段、四段分别为次强燃段和强燃段，其风压可控制在600～800Pa；在煤的挥发分大、煤层厚时，中间段的风压可控制在900～1000Pa；而第五段为燃烬段，风压可控制在200～300Pa。如果根据风压大小画成曲线，可形成一个山峰形或梯形。目前在许多运行管理粗放的锅炉上都没有安装风压表，为了加强管理节约能源最好装上。

2. 炉顶炉墙漏风

这是一个常被人们忽视的问题。因为锅炉一般均为负压燃烧，炉膛负压通常控制在10～40Pa，当锅炉由于运行时间长、炉墙和炉顶维护不够，或锅炉砌筑质量差时，就会造成多余的空气进入炉膛，不但降低了炉膛温度，而且增大了锅炉的过剩空气系数，降低了锅炉效率。因此必须经常察看炉顶和炉墙的状况，及时维修。最好请技术水平较高的“炉顶密封”的专业队伍进行彻底的处理。

3. 排渣口、除尘器漏风

锅炉的排渣口和除尘器都是最接近引风机的部位，此处负压最大，如果漏风，不但会加大引风机的电耗，还会大量减少锅炉正常燃烧所需要的引风量，如不相应减少送风量，就会使锅炉出现正压燃烧状况，使锅炉出力降低，影响供热量。排渣口漏风一般都出现在锅炉房采用框链除渣机或重型链条除渣机的情况下。因为这样的除渣方式比较简单，它不需要在排渣口安装传统的马丁碎渣机等易损设备。但此时必须把锅炉的落渣口插入链条除渣机的水槽中，这样才能由水封住炉底的落渣口，避免空气由此进入烟道形成引风机短路。许多锅炉房由于不注意这一点而形成了排渣口漏风。除尘器的排灰口在不放灰时也应该关严，以免空气由此进入引风机形成短路。经常会发现一些小锅炉房的旋风除尘器的落灰口是开着的，这时不但使引风机短路而加大了电耗，而且除尘器也失去了除尘作用。

4. 鼓、引风机不设变频调速

一般情况下，由锅炉厂或设计者给锅炉选配的鼓风机和引风机，都要大于锅炉在最大出力情况下所需要的鼓风量和引风量。锅炉在等于或小于本身出力的情况下运行时，都要调小风量来满足工况的要求。以往传统的做法都是靠调节风机进出口的阀门来完成。对于离心风机在关小阀门的情况下工作都会使电机的功率降低，但此时风机的工作点就会偏离高效点，而使风机效率降低。而且在多数情况下选配的风机都会比实际需要大许多，因此造成的电能浪费极为严重。目前最好的解决办法是给锅炉的鼓、引风机的电机都配上变频调速器。在锅炉运行时用调节变频器的方法来调节所需要的风量、风压。这样不但可以大量节约电能，而且在实现锅炉自动化燃烧上更方便、更简单。它同前面提到的不能盲目给循环水泵安变频调速器的做法是不一样的。

4.2.5　热网系统水力平衡失调问题

1. 热网能量损失过大

热网是供热系统中热能的输配部分，热网系统能效较低。我国城市集中热力系统的热源主要是区域燃煤锅炉房与燃煤热电厂两种形式，燃料主要以煤炭为主。据测算，燃煤供热锅炉每年燃用煤炭约近 5 亿吨标准煤，但锅炉的评价热效率仅为 65%左右，与设计效率相差 10%～15%，与先进国家同类锅炉相差约 15%～20%[4]。而对于热网和热用户而言，热能利用率平均只达到 40%～50%，其中热网的输送热损失通常为 10%～15%；一级热网与二级热网水力工况失调造成损失通常为 20%～25%；保温脱落以及管道漏水、漏汽时，其输送热损失将增大到 15%～30%[5]。由供热引起的环境污染日益严重。燃煤烟气中的有害物质主要来源于燃煤锅炉的排放，以煤炭为主要能源结构的集中供热系统造成了对环境和公众健康极大的危害。据资料介绍，全国燃煤产生的二氧化硫从 2000 年的 1995 万 t 增加到 2005 年的 2549 万 t，烟尘从 2000 年的 1165 万 t 增加到 2005 年的 1182 万 t。自 2005 年国家施行节能减排规划后，全国二氧化硫和烟尘排放量才得到一定遏制。随着经济的增长，我国到 2020 年每年的能源需求量将在 25 亿～33 亿吨标准煤，届时 CO_2 和 SO_2 等污染物的排放将远超环境所能承受的范围，我国环境将面临巨大的压力[6]。

2. 热网水力不平衡严重

当前在集中供热系统中影响用户供热质量的最大问题仍然是热网的水力平衡失调问题。由于许多供热企业对热网水力工况的重要性认识不够，热网中安装的调控设备陈旧、落后，甚至不进行热网的水力平衡调节，造成用户冷热不均现象严重，热费收缴困难。有些供热企业为了解决这一问题，采取了一些错误办法：或是加大供热量，或是更换大功率的循环水泵。还有的对低温用户采取更换大管径、清掏供暖系统的管道和散热器、甚至大量放水等方法，结果问题不但没有得到很好的解决，而且进一步造成了能源浪费。不管是直供系统的热网、间供系统的一级网、二级网，还是热用户的室内供暖系统，在供热运行时都存在着流量或热量合理分配的问题。这个问题不可能在设计阶段完全解决。即使设计计算得再准确，施工质量再好，运行情况与设计时给定的条件再一致，也会由于管径规格的限制等各种因素的影响，水力不平衡的情况都会出现在每个输配环节中。想在整个供热系统中实现良好的水力工况，必须在运行阶段认真地、反复地、细致地调节[7]。根本不存在不调节就能很好供热的系统。大量实践证明，解决水力失调问题的关键在于调控设备。以前曾经用过的调控设备有孔板、闸板阀、截止阀、蝶阀、调节阀和平衡阀等。用这些设备调网不但都需要分层次调节，而且都必须反复调节、经常调节，调节的工作量相当大，而且只能在一定程度上改善热网的水力工况，不能从根本上消除水力不平衡状态。但目前大多数供热企业还都不同程度地处在这种调控阶段。对于一些资金比较雄厚的大企业，目前都采用了自动控制的方法调节热网的水力平衡。但它也存在着两个主要问题：一是造价高，在大多数中小型供热企业中无法普及；二是它目前主要用在一级管网中，很少用到二级管网和热用户的供暖系统中，即其应用的范围还比较小。最近几年由于自力式流量控制阀在国内的大量生产和普及，使我们找到了一个既简单可靠又经济实用的调节水力平衡的设备和方法。它不需要像其他阀门那样分层次安装，只要分别安装在需要控制的热力入口，并按需要调节好流量，就会一次性地完成系统的水力平衡。由于自力流量控制阀的应用和普及不但从根本上解决了供热系统水力工况不好控制的难题，而且使一些先进的供热技术可以很方便地在供热系统中应用和普及。如环状管网技术、多热源联合供热技术、新型的自动控制技术等，在没有自力式流量控制阀的情况下，运行调节就会很复杂，就会难以推广。

自力式流量控制阀在直供系统中可直接安装在每个热用户的入口处（每栋楼或每个单元），对于间供系统，应该安装在一级网的每个换热站的入口和二级网每个热用户的入口。用它们分别控制一级网的水力平衡和二级网的水力平衡。对于室内供暖系统，目前有的厂家已经生产出了小规格的自力式流量控制阀，可以直接安装在分户的入口。为了节省资金和降低循环水泵扬程，最不利环路的最末端用户不设自力式流量控制阀，除此之外其余用户都应安装。那种只在部分用户安装自力式流量控制阀，其他用平衡阀代替的做法是不能充分实现水力平衡作用的。

4.2.6 热网水力平衡调控设备不可靠

对于控制各热力入口的水力平衡度来说，首先应该在设计上进行合理的规划，但由于供热管网的规模会随着用户的增多而不断扩容，在现有的管网基础上进行扩大后，会进一步恶化管网的水力平衡度。当前在水力平衡度的控制上，普遍采用安装平衡调节装置的方式。目前应用平衡调节实现水力平衡主要依靠静态平衡阀、动态压差平衡阀、动态流量平衡阀、动态平衡电动调节阀。

在国外也有许多应用静态平衡阀实现对管网水力平衡调节的成功实例，其调节与控制技术先进，控制手段完善，设备质量高。但在国内，对于静态平衡阀应用观点有分歧，认为在变流量水系统中管路流量的变化将导致末端装置进出口压力大幅度变动，通过每个末端装置的流量也会大幅度波动，存在水力失调[8]；在水系统中分级设置静态平衡阀虽然可以实现系统满负荷时的水力平衡，但在非满负荷工况下，由于静态平衡阀上的压降随流量的减小而降低，所以不能平衡系统阻力[9-11]；分析在变流量水系统中采用静态平衡阀，可以实现每个末端装置流量达到合理分配[12、13]。这表明静态平衡阀能实现系统设计工况下的水力平衡，但在部分负荷工况下，压差与流量发生动态变化，静态平衡阀不能实现水力平衡。在实际工程中，也验证了使用静态平衡阀并没有解决好管网水力平衡度问题。

动态平衡阀包括动态压差平衡阀、动态流量平衡阀和动态平衡电动调节阀。在变流量水系统中不能应用上述类型的阀门，否则会导致其他阀门不能正常工作，使系统流量分配混乱，不能实现变流量调节[14,15]。

4.2.7　直埋热水网安装补偿器降低了热网安全性

理论和实践证明，架空和地沟敷设的热水管网以及各种敷设形式的蒸汽管网安装补偿器是非常必要的。虽然这些系统的补偿器也会经常发生问题，但不安装就无法正常运行。而多年的实践和理论研究证明，在直埋热水管网中，在目前的供水温度均没有超过 130℃的情况下，采用无补偿的直埋技术反而更安全。《建设部推广应用和限制禁止使用技术》（建设部公告第 218 号）第 23 条将“直埋热水管道无补偿敷设技术”列为在城镇供热中的推广项目。长春、哈尔滨、营口等地都采用了此项技术，并且已安全运行了多年。而在全国各地的集中供热系统中，每年都有许多直埋热水管网因补偿器泄漏而引发的事故，如图 4-9 所示，而且有些还是大事故！因为各种原因，补偿器是管网中最薄弱的地方。而采用直埋无补偿技术不但提高了管网运行的安全性，而且大大降低了管网的施工难度和建设投资，同时还缩短了施工周期，应大胆采用。因为这项技术已基本成熟，而且还会在实践和研究中进一步向前发展，所以才会被列为推广项目。直埋无补偿的原理其实并不难理解，它同楼房中的柱子是一样的，它们都受着应力的作用。只要通过计算，其强度大于所受的应力就不会被破坏。

图 4-9　供热管网事故

4.2.8　不同的供热系统共用一个管网

不同的供热系统有不同的供热参数。只有供热参数一致的供热系统才可以共用同一个供热管网，如直供混水系统和间供系统可以共用一个管网。因为它们的一级网供热参数基本一致，并且都有热力站和各自的二级网。而简单的直供系统就不能同直供混水系统或间供系统共用一个热网；普通的供暖系统，即采用散热器的各种供暖系统也不能同地板辐射供暖系统共用一个热网，因为它们的供热参数不一致，供水温度不同，循环水量也不同。以上这两种情况如果在同一个供热系统中，必须采取相应的技术措施，否则无法正常供热。但在许多中小型供热系统中经常会发现没采取任何措施而同在一个供热系统中的混乱现象。

对于中型的直供系统，在建设管网时就应采取设热力分配站的管网形式。这样既方便运行管理，又可在今后供热系统进一步扩大时，用改变供热方式的方法解决供热面积扩大而带来的技术问题，即提高热力站到热源之间的一级网的供热参数，把热力分配站变成混水站或换热站。如果在直供系统中存在地板辐射供暖时，也必须采取单独设混水泵或建换热站的方式加以处理。

4.2.9 除污器选型与结构常见的问题

除污器是热水供热系统中非常重要的设备，它有三大作用：一是清除供热系统中因施工而残留在管网中的各种杂物；二是滤除循环水中的各种悬浮物，以保护锅炉和换热器的受热面，提高换热效果；三是利用其体积大于管道体积、除污器中水流速慢、水中空气会在此处集聚的特点，作为系统的一个主要排气点。因此必须在除污器上安装一个自动排气阀。对除污器的要求除了性能好以外，还应具备造价低、安装简单、清掏冲洗方便等特点。但人们往往对除污器的重要性认识不够，对各种类型除污器的结构特点和适用地点了解不够，因此在选型和使用上存在许多问题。有时不但达不到使用效果，而且造成安装和清掏困难，造价高、运行阻力大、增加了电耗等各种弊病。常见的问题有：

1. 旋流除污器应用于供热系统是选择错误

这些年许多供热系统都采用旋流除污器作除污设备。在除尘系统中，由于风速很大，一般大于10m/s，气体中的尘粒就会在旋流除尘器中受离心力作用而被集中到管壁上，从气体中分离出去，因此旋流除尘器在除尘系统中应用效果很好。但在供热系统中，水的流速一般在1m/s左右，虽然一些管道中的杂物可被水冲走，但当其进入任何形式的除污器中时，都会因为除污器的体积大于管道体积而使流速降低，杂物即会自动落在设备的底部，而不需要利用离心力去分离，因此旋流除污器就失去了它最主要的作用。旋流除污器由于其体积大，进出口不在同一条直线上等特点，使其同时又存在着施工难度大、占地大、投资大等缺点，并不适合于供热系统。但是调查发现，有些供热系统使用的旋流除污器没有中间的滤管，使水中大量杂质全部进入水泵叶轮和锅炉，造成堵塞。这种除污器往往在壳体上没有人孔，一看便知。还应注意的是这种除污器的排气阀应安装在壳体的上部，才能在运行时排出系统中的空气。通常的做法是按在出水管的上部，它只能在系统停运时排空气，运行时无用，如图4-10

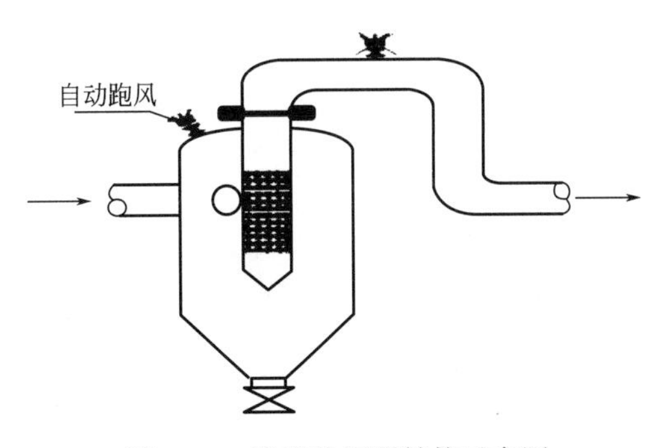

图4-10 旋流除污器结构示意图

所示。

2. 直通立式除污器的缺陷

国家标准图集中的直通立式除污器，由于其安装方便、占地小，是被大量选用的设备。但它存在的主要缺陷是规格在 DN100 以上的除污器上盖是焊死的，当除污器的滤水孔被污物堵死时就无法清除，造成除污器阻力过大而影响供热和浪费电能。另外，由于其过滤孔为 3～5mm，只能挡住体积大的物体不进入水泵和锅炉，无法过滤更细小的水中悬浮物，因此无法解决换热设备的污染问题。多年的实践证明，对此种除污器作两点改造后效果就比较好了：一是上部改为可打开的法兰式上盖；二是在滤管外加上不锈钢过滤网，其孔径为 50～80 目。当除污器前后压力表的差值大于 0.02MPa 时，即停泵清洗滤网，如图 4-11 所示。改造后可用在任何系统中，也可制成直通可刷式除污器，如图 4-12 所示。

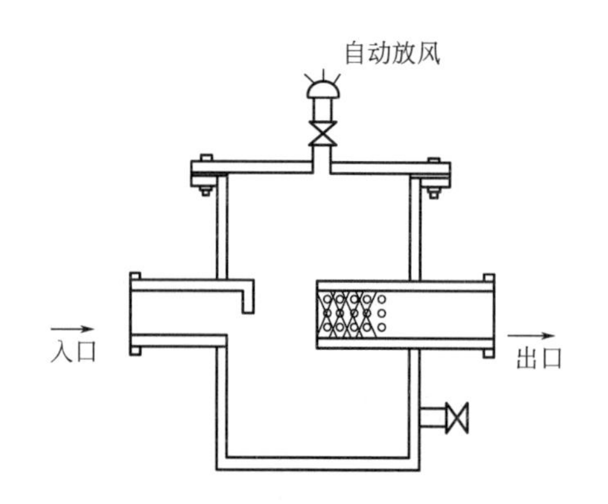

图 4-11　原始直通立式除污器结构

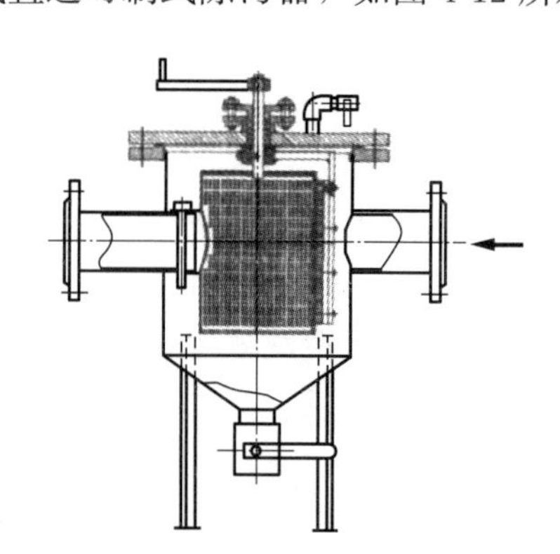

图 4-12　改造后直通立式除污器

3. 直通卧式除污器的缺陷

国家标准图集中的卧式除污器因其安装方便、占地小，在管径较大的系统中常作为首选设备。其主要的构造缺陷是过滤部分不是采用孔板形式，而是用扁钢做成鼠笼形框架，外面设钢丝网。由于过滤网下空间太小，致使一些大的杂物打破腐蚀的钢丝网后进入了泵体。从而失去了除污的作用。实践中的改造方法是：把除污器的筒体加长，然后在加长部分下部设一沉降筒，使大的杂物进入除污器后先落入筒中。再把鼠笼网架改为铜板或不锈钢板经钻孔后卷制成的圆筒，外加 50 目以上的不锈钢滤网。这样改造后即可安全使用，如图 4-13 所示。

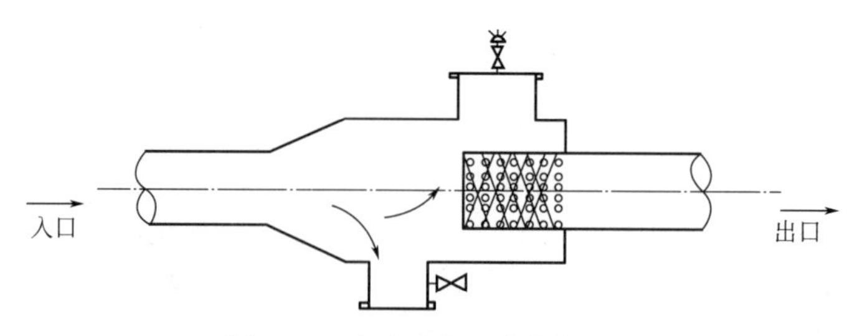

图 4-13　改造后直通卧式除污器

4. 除污器设旁通管的问题

供热实践证明，除污器设旁通管只能增加工程造价，其在供热运行中是无用的。因为在运行中为了清掏除污器而打开旁通管，会把杂物直接带入水泵和热力设备。一般常用的方法是临时停泵清掏，或关上除污器入口处阀门打开排污阀，使水反方向流过过滤筒，即反冲洗法。对于锅炉房的除污器，应在负荷小时减小锅炉燃烧情况下停泵清掏。目前已有许多厂家生产了各种各样的除污器。供热企业在选用时一定要全面了解它的结构，分析它是否具备造价低、占地小、安装简单、清掏方便，除污效果好等特点，然后再做决定。有些单位在直通立式除污器的基础上改造成过滤网可刷式，即可在不停泵的情况下随时清洗除污器，其使用效果比较理想。

4.2.10　热用户供暖系统常见问题

城市集中供热公司服务的对象就是末端热用户。集中供热是一个系统工程，热用户供暖系统是整个系统工程的重要组成部分，热用户供暖系统的技术问题直接反映了供热质量的好坏。常见的问题有：

1. 自动排气阀安装位置不合理

自动排气阀应安装在系统中供水干管的最高处。如果安装位置不合理，它只会在系统不运行时排放空气，而系统运行时不起作用，如图 4-14 所示。只有按图 4-15 的方法安装自动跑风，才可以在系统运行时随时排除系统中的空气。因为系统中的循环水在经过集气罐流入最后一个立管时，会因为集气罐的体积大使流速降低，水中的空气才不会被水流带入立管而在自动跑风中排出。供热系统运行时经常会由于补水定压装置运行不正常，或由于系统漏水、用户放水等原因而进入空气。如果不及时排出，就会使高层用户因散热器存空气而影响室温。同时管道中产生水流动的噪声影响人休息。这是供热系统经常发生的不正常现象，往往给供热运行人员带来很多麻烦，有时还会严重影响正常供热。在许多有关供热的书也出现了图 4-14 的错误安装作法。如果现有的系统已无法按图 4-15 的正确方式改造的话，只好在运行时使用静压排气法排除系统中的空气，即停循环泵或关闭系统总回水阀等慢慢排出空气。

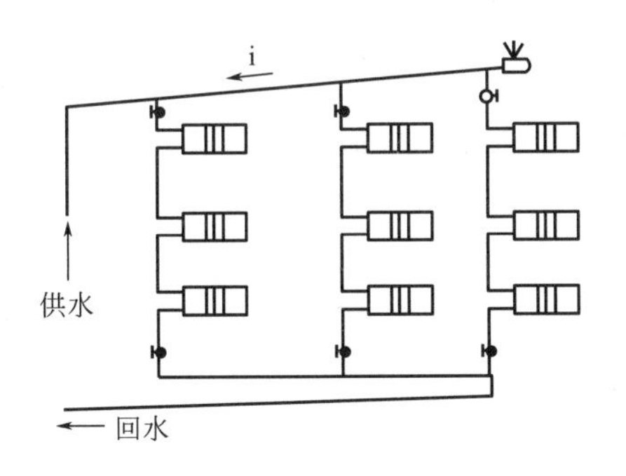

图 4-14　自动排气阀错误安装位置

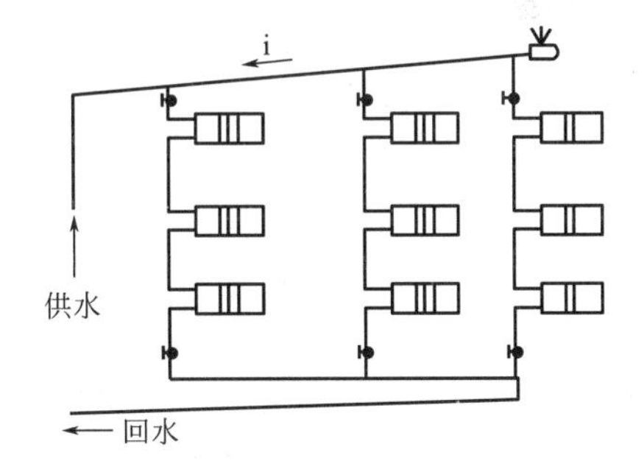

图 4-15　自动排气阀正确安装位置

2. 分支立管管径偏大导致同楼层水平方向水力失调

目前室内供暖系统除部分改造为分户系统之外，大部分仍为垂直单管系统和水平单管系统。而垂直单管系统设计时其分支立管均不大于 DN20。为了防止供暖系统配管氧化生锈、水垢形成，出现堵塞管道的现象，有的工程改造中会采取加大立管管径的方法解决，有的把立管管径放大到 DN40，结果造成了严重的水平失调。即相邻立管会出现水流量不足或水倒流的现象。虽然水平干管均为同程式，也不可避免此种状况的发生。立管变大后也大大降低了系统的水力稳定性。彻底解决管道腐蚀和堵塞问题必须用水处理方式解决，目前最好的方法是在循环水中加防腐、阻垢、除垢剂，如YZ-101等。

3. 自增散热器造成上下楼层垂直方向水力失调

在垂直单管系统中，许多热用户为了提高室温而私自增加散热器的片数。如果此种现象发生在上层用户，就会使下层用户散热器温度下降，造成严重垂直失调现象。避免这种现象的方法一般有两种：一种是在供热前按图纸核对散热器的片数，对私自增加的一定要拆除；另一种方法是在非供暖期时也始终保持供暖系统中充满水，并维持足够的静水压强。这样一方面可以有效防止用户私接乱改，另一方面还可以避免供暖系统的氧腐蚀，也称为湿保。

4.3　集中供热系统运行中的常见问题

集中供热是一个技术性很强的系统工程。集中供热的质量不仅取决于系统设计、施工，还要科学地运行管理。否则既造成能源浪费，又达不到好的供热效果。供热企业在运行管理方面普遍存在以下主要问题：

1. 无运行调节曲线图表

在供热期之前，必须根据历年运行的实际情况，制定出今年供暖期随室外温度变化的热网供热参数调控曲线图表。如果是间供系统，还应同时制定出一级网和二级网的两种曲线图表。如果一级网是分阶段改变流量的质调节系统，需要同时制定出各阶段循环水量和锅炉运行台数、各热力站循环水量分配表等。运行时，根据室外天气的变化认真调控，才能达到既保质量，又节能的目的。但目前有许多供热企业从未制定过这些调节曲线图表，只凭经验和主观预测运行。

2. 热网运行温差太小

供热系统输送相同热量时，供回水温差越小，则系统的循环水量越大，管网的阻力损失也越大，消耗电能就越多。如果供热半径大，输送距离远，中间还得设中继泵站。有许多供热系统中设有中继泵站，就是由于设计时选用的供热参数不合理，供回水温差小造成的。事实证明，只要适当提高供回水温差，就可以取消中继泵站。既节约了大量建设投资，又节约了运行费用和运行管理人员。但热源离热负荷中心较远，为节能和优化管网系统而设置的中继泵站除外。北方比较好的供热系统，在供热尖峰期一级管网运行温差可达60℃，而许多供热系统一级网温差最高只有30℃左右，而二级网温差只有5℃左右，浪费了大量电能。需要强调说明的是，二级网的标准设计温差为25℃，综合种种因素，二级网供回水温差若能应控制在15～20℃之间也就比较理想了。应充分认识到提高供回水运行温差的重要作用。

3. 运行管理忽视管网的水力平衡问题

供热企业运行时都应该关注供热量、循环水量、供回水温差、供回水压力、水力工况等参数。一般情况下，供热量和循环水量都能达到要求，当超过要求时，供热效果主要取决于系统的水力工况，不但使一级网达到水力平衡，还必须使二级网和楼内的供暖系统达到水力平衡。而二级网和楼内水力平衡是经常被忽视的地方。应设法根除全网的水力失调问题，这是供热系统能良好运行的首要条件，也是节能的必要条件。

4. 原始的间歇式供热方式仍被采用

中小城市的供热企业中，原始的间歇式供热方式仍被普遍采用，误认为是节能的好方法。间歇式供热方式是在蒸汽供暖时代被普遍采用的一种供热方式，按当时的设计规范要求，必须增加散热器的面积，供热时使室温升到20℃以上，停热时室温降到16℃以下。当今在全面推广热水供暖时期，热水供暖系统的设计是按连续供热方式设计的，散热器的片数比间歇供热方式少，不适合采用间歇式供热方式。实践证明，在热水供暖系统中采用间歇式供热方式不但供热效果差、室温波动大，而且能源消耗也大于连续供热，还会因为系统工作不稳定，系统经常存空气，而带来一系列维修、调节问题。因此，间歇式供热方式已逐步被淘汰。整个供暖期实行连续供热，循环水泵不停地运转，在使供、回水温度随室外温度变化而变化的同时，还要根据热用户的性质和用热情况实行分时、分区地调节供热量和相关供热参数，达到最大限度的节能。而供暖系统和控制系统的设计也应适合于分时、分区的连续供热方式；供热锅炉、换热器等也应该实行最佳的运行方案。

许多供热企业在实践中正逐步认识到提高供热质量、解决系统中存在的各种问题时，最重要的一环是提高供热系统的技术水平和设备的先进性。因此，下大力气投入资金进行系统的技术改造和设备的更新换代。但也有些供热企业却因为对自己供热系统存在的主要问题认识不清，在一些严重的技术问题没有解决、系统中存在的落后工艺没有改造的情况下，盲目花大价钱上自动控制系统和进口设备。结果造成自控系统和进口设备不能发挥应有的作用，供热质量得不到根本的改善，能源消耗指标没有下降的局面。实践证明，自控系统无法代替落后的工艺系统。只有在全面优化了供热系统的前提下，把先进的技术同先进的设备和先进的管理三者结合起来，才能最终实现合格的供热质量和最低的能源消耗。因此，应该把技术进步的重点放在全面优化供热系统上。

4.4 先进的集中供热系统运行调控方式

集中供热系统的调节分为初调节和运行调节两种。初调节是指在每个供暖季投入运行的初期，对管网各支路的流量进行合理分配，使各热力站和用户的流量达到设计流量。而在运行过程中，建筑物热负荷随着室外温度的变化而变化，因此就要求对热源、热力站以及热用户的供热量进行相应的调节，即运行调节。在运行调节中，比较容易实现的调节方式为传统的集中质调节方式，即根据室外温度和热负荷的变化关系来调节供回水温度。但这种方式无疑会造成循环水泵的能耗过高，供回水温差达不到设计要求，属于落后的运行调控方式。目前国外发达国家多使用全段变流量的调节技术，变流量调节的程度主要取决于设备自动化程度的高低。受于经济条件和设备管理水平的限制，我国目前应倾向于分阶段变流量调节模式。目前实施分阶段变流量调节模式也有五种情况：

（1）分阶段变流量的调节中，阶段划分问题是随着时间变化的动态过程，每一阶段的划分不能孤立地考虑本阶段取得的效果，必须把整个过程的各阶段联系起来考虑。动态规划是用来研究多阶段决策过程的最优策略，因此提出采用动态规划的方法来对分阶段变流量质调节的阶段进行优化划分[16]。

（2）集中供热系统采用分阶段变流量调节的经济流量比的确定方法以及不论其供热规模的大小均分为两阶段变流量质调节[17]。

（3）当系统中有多台水泵并联运行时，采用改变运行台数来调节流量是较为方便和经济的。

（4）将分阶段变流量质调节的研究重点放在了如何确定分阶段改变流量时的相对热负荷值上，以及采用多大的相对流量比来制定供热调节曲线，从而使整个供暖期的循环水泵的电能消耗为最小，同时也考虑到了供暖系统的热力平衡度问题。这种思路最大的好处在于充分考虑到了因变流量后对末端用户（一级网针对换热站和热用户，二级网只针对热用户）的得热量，在保证供热质量的基本前提下，确定最佳的变流量比[18]。目前国内多数热力企业比较接受这种方式，节能改造的前提必须是保证供热质量不降低，经济可行，技术难度符合企业现状。

（5）热量调节：采用热计量装置，根据系统热负荷变化直接对热源的供热量进行调控。这是最新的调控技术，目前还应用较少。

4.5　集中供热系统节能改造现状及工作重点

如果一级热网水力不平衡，直接影响二级热网的供热效率，为了满足各个用户得到需求的热量，只好不均匀地供热。这就严重降低了集中供热系统能源利用效率、增大了环境污染物的排放量。在这种典型的粗放式运行模式下，供热成本普遍增高，各级政府和热力企业已经意识到集中供热系统节能改造的必要性。由于我国各个地方气候、经济等特点不同，制定符合本地区的集中供热改造的技术指南具有现实的指导意义。

4.5.1　集中供热系统改造现状

2004年，建设部在《关于贯彻〈国务院办公厅关于开展资源节约活动的通知〉的意见》中明确指定了因地制宜推进既有建筑和集中供热设施节能改造工作，供热计量与围护结构改造等需同步。在住房和城乡建设颁布的《北方采暖地区既有居住建筑供热计量及节能改造技术指导》中明确提出了供热系统的改造规定，例如：选择高效节能锅炉更换旧锅炉，锅炉房与换热站应增设水泵变频装置，安装气候补偿器等。对室外管网的水力平衡度达不到要求时，应在建筑物热力入口处设置静态水力平衡阀。散热器上需安装恒温阀，室内供暖系统应改造为既要满足室温可调和分户计量的要求，又要满足运行和管理控制的要求。目前我国北方供暖地区正积极开展集中供热系统的节能改造工作，2009年，北京率先对11个区县的170个老旧供热管网系统实施了节能改造工作，解决了管网存在的“跑冒滴漏”现象，提高了管网的输送效率。2010年夏，北京市热力公司对118个区域集中供热系统进行改造，对管网进行补修、更换循环水泵、安装水力平衡装置，并在部分热力站安装室外温度传感器和流量调节阀，实现温度自动控制，进而实现热计量收费。虽然北方十几个省市已完成上亿平方米供热面积的围护结构保温节能改造工作，但是对集中供热系统的节能改造工作，多数省市还只是针对末端住宅分户收费进行了改造，并没有对热源、一级热网、二级热网存在的问题进行改造[19]。

4.5.2　集中供热系统节能改造的重点

集中供热系统的节能改造对象主要为热源、一网热网、二级热网、换热站、热用户五大方面存在的问题。对于一级热网而言，主要是控制各热力入口水力平衡，提高输送效率以及降低管网运行能耗这三个方面。为了使供热系统中普遍存在的一些技术问题能尽快得到解决、降低供热能耗，供热企业应重点解决以下几个问题：

（1）校核循环水泵功率，改造循环水泵型号，可以大量节约供热系统电耗。

（2）在供热管网中，利用自力式流量控制阀进行管网水力平衡调控、优化水力工况，解决普遍存在的冷热不均问题。实践证明，以往使用的静态平衡阀、动态平衡阀水力平衡的调控作用不明显，建议不再使用。

（3）推广集中供热新技术，将传统系统改为分布式变频供热系统，可显著节能。

（4）在集中供热管网中采用直埋热水管道无补偿敷设技术，可有效提高热网运行的安全性和可靠性。

（5）推广节能效果好、运行调节方便、安全性强的多热源联合供热技术和可自动优化水力工况的环状管网技术，使我国的集中供热技术水平实现升级，达到国际先进水平。

4.6　分布式变频泵系统供热新技术及应用案例

分布式变频泵系统由清华大学石兆玉教授等在 2004 年提出[20]，该系统在山西、河北等地已成功应用。传统的循环泵系统是仅采用一级管网总循环泵，由于近端热力站的资用压头过大，需要通过阀门节流，总循环水泵所提供的能量很多，因此被浪费掉。如果选择在管网合适位置后部，各个末端热用户的回水管上增设二级增压水泵，用于系统末端用户的供热需求，即可使一级循环水泵的扬程降低一半左右，减少了阀门的截流损失，热网用于输配所消耗的能量将大大减少[21]，其原理如图 4-16、图 4-17 所示。

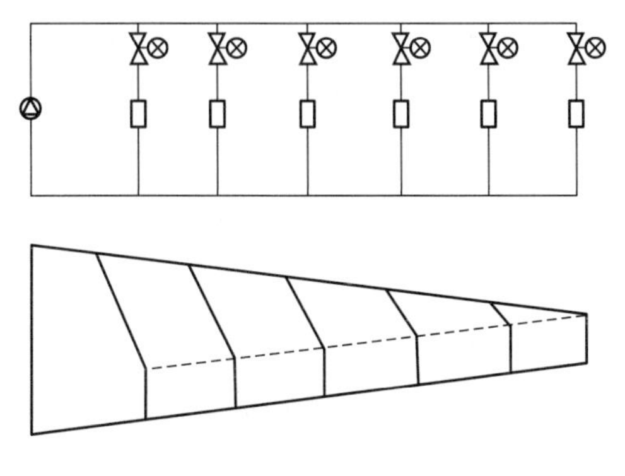

图 4-16　采用传统循环泵的水压图
（虚线上部是阀门消耗的剩余压头）

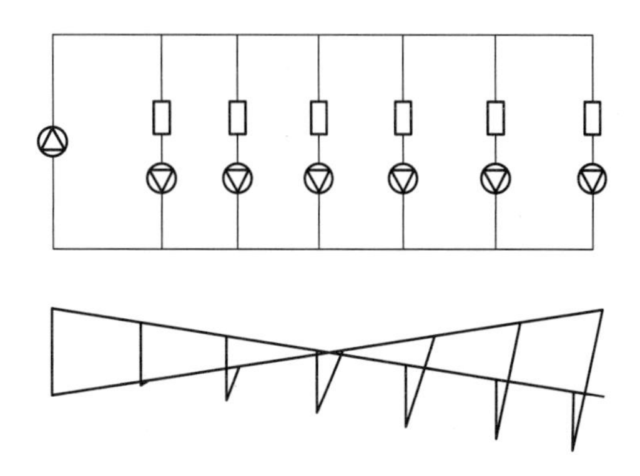

图 4-17　采用分布式变频泵
系统的水压图

4.6.1　分布式变频泵系统的优点

采用分布式变频泵系统相对于采用传统循环泵系统有如下优点：

1. 适应管网热负荷的变化能力强

分布式变频泵系统中，由于热力站回水加压泵功率小、扬程低，移动能力强，适应管网热负荷变化的能力也强。

2. 减小管道公称压力，大幅度降低管道投资

采用一般的阀门调节的方法时，主循环泵须满足系统最不利用户资用压头的要求。采用分布式变频泵系统时，主循环泵只需提供系统循环的部分动力，其余动力由各热力站的回水加压泵提供，这使得主循环泵的扬程降低，管网总供水压力降低，由于降低了管道公称压力，使得管道投资下降。

3. 增加管网输送效率，降低管网输送能耗

采用一般阀门调节时，为了满足系统最末端用户的资用压头要求，不得不用阀门将近端处大量的剩余压头消耗掉，节流损失很大，输送效率低下。采用分布式变频泵系统时，热力站采用回水加压变频泵进行调节，这种系统的综合动力输送效率较高，根据已经实施的项目测算，节能率在 20%～50%之间。

4.6.2　分布式变频泵供热系统应用案例 1

本案例重点介绍分布式变频泵系统在西北某城市的应用方案及与传统循环泵系统的技术经济对比。

1. 供热系统概况

(1) 热源：该城市热源采用大型热电厂供热为主，以小型热电厂和区域锅炉房调峰供热为辅的多热源联网集中供热形式。

(2) 敷设管网总长度 2×92.2km，最大管径 DN1200mm，最小管径 DN200mm。

(3) 新建调峰热源厂 1 座，安装 2 台 70MW 高温燃煤热水锅炉。

(4) 新建热力站 156 座。

(5) 建设项目总投资为 72955.0 万元，项目实施后，集中供热面积将达到 2570m^2。

(6) 最大热负荷与最小热负荷之比为 1∶0.38。

(7) 本项目定压值为 45.8mH_2O，一级热水管网最不利环路供回水的阻力损失为 1088kPa (108.8mH_2O)，热电厂供热首站内部阻力损失为 0.15MPa (15mH_2O)；最末端热力站内部阻力损失为 0.10MPa (10mH_2O)。

2. 分布式变频泵系统与传统方案的水压图对比

(1) 传统方案 1

仅在主热源处设置循环水泵，克服一级供热管网的阻力损失及供热首站和热力站的内部阻力损失，其水压图如图 4-18 所示。

根据图 4-18，热电厂内循环水泵的扬程须达到 133.8mH_2O 才能满足系统运行要求，而供水的最大压力达到了 179.6mH_2O，因此供热管网及热力站设备的压力等级须选择 2.5MPa，而压力等级选择 2.5MPa 比通常选取的 1.6MPa 在投资上将增加 50%以上，对本项目规模的供热管网及热力站设备其投资需增加上亿元。

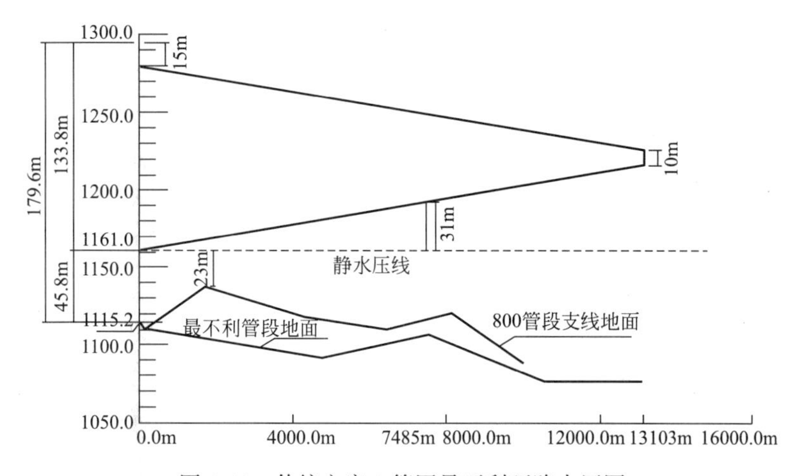

图 4-18 传统方案 1 管网最不利环路水压图

(2) 传统方案 2

为了将供热系统的压力等级将低到 1.6MPa，根据项目所在地的地形图及热负荷分布，在离主热源 7.5km 的回水管网上增加一座中继加压泵站，供热管网的最大压力为 148.6mH_2O，其水压图如图 4-19 所示。

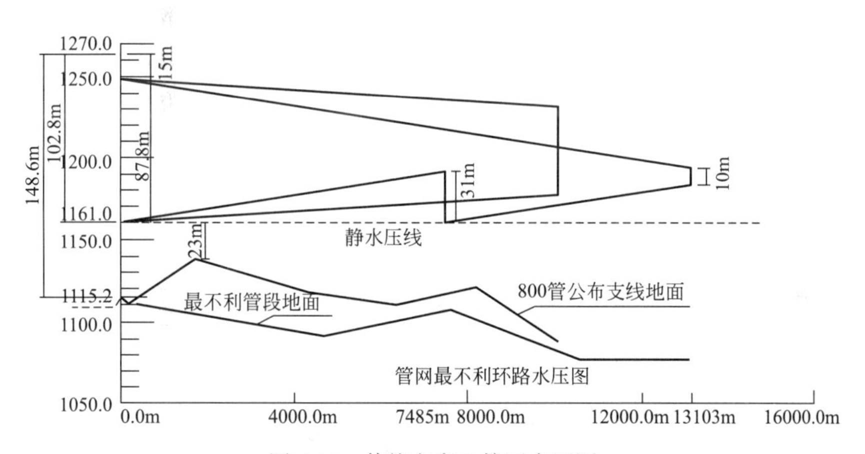

图 4-19 传统方案 2 管网水压图

设备选型为：主循环泵 $Q=4188\text{m}^3/\text{h}$，$H=110\text{mH}_2\text{O}$，$N=1600\text{kW}$，5 台，变频控制；中继加压泵 $Q=4800\text{m}^3/\text{h}$，$H=36\text{mH}_2\text{O}$，$N=710\text{kW}$，4 台，三用一备，变频控制。同时，须设置 1 座中继加压泵站，其土建面积约为 1000m^3。

3. 分布式变频泵方案

热源泵和用户泵分别单独设置，热源泵和用户泵各承担部分热网阻力损失，可降低供热系统的运行压力，提高供热系统的安全性，同时相对于上述传统方案 1 和方案 2，也将减少部分节流损失，达到节能的目的。若热网泵功能全由用户泵承担，根据方案 1 的水压图，供热系统中末端部分热力站的总压力也将超过 1.6MPa，因此本项目采用主循环泵与用户泵均承担热网阻力损失的方案。根据水力计算，取管网中阻力损失中值为压力交汇点，压力交汇点前的管网阻力损失由热源厂内的主循环泵承担，压力交汇点后的管网阻力损失由热力站内的用户泵承担，这样，可最大限度降低供热管网系统的运行压力，其水压图如图 4-20 所示。

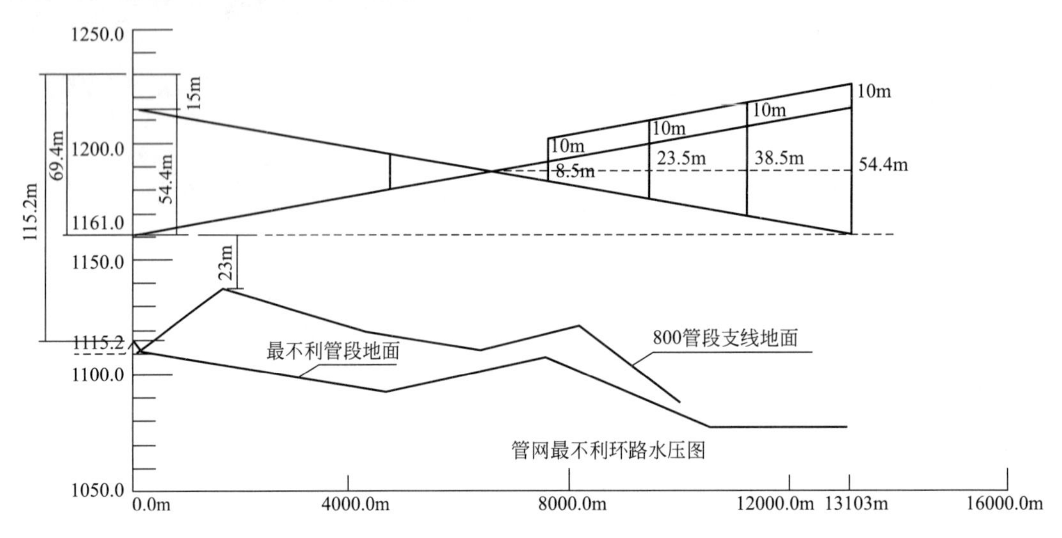

图 4-20 分布式变频泵系统管网水压图

由图 4-20 可以看出，供热管网的最大运行压力可降为 115.2mH$_2$O，在供回水管网压力交汇点以后，热力站的压力损失和管网的压力损失均由热力站内的变频泵提供，无节流损失；而在主热源与供回水压力交汇点之间，由于供、回水压差的降低，节流损失减小。因此本方案减少了热力站的阀门节流损失，提高了管网的输送效率。此时主循环泵的设备选型为：主循环泵 $Q=3837\text{m}^3/\text{h}$，$H=73\text{mH}_2\text{O}$，$N=1000\text{kW}$，5 台，变频控制。根据压力校核，本方案在供回水压力交汇点后热力站内需增加分布式变频泵，取代热力站内的电动调节阀和平衡阀，热力站内的变频循环泵选择 2 台，一用一备，变频器选择一台，采用“一拖二”技术控制。

从以上本项目水压图对比，可明显显示出分布式变频泵方案的优越性。

4. 分布式变频泵系统需增加的分布式循环水泵设备汇总

本案例有 10 万 m^2、15 万 m^2、20 万 m^2、25 万 m^2、30 万 m^2 等规模的热力站，需增加分布式变频泵设备规格型号等如表 4-2 所示。

各热力站增加的分布式循环泵型号及规格 **表 4-2**

序号	热力站规模	型号及规格	单位	数量	热力站编号
1	10 万 m^2 热力站	$Q=51\sim104\text{m}^3/\text{h}$，$H=41\sim35\text{mH}_2\text{O}$，$N=15\text{kW}$，一用一备，配一台变频器	台	2	R26，R27，R30，R31，R32，R36，R37，R55，R56，R57，R58，R91，R93，R95，R96，R97，R113，R114，R115
2		$Q=63\sim126\text{m}^3/\text{h}$，$H=57\sim47\text{mH}_2\text{O}$，$N=22\text{kW}$，一用一备，配一台变频器	台	2	R28，R29，R34，R35，R38，R39，R40，R59，R60，R62，R98，R99，R100，R102，R103，R104，R116，R117，R118，R119，R122，R124，R125，R126，R128，R131，R132，R133，R136，R138，R142，R145，R146，R147，R149，R150，R152，R153，R156，R159
3		$Q=56\sim112\text{m}^3/\text{h}$，$H=76\sim65.7\text{mH}_2\text{O}$，$N=30\text{kW}$，一用一备，配一台变频器	台	2	R64，R71，R106，R108，R109，R110，R111，R112，R161，R163，R165，R167，R169，R174，R183

续表

序号	热力站规模	型号及规格	单位	数量	热力站编号
4	15 万 m^2 热力站	$Q=97\sim166m^3/h$，$H=42\sim38mH_2O$，$N=30kW$，一用一备，配一台变频器	台	2	R33，R92，R94
5		$Q=90\sim154m^3/h$，$H=59\sim52mH_2O$，$N=37kW$，一用一备，配一台变频器	台	2	R101
6		$Q=104\sim178m^3/h$，$H=73\sim66mH_2O$，$N=55kW$，一用一备，配一台变频器	台	2	R67，R105，R107
7	20 万 m^2 热力站（安装一台 10 万 m^2，预留一台 10 万 m^2 供热机组）	$Q=112\sim192m^3/h$，$H=52\sim46.5mH_2O$，$N=45kW$，一用一备，配一台变频器	台	2	R42
8		$Q=104\sim178m^3/h$，$H=73\sim66mH_2O$，$N=55kW$ 一用一备，配一台变频器	台	2	R47，R50，R53，R54，R65，R66，R70
9	25 万 m^2 热力站（安装一台 15 万 m^2、预留一台 10 万 m^2 的供热机组）	$Q=140\sim240m^3/h$，$H=53\sim46mH_2O$，$N=45kW$，一用一备，配一台变频器	台	2	R45
10		$Q=127\sim218m^3/h$，$H=73\sim66mH_2O$，$N=75kW$，一用一备，配一台变频器	台	2	R51，R68，R69
11	30 万 m^2 热力站（安装一台 20 万 m^2，预留一台 $10m^2$ 的供热机组）	$Q=210\sim360m^3/h$，$H=52.5\sim46mH_2O$，$N=75kW$，一用一备，配一台变频器	台	2	R41，R43，R44，R61
12		$Q=200\sim343m^3/h$，$H=73\sim66mH_2O$，$N=90kW$，一用一备，配一台变频器	台	2	R52
13	30 万 m^2 热力站（安装一台 15 万 m^2，预留一台 $15m^2$ 的供热机组）	$Q=210\sim360m^3/h$，$H=52.5\sim46mH_2O$，$N=75kW$，一用一备，配一台变频器	台	2	R63
14		$Q=200\sim343m^3/h$，$H=73\sim66mH_2O$，$N=90kW$，一用一备，配一台变频器	台	2	R46，R48，R49

5. 分布式变频泵系统方案和传统系统方案能耗分析

根据上述的设备参数，扣除备用泵的装机功率，传统设置中继泵站的循环水泵系统的循环泵有效总装机功率为 10130kW；分布式变频泵系统的循环泵总装机功率为 9216.2kW；分布式变频泵系统方案比传统设置中继泵站的循环水泵系统方案（传统方案 2）总装机功效降低了 913.8kW，降低了 9%。从节能上考虑，分布式变频泵系统优于传统方案。

6. 分布式变频泵系统方案与传统方案的投资比较

设备均按同等级设备厂家报价测算。

（1）传统方案的设备选型及估算投资

传统方案除设主循环泵和中继加压泵外，热力站内须设置电动调节阀和平衡阀。传统方案设备选型如表 4-3 和表 4-4 所示。

传统方案主循环泵和中继加压泵的设备选型　　表 4-3

方案	泵功率(kW)	泵台数(台)	变频(台)	备注
传统方案	1600	5	5	主循环泵,高压变频
	710	4	4	中继提升泵,高压变频

传统方案热力站需加装的电动调节阀　　表 4-4

序号	设备名称	型号及规格	单位	数量	备　注
1	电动调节阀	DN200	台	88	设置一级供热管网分布式循环泵热力站共 88 座,每座 1 台
2		DN250	台	12	设置一级供热管网分布式循环泵热力站共 12 座,每座 1 台
3		DN300	台	9	设置一级供热管网分布式循环泵热力站共 9 座,每座 1 台

经测算，其设备总价约为 1264.92 万元（未计平衡阀费用）。

(2) 分布式变频泵系统设备造型及投资估算

分布式变频泵系统设主循环泵；热力站内一级供热管网设变频循环泵，取代传统方案中热力站内的电动调节阀和平衡阀；其余设备与传统方案同，其设备表见表 4-5。

分布式变频泵系统方案设备选型　　表 4-5

泵功率(kW)	泵台数(台)	变频(台)	备注
1000	5	5	主循环泵,高压变频
15	38	19	热力站分布式循环泵,一用一备,变频一拖二,低压变频
22	80	40	
30	50	25	
37	2	1	
45	4	2	
55	26	10	
75	16	8	热力站二次循环泵,一用一备,变频一拖二,低压变频
90	8	4	
2.2	2	1	热力站二次循环泵,一用一备,变频一拖二,低压变频(现状热力站改造增加)
3	6	3	
5.5	4	2	
7.5	8	4	
11	6	3	
15	6	3	
18.5	8	4	
22	10	5	
30	2	1	
45	2	1	
55	10	5	

经测算，其设备总价约为1191.77万元。

(3) 两方案经济性比较

根据上述两种方案的设备价格比较，在不考虑传统方案2中的中继加压泵站土建、征地等费用和平衡阀费用的情况下，分布式变频泵方案比传统方案的投资降低了73.15万元。因此从经济角度考虑，分布式变频泵方案优于传统方案。

通过以上技术经济比较可以看出，分布式变频泵系统降低了系统的阀门节流损失，降低了供热系统的运行压力，投资低，并提高了系统运行的安全性。根据水压图分析，管网系统规模越大，节能效果越明显。因此在大规模城市集中供热系统中，分布式变频泵系统优于传统的循环泵设置方案，应大力推广。目前分布式变频泵系统在国内应用还不多，而且需要较高的自动控制水平，还需要实施地区积累更多的运行经验。

4.6.3　分布式变频泵供热系统优化方案应用案例2

在传统的供热枝状管网系统中，一般是在热源处或热力站内设有一组循环泵，根据管网系统的总流量和最不利环路的阻力选择循环泵的流量、扬程及台数；管网系统各用户末端设手动调节阀或自力式流量控制阀等调节设备，以消耗掉该用户的剩余压头，达到系统内各用户之间的水力平衡；个别既有热网由于用户热负荷的变化，资用压头不够，增装了供水或回水加压泵，但由于不易调节，往往对上游或下游用户产生不利的影响[22]。随着新型调节设备和控制手段的出现，使得对水泵的数字控制成为可能，理论上可以取消管网中的调节设备，代之以在管网的适当节点设置可调速的水泵，以满足其后的水力工况要求。在管网的适当位置设置一压差控制点，控制管网中的压差。而对于热源循环泵的选择，只要能够满足总流量和克服热源到压差控制点的阻力即可，这样可大大降低热源循环泵的扬程，使得热源循环泵电机功率下降许多。压差控制点之后的每个热用户均设置相应的分布式变频泵，就构成了分布式变频系统。目前，分布式变频系统的设计方案有很多种，根据工程实践，优化了分布式变频系统的最优方案：在锅炉房内设置热源循环泵，负责锅炉房内部的水循环，热源循环泵只用来克服锅炉本体及锅炉房内部工艺管道的阻力，其扬程按照锅炉房内阻力计算。在各热力站内一级回水管上设置一级回水加压泵，负责将热媒抽送至各热力站，一级回水加压泵用来克服锅炉房到热力站之间的外管网的阻力以及换热站内部的阻力，其扬程为热力站内一级侧阻力和本站与锅炉房之间管网阻力之和。此外，热源处的供回水干管之间设有均压管即压差控制点，图4-21所示为该分布式变频系统设计方案的基本配置[22]。

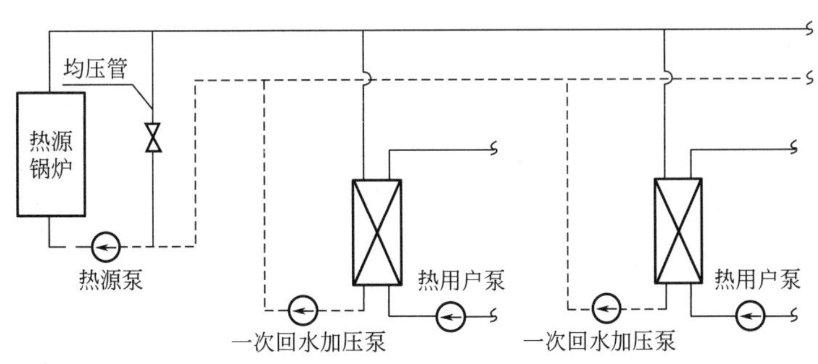

图4-21　分布式变频系统基本配置

1. 案例概述

本案例锅炉房现有两台锅炉，型号均为 DHL70-1.6/150/90-AII，每台锅炉对应一台循环泵。该锅炉房供热面积总计 197 万 m^2，下带 33 个换热站，其中 6、7、9、11 号站为拟建站，所有热力站均采用板式换热器间接换热。该锅炉房的一级热力管网图如图 4-22 所示。

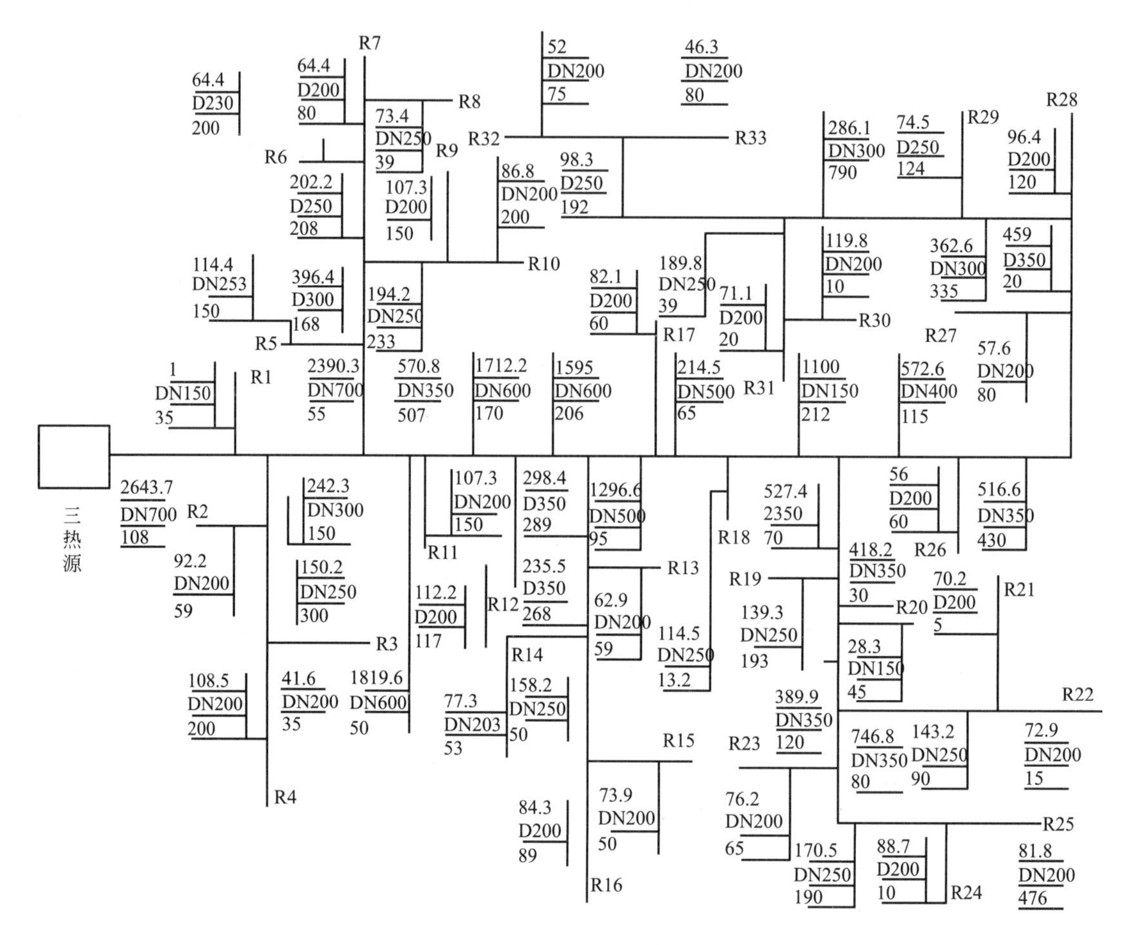

图 4-22　锅炉房集中供热一级管网图

2. 分布式变频系统改造设计

根据案例概述，现对原有供热系统进行分布式变频系统改造，具体步骤如下：

（1）选择压差控制点

不同的压差控制点对应不同的设备初投资和管网的运行费用，应按技术经济分析进行选择。理论上压差控制点为零压差点，越靠近热源则运行能耗越少，但相应的初投资会有所增加。总体来讲，考虑到热源循环泵功率的降低、电动调节阀的使用等因素，投资不会比传统供热系统多。因此本案例将压差控制点选在锅炉房内，在供回水干管之间设置一均压管，管径与供回水干管同管径，取 DN700。

（2）分布式变频系统水力计算

首先根据各站所带面积和设计热负荷指标计算设计热负荷，接着在设计的供回水温差下，计算出各站设计工况下所需的一级网流量，并根据一级管网系统图进行分布式变频系统的水力计算。本案例设计热负荷指标取 78W/m^2，设计供回水温差为 50℃。由于热力站采用板式换热器换热，水力计算中板式换热器一级侧管阻取 0.5MPa。

（3）一级回水加压泵的选择

一级回水加压泵的选择主要考虑满足该分支用户的阻力和流量的要求。根据水力计算得到的设计流量和设计阻力确定一级回水加压泵的选型流量和选型阻力并进行选型，如表 4-6 所示。

一级回水加压泵的选型表　　**表 4-6**

换热站序号	面积 (m^2)	一级网		一级回水加压水泵		
		计算流量(t/h)	计算管阻(mH_2O)	额定流量(t/h)	额定扬程(mH_2O)	额定功率(kW)
1	8176	11.1	6.3	12.5	12.5	1.1
2	68701	93.4	8.1	120	11	5.5
3	31024	42.2	10.1	50	12.5	3
4	80910	109.9	12.7	117	15.2	11
5	130000	176.6	18.7	208	20.7	18.5
6	48000	45.4	24.8	50	32	7.5
7	48000	65.2	27.0	80	38	15
8	54735	74.4	27.8	90	31.5	18.5
9	80000	108.7	26.0	112	34	22
10	64721	87.9	25.7	100	32	15
11	80000	75.7	9.4	100	12.5	5.5
12	87358	118.7	11.1	150	16	11
13	46853	63.7	13.0	88	16	7.5
14	57655	78.3	14.0	91	18	7.5
15	55097	74.9	14.7	91	18	7.5
16	62800	84.3	15.2	100	20	11
17	61217	82.1	13.2	100	20	11
18	85333	114.5	14.7	160	20	15
19	81442	109.3	19.9	140	24	15
20	21069	28.3	19.6	40	24	4
21	52355	70.2	21.3	88	28	11
22	54349	72.9	21.3	88	28	11
23	56832	53.8	21.3	88	28	11
24	66118	88.7	23.0	129	31	22
25	60976	81.8	26.6	100	32	15
26	41745	56.0	19.3	83	25	11
27	42962	57.6	26.5	80	38	15
28	71842	68.0	27.8	80	38	15

续表

换热站序号	面积(m^2)	一 级 网		一级回水加压水泵		
		计算流量(t/h)	计算管阻(mH_2O)	额定流量(t/h)	额定扬程(mH_2O)	额定功率(kW)
29	55514	74.5	33.4	88	44	18.5
30	89262	84.4	34.2	100	50	22
31	52218	49.4	34.6	65.4	47.5	18.5
32	38767	52.0	34.5	65.4	47.5	18.5
33	34494	46.3	34.4	52.3	39	18.5
合计	1970525	2500.1	690.2	106.6	903.9	419

（4）热源循环泵的改造

传统热源循环泵一般安装在一级网回水干管上，进行分布式变频改造后，锅炉房工艺管道要进行改造，热源循环泵要求和锅炉一一对应，如图 4-23 所示。

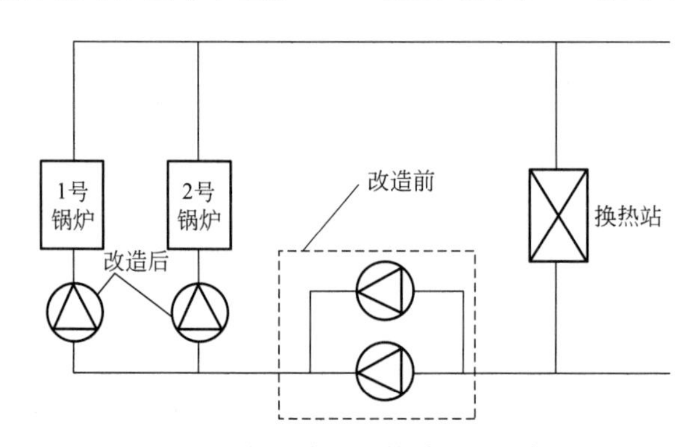

图 4-23　锅炉房工艺管道改造示意图

在进行热源循环泵的选型时，主要考虑以下两方面：

1）流量要求，应能提供管网的全部循环流量。一般可根据锅炉额定流量确定循环泵流量。

2）扬程要求，应满足热源到压差控制点间的管网阻力，即锅炉阻力加上水泵进出口阻力和管道阻力损失。原有循环泵及改造后的循环泵参数如表 4-7 所示。

原有循环泵参数及改造后的循环泵参数　　**表 4-7**

热源循环泵	设计流量(t/h)	设计管阻(mH_2O)	额定功率(kW)	额定流量(t/h)	额定扬程(mH_2O)
原有 2 台	1250	48.6	355	1500	54
改造后 2 台	1250	14	90	1400	16

3. 设计注意要点

（1）在进行水泵选型时，选型流量应在计算流量的基础上乘以 1.1～1.2 的系数。计算流量应与供热系统实际运行时的历史数据进行对比，验证计算的准确性。

（2）水力计算时，要考虑管道热水流速不应大于 3.5m/s。

（3）均压管的管径选择原则上越大越好，实际工程中可用储水罐代替均压管。

（4）分布式变频系统改造中热源循环泵最好一对一，即一台循环泵对应一个锅炉。

4. 案例设计节能分析

（1）水压图分析

原有传统的枝状供热系统水压图如图 4-24 所示。

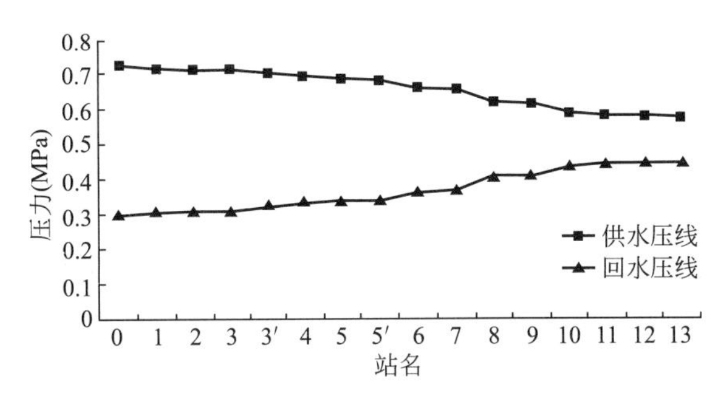

图 4-24 传统的枝状供热系统水压图

由图 4-24 可知，热源循环水泵承担整个一级网的总阻力，即循环水泵扬程应满足最不利、最末端用户的资用压头。假定各热力站的资用压头相等，则最末端用户的资用压头正好等于热源循环水泵所提供的资用压头，而其他各站的资用压头均小于热源循环水泵所提供的资用压头，由此产生的多余资用压头，就需要被调节阀消耗掉，由此白白浪费了这部分压头。由此可知，供热管网设计时尽量不产生多余资用压头，减少或不使用调节阀就可以达到节能的效果。改造后的分布式变频系统水压图如图 4-25 所示。

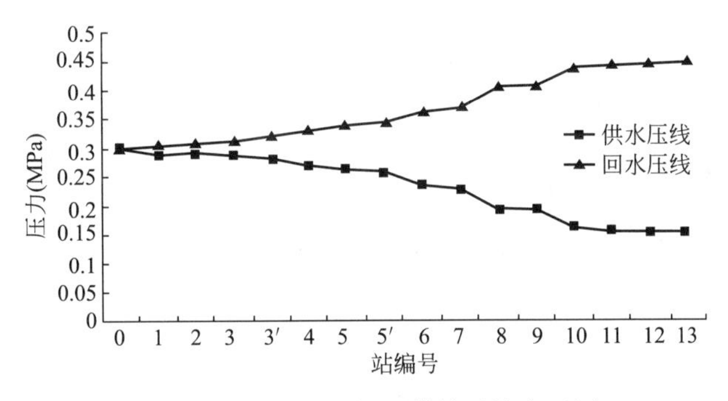

图 4-25 分布式变频泵供热系统水压图

采用分布式变频系统时，压差点位置选择在锅炉房内，则热源循环泵承担热源到零压差点之间供回水管网的阻力，和传统供热系统相比，热源循环泵的扬程降低很多。假设各热力站的资用压头相等，从图 4-25 可以看出，供热管网中出现了回水压力大于供水压力的情况，因此要使系统正常运行，必须在热力站的回水管上设一级网加压泵，图 4-25 中供、回水压线之间的高度就是变频泵应有的扬程。该泵承担各热力站到零压差点之间供、回水管网的阻力。一级网加压泵加装变频装置，就可以实现用户需要多少热就抽多少热，这样就减少或避免了传统系统中调节阀的使用，整个管网运行期间浪费的水泵功耗相对传统系统就少很多。

（2）一级网输配设计节电率计算

根据上述设计计算，原有供热系统中一级网水泵设计功率为 710kW，改造后的分布式变频系统一级网水泵设计功率为 599.1kW，一级网输配设计节电率为 15.6%。由表 4-6 可以看出，水泵选型时额定流量都大于选型流量，而实际运行中如果采用精确的定压变频控制，使各分支系统流量实现真正意义上的按需索取，杜绝浪费，其节电效果就更加显著。实际运行案例表明，采用分布式变频供热系统后系统节电达 30%以上[20-23]。

综上所述，与传统供热系统相比，分布式变频系统作为一种新型的供热系统运行形式，通过合理设计，可以显著降低供热一级管网的总电装容量，尤其是锅炉房内主循环泵功率大幅度降低。总电装容量的降低幅度依赖于管网阻力特性。在管网越长、沿程阻力越大的系统中，节电空间越大。

4.7　分布式变频泵供热系统热量调控技术及应用案例

分布式变频泵供热系统作为集中供热的新技术，在管网的变流量调节控制方面更有其创新点。针对分布式变频泵供热系统，直接采用热量控制[23]，改变了传统用供回水温度来间接控制的方法，实现了热源处按照热量总量控制，主循环泵按照压差控制，分布泵按照热量—温差控制。通过该方法可以保证供热质量，并最大限度地保证了供热系统的稳定性，延长了设备的使用寿命。

4.7.1　分布式变频泵供热系统的形式

分布式变频泵供热系统有以下三种常见的形式：

(1) 最常见的系统形式为主循环泵+各用户加压泵的形式，如图 4-26 所示。

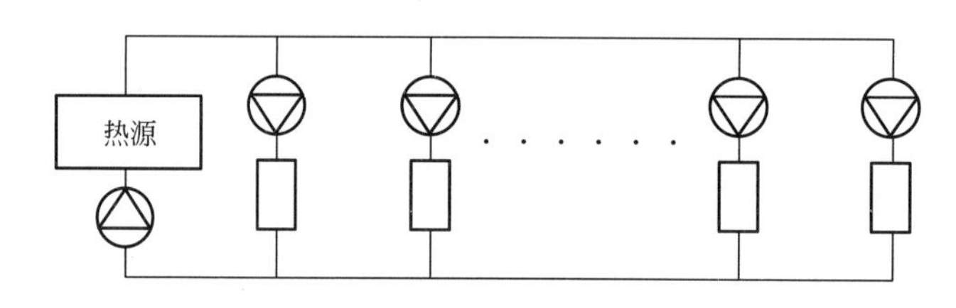

图 4-26　主循环泵+各用户加压泵的形式

(2) 沿途用户供回水加压泵与主循环泵配合的形式，如图 4-27 所示。

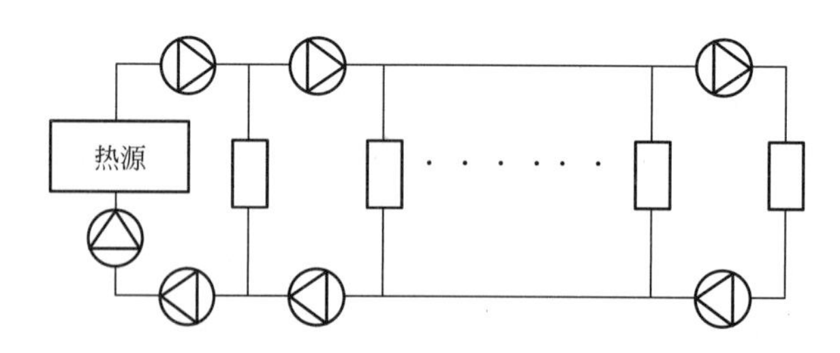

图 4-27　供回水加压泵与主循环泵配合的形式

(3) 沿途供回水加压泵、主循环泵及用户加压泵配合的形式，如图 4-28 所示。

以上三种分布式变频泵供热系统形式，均出现在了城市传统的集中供热系统改造工程中和新建工程中[23]。

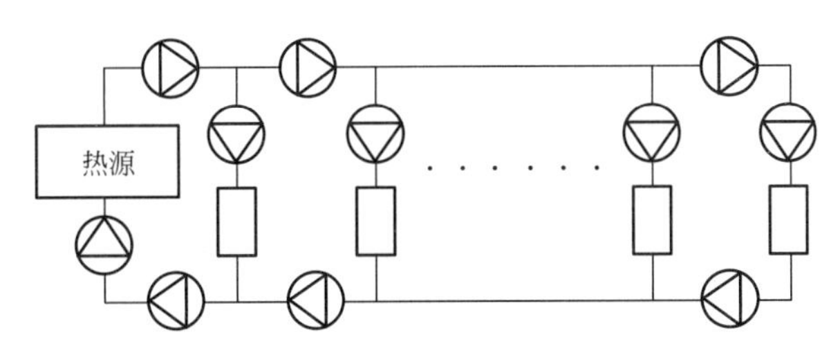

图 4-28 供回水加压泵、主循环泵及用户泵配合的形式

4.7.2 分布式变频泵供热系统的控制策略

分布式变频泵供热系统的控制，主要是针对热源、主循环泵和分布泵的控制。

1. 热源的控制

传统锅炉的控制是运行人员根据经验，当室外气温升高时，降低锅炉的给煤量和鼓引风量，所供的热量就会减小；当室外气温降低时，增加锅炉的给煤量和鼓引风量，所供的热量就会增加。虽然最终目标也是控制热量，但凭经验控制周期长，对所供的热量缺少量化的控制依据，不够准确，效果并不理想。而采用热量控制法，就可以对热量进行量化控制管理，实现节约能源。如果要做到量化管理，则必须根据供暖系统的现状，即现有的设备、管道和建筑物的特点、用途以及所在的地区等计算出供暖建筑的热指标以及概算热负荷。另外，在实施热量控制前，还需要在热源、热力站、建筑物入口处安装热计量表。其次需要知道每天的室外气象情况，包括未来 24h 的昼夜最高、最低和平均气温，以及风力、降雪等天气条件。通过对这些数据进行分析并综合供热厂的参数，得出当日的锅炉控制参数值。

2. 主循环泵的控制

主循环泵的控制，需要先给出零压差点的控制方式。因为主循环泵是仅克服零压差点之前的干管阻力以及热源的阻力。在整个供暖期，热网要做到按需供热，其网路的流量就一直处在变化中，而分布式变频系统零压差点的控制方式分为定零压差点控制和变零压差点控制两种方式。定零压差点控制，即在热网流量变化过程中，通过调整主循环泵的转速来保持零压点位置不变的方法。同理，变零压点控制，即在热网流量变化过程中，尽量利用主循环的输送能力，在该控制方式下，零压差点的位置会随流量的变化而变化。可见，定零压差点控制比变零压差点控制管理方便，节能率高，且适用于多用户的加压泵系统[24]。建议采用定零压差点的控制方式，即主循环泵的频率由零压差点位置处的压差进行控制。

定零压差点控制条件下的主循环泵的控制流程如图 4-29 所示。

3. 分布泵的控制

分布泵的控制直接影响到各用户的供暖效果，按照热量来控制分布泵的频率。热力系统本身是一个大滞后、大惯性的系统，很难保证室外温度所对应的热量能与室内温度的效果一一对应，因此很难精确地对热力系统进行控制。但是热力系统本身也是一个大的热容系统，当环境气象条件急剧变化时，可以被热力系统所吸收，做到以慢制快，再加上用户本身的适应能力对环境舒适度的要求留有余地，从这个意义上讲，对热力系统进行控制又

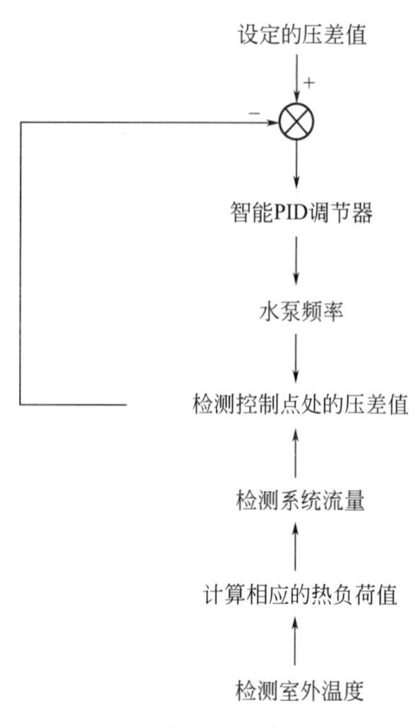

图 4-29　主循环泵的控制流程图

是容易的。根据这一特点，热力系统就可以通过热量来控制水泵的频率，是一种热量预控制方式。这种控制方式允许用户的室内温度在一定时间内存在一定的波动幅度。在确定用户下一个时间段的供热负荷之前，除了需要考虑室外温度对负荷的不同需求外，还应对上一时间段内的遗留偏差在短时间内给予补偿，从而预测出下一个时间段所需要提供检测控制点处的压差值的负荷量。这种控制方式是从宏观上把握供热系统的热平衡，跳出了供热系统微观的复杂变化，这样就可以使控制变得简单易行，还可以保证供热质量，最大限度地保证供热系统的稳定性，延长设备的使用寿命。这种控制方式还需要一定的修正，这种修正包括用压差修正和用温差修正两大类。压差控制为一种负反馈控制，即如果用户处调小阀门，系统管路的阻力增加，压差才有变化，此时压差信号将大于设定值，水泵将减速，减小流量，使压差信号接近设定值。但是如果用户处不调节，则水泵将不变频，管网的流量也就不变，就无法实现变流量控制。但是温差控制方案可以始终实现变流量控制。因为温差控制不仅包括负反馈，还包括正反馈。该方案能根据室外温度的变化，自动改变温差设定值或者固定温差而改变热水的供回水温度，即变温差控制和定温差控制。即使用户处没有局部调节，也能够及时反映因外界天气变化而引起的用户热负荷的变化，实现供热系统的节能运行。

传统的供热系统是一种“大马拉小车”的状态，大流量、小温差运行，所以如果能够使系统的温差值尽量达到设计值，调节系统的流量，将节约很大一部分电能；系统的循环流量又不能过小，必须保证热用户的正常供暖，确保系统不发生失调现象。在通常情况下，不应小于设计流量的 60%[23]。另外，在集中供暖系统中，变频调速的频率值一般在 30Hz 以上。所以，该控制方式是当系统流量大于设计流量的 60%时，保持供回水温差不变，根据室外气温变化引起的热量变化，再加上用户上一个时间段所遗留的负荷偏差，预测出下一个时间段所需要提供的负荷，控制水泵的转速，即热量—定温差控制；当系统流量小于设计流量的 60%时，保持系统流量为设计流量的 60%不变，改变供回水温差，根据室外气温变化引起的热量变化，再加上用户上一个时间段所遗留的负荷偏差，预测出下一个时间段所需要提供的负荷，控制水泵的转速，即热量—变温差控制。由于直供系统和间供系统形式不同，利用热量—温差实现变流量控制的方法也不同，以下将分别进行讨论。

（1）直供系统分布泵的控制

直供系统热水网路的分布泵直接针对热用户。当采用热量—温差控制方式时，可以先根据室外温度计算一个负荷值，然后结合上一个时间段负荷的遗留偏差，预测出下一个时间段的负荷值，进而固定供回水温差来进一步修正分布泵的频率。图 4-30 为直供系统热量—温差的控制流程图。

（2）间供系统分布泵的控制

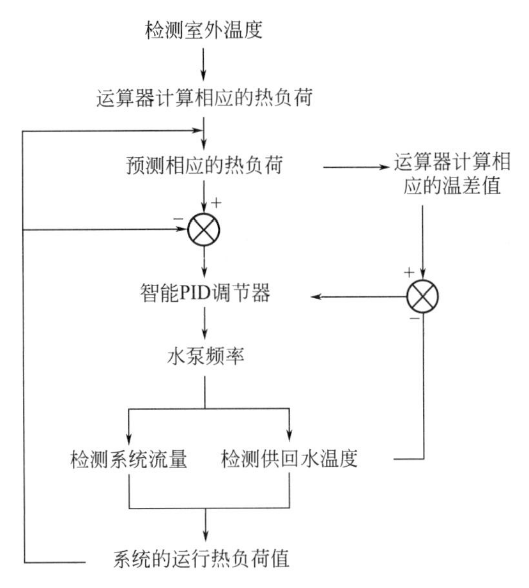

图 4-30 直供系统分布泵热量—温差控制流程图

当系统采用间接连接时，随着室外温度的变化，系统需要同时对一、二次管网进行调节。对于供暖用户的调节，采用和上述直供系统相同的控制方式。而对于一级网的分布泵，控制方式仍然是热量—温差控制，只是一级网通过改变水泵的频率来保证二级网的供回水平均温度满足热用户的要求。因为当二级网供回水平均温度在同一室外温下达到同一给定值时，各用户的平均室温就可以保证均匀一致。间供系统分布泵的热量—温差控制流程如图 4-31 所示。

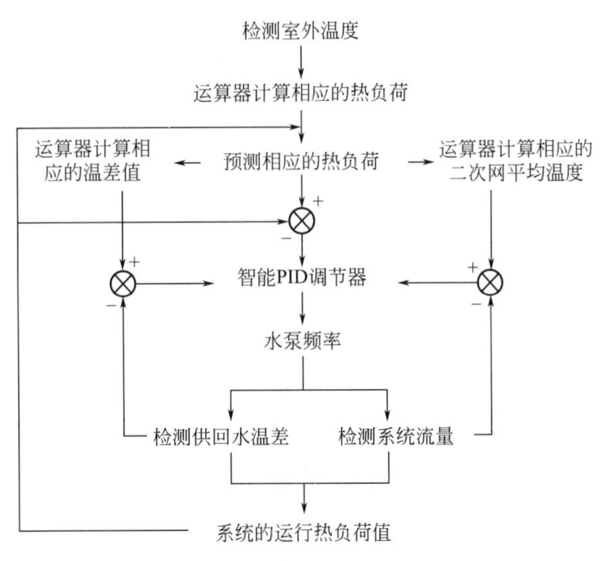

图 4-31 间供系统分布泵热量—温差控制流程图

4.7.3 实际工程中热量控制法应用案例

某城市一个传统的集中供热系统，由于后期供热管网规模的逐年增加，导致局部用户或热力站的资用压头不足，将传统系统改造为分布式变频泵供热系统，系统形式为图4-26所示主循环泵+各用户加压泵的形式。采用传统的供回水温度控制方法与采用热量控制方法比较，结果如下[23,24]：

（1）采用传统的供回水温度控制方法，整个系统供暖季节的能耗为498.02万kWh，如表4-8所示。

分布式变频泵供热系统供回水温度控制法条件下年能耗值　　表4-8

序号	水泵名称	额定流量(t/h)	额定扬程(m)	供暖季耗电量(万kWh)
0	热源循环泵	4089.9	67	463.10
1号站	1加压泵	127.7	19.2	4.14
2号站	2加压泵	127.7	19.2	4.14
3号站	3加压泵	231	12.5	4.88
4号站	4加压泵.	200	10.23	45
5号站	5加压泵	205	9.23	19
6号站	6加压泵	205	9.23	19
7号站	7加压泵	205	9.23	19
8号站	8加压泵	91.2	8.7	1.73
9号站	9加压泵	253	16.4	7.01
合计				498.02

（2）采用热量—温差控制方法，则整个系统供暖季的能耗178.88万kWh，如表4-9所示。

分布式变频泵供热系统热量控制法条件下年能耗值　　表4-9

序号	水泵名称	供暖季耗电量(万kWh)
0	热源循环泵	162.525
1号站	1加压泵	1.454
2号站	2加压泵	1.454
3号站	3加压泵	1.713
4号站	4加压泵.	1.210
5号站	5加压泵	1.119
6号站	6加压泵	1.119
7号站	7加压泵	1.119
8号站	8加压泵	4.705
9号站	9加压泵	2.461
合计		178.88

对比分析后可知，按照热量控制法降低了电量消耗319.14万kWh，节能效果显著[23]，能够最大限度地保证供热系统的稳定性，延长了设备的使用寿命，做到了按需供热。这种控制方法的适用性很广，可以指导各种变频供热系统中水泵的运行。

4.8 SCADA远程监控系统在热水供热管网水力平衡的应用案例

某城市热力公司引进芬兰成套集中供热运行远程控制系统SCADA，现已拥有125座热力站，担负了104000m^{2}的供热。在供热面积大幅增加的情况下，该系统为安全供热、经济运行提供了强有力的保障。

4.8.1 原集中供热系统一级管网水力失调现象

(1) 一级管网流量不足，水力失调度小于1，导致各热力站二级管网供水温度达不到设定温度。各热力站一级管网供回水温差大，超过50℃，一级管网电动调节阀全部开启，相对开度为100%，二级管网供水温度也难于达到设定温度。

(2) 一级管网流量正常，但管网水力工况整体分配不均，水力失调度近端热力站大于1，近端二级管网供水温度正常；水力失调度远端热力站小于1，远端二级管网供水温度达不到设定值。近端热力站二级管网供水温度正常，一级管网供回水温差小于40℃；远端热力站二级管网供水升温困难，一级管网供回水温差大于50℃。

(3) 某个热力站由于一级管网过滤器、板式换热器一级侧堵塞等原因，造成二级管网供水温度达不到设定值。一级管网过滤器压差过大，≥0.06MPa，或者一级管网供回水温差过大>50℃，且一级管网回水温度过低<30℃。

4.8.2 利用SCADA系统应对一级管网水力失调的措施

利用SCADA系统，可总览所有热力站一级管网供回水温度、一级管网流量以及二级管网供热情况，可非常便利地应对上述三种水力失调现象[26-28]。

(1) 出现上述第一种水力失调现象，说明一级管网整体流量不足或者一级管网供水温度不够，此时即可要求热源厂增加一级管网供水流量或提高一级管网供水温度。一级管网运行参数如表4-10所示[25]。

一级管网运行参数　　表4-10

室外温度(℃)	一级管网供水温度(℃)	热力站一级管网供回水温差(℃)	一级管网流量(按照二级管网供热面积折算)(m^3/h)
5	90～95	40～45	8～9
0	95～100	40～45	8～9
−5	100～120	40～45	8～9

一级管网运行调节，在供热初期，适度量调节，确定一级管网的总流量；在供热稳定后，进行质调节，实时调节一级管网的供水温度。

(2) 出现上述第二种水力失调现象，说明一级管网流量分配不均，近端热力站一级管网流量过大，远端流量不足。在热力站一级管网回水管道上安装自力式压差调节阀[26,27]，即可有效解决此类水力失衡。一般安装在用户入口处供水管或回水管上，根据系统压差波动自动调节阀门开度进行阻力调节，始终维持热用户入口处供回水压差恒定。安装在回水管上的自力式压差调节阀结构如图4-32所示。

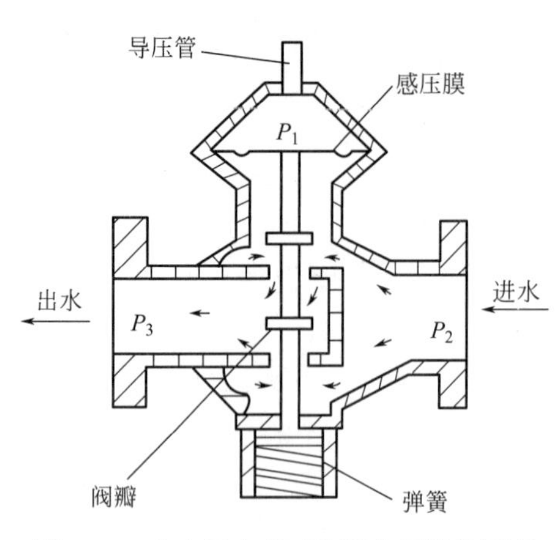

图 4-32　自力回水式压差调节阀结构原理

图 4-32 中，P_1 为通过导压管传至感压膜上部的外网供水压力，P_2 为被控环路的回水压力，P_3 为外网的回水压力。当外网的供回水压差（P_1-P_3）增大时，则感压膜带动阀瓣下移，使阀的阻力增大，压差（P_2-P_3）增大，从而使被控环路控制压差（P_1-P_2）保持不变。反之，当外网供回水压差（P_1-P_3）减小时，则感压膜带动阀瓣上移，使阀的阻力减小，被控环路控制压差（P_1-P_2）仍保持恒定。当被控环路内部的阻力发生改变时，某个支路关断或用热户减少，则环路的总阻力增大，则压差（P_1-P_2）增大，但随之感压膜的受力平衡被打破，阀瓣下移，阀的阻力增大，又使压差（P_2-P_3）增大，P_2 又回升到原来的大小，即被控环路控制压差（P_1-P_2）不变。可见，无论是外网压力出现波动，还是被控环路内部的阻力发生变化，自力式压差调节阀均可维持被控环路的压差恒定。各热力站一级管网回水管道都安装了自力回水式压差调节阀，如图 4-33 所示，通过导压管与一级管网供水管道连接。如热源厂输送至热力站的一级管网外网压力（P_1、P_3）发生波动，当压差（P_1-P_3）增大时，调节阀阀瓣下移，压差（P_2-P_3）增大时，从而使热力站内一级管网供回水压差（P_1-P_2）保持不变，始终维持压差恒定，自动保持水力平衡；反之亦然。

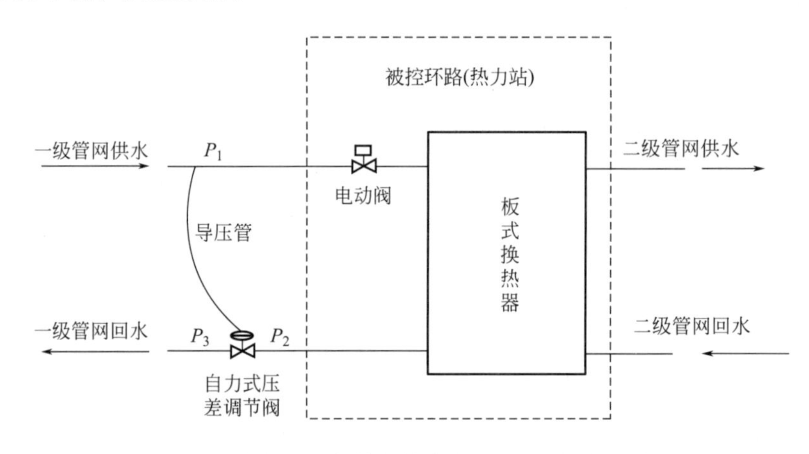

图 4-33　热力站回水管安装自力式压差调节阀示意图

根据运行经验，通过微调压差调节阀弹簧，7MW 以下热力站一级管网供回水压差（P_1-P_2）一般控制在 0.15MPa 左右，8MW 以上热力站压差（P_1-P_2）一般控制在 0.20MPa 左右，即可消除一级管网出现“近热远冷”水力不平衡现象。

（3）出现上述第三种水力失调现象，可利用 SCADA 系统检查上传的热力站一级管网过滤器压差、一级管网供回水温差及一级管网回水温度。过滤器压差大于 0.06MPa 时，表明一级管网过滤器堵塞，需疏通；在过滤器畅通的情况下，一级管网温差超过 50℃，且一级管网回水温度低于 30℃时，说明板式换热器一级侧堵塞，需立即疏通。

4.8.3 原二级管网水力失调现象

（1）二级管网流量不足，水力失调度小于1，导致热用户室温达不到设定温度，具体表现为：热力站二级管网供水温度达到设定值，回水温度低，供回水温差过大，超过15℃，所供热区域热用户供热效果皆不佳，不热报修量大，投诉率高。

（2）二级管网流量正常，管网水力工况整体分配不均，水力失调度近端用户大于1，远端用户小于1。热力站二级管网供水温度达到设定值，供回水压差达到设定值，供回水温差正常，8～10℃，但出现供热区域热用户近热远冷现象。

（3）二级管网流量过大，水力失调度大于1。热力站二级管网供热温度正常，供回水压差达到设定值，供回水温差小，甚至小于4℃，热用户投诉极少。

4.8.4 利用SCADA系统应对二级管网水力失调的措施

利用SCADA系统，可总览所有热力站二级管网供回水温差、压差、流量以及供回水温度，能非常便利地应对上述三种水力失调现象。

（1）出现上述第一种水力失调现象，说明二级管网流量不足，可观察该热力站上传的二级管网过滤器压差、二级管网供回水压差、温差及回水温度。当过滤器压差≥0.1MPa时，说明过滤器堵塞，需疏通；二级管网供回水压差过小，达不到设定值时，查看上传的变频循环泵的频率，适度增大变频泵频率，使二级管网供回水压差达到设定值；在循环泵满频的情况下，二级管网供回水压差仍达不到设定值，说明板式换热器二级侧堵塞，需立即疏通。二级管网运行参数如表4-11所示[28]。

二级管网流量、温差等运行参数 表4-11

供热结构	二级管网流量(m^3/h)	二级管网供回水温差(℃)
老式上供下回式结构	3.5～4.0	8～10
新式单户单供结构	3.0～3.5	8～10

（2）出现上述第二种水力失调现象，其原因在于热力站近端热用户实际流量远大于其设计流量，水力失调度大于1，远端热用户实际流量远小于其设计流量，水力失调度小于1，中端用户流量大体接近设计流量，水力失调度约等于1。此类问题的解决，在过去通常采用“温差测量法”，先对供热面积较大、二级管网供回水温差小的热用户进行调节，凭经验对用户入口装置中供水或回水柱塞阀或闸阀进行节流调节，待第一轮调节完毕、系统稳定运行2～3h后，再次检测用户二级管网供回水温差，以便进行下一轮调节。该方法具有滞后性、繁杂性和调节周期过长的缺点，不科学。

要彻底解决二级管网供热系统“近热远冷”水力失调问题，必须在单元入口处安装适宜的水力平衡阀，自动保持二级管网水力平衡。本案例热用户单元二级管网回水管安装了自力式压差调节阀如图4-34所示。

其控制压差为0.010～0.015MPa，即可消除二级管网的“近热远冷”现象。

（3）出现上述第三种水力失调现象，说明二级管网流量过大，通过SCADA系统远程减小二级管网供回水压差设定值，监控热力站二级管网供回水温差，使二级管网流量、温差处于表4-11给出的合理范围之内。

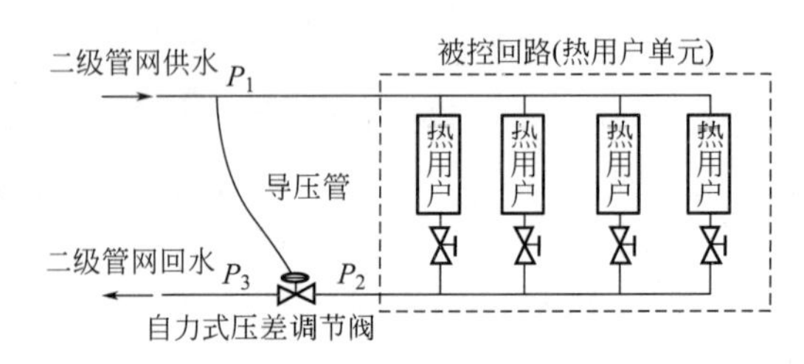

图 4-34　热用户单元二级管网回水管安装自力式压差调节阀示意图

4.9　集中供热一级管网水力工况对能耗的影响分析及诊断案例

某城市一个热力公司是该市主要的集中供热锅炉房之一，主要担负着区域写字楼、住宅小区、学校、宾馆等约 377 万 m² 供热面积的集中供热任务。集中供热系统一级管网连接 105 个换热站，热水锅炉热媒额定供/回水温度为 120℃/70℃，均为高温水通过换热站这一间接方式将热能供给二级热网。该供热系统热源及换热站循环动力设备均无变频调节，依旧采用简单的集中质调节方式运行。近年来，每年都有新建建筑和既有建筑并入该热网系统，导致管网系统水力工况不断改变，存在严重的水力失调现象，一部分远端用户室内温度无法满足设计要求，投诉率较高。由于该系统一级管网的各热力站入口处均无流量平衡装置，采用传统的蝶阀调节流量已很难满足流量的均匀分配，为满足末端用户的用热要求，只好采用加大运行流量、增加运行负荷的办法来解决末端用热需求，但效果也不好。而且，一级管网运行年限较长，大部分管段采用直埋敷设，管网保温层破坏严重，导致一级管网输送效率不断降低，能源浪费严重。据统计，2009～2010 年供暖季共计 180 天，总耗煤量为 13.27 万 t，燃煤平均发热 26.653MJ/kg，折合标准煤 12.08 万 t，发热值 29.271MJ/kg。供暖面积标准煤耗量为 31.98kg/m²，大于《民用建筑采暖节能设计标准》JGJ 26-95 采暖居住部分中规定的该地区标准煤 17kg/m² 的标准，更大于《严寒和寒冷地区居住建筑节能设计标准》JGJ 26-2010 中规定的该地区 11.9kg 标准煤/m² 的标准。整个供暖期一级管网系统补水率高达 193649t，系统软化水费增加。以上问题均导致了该系统一级管网运行能耗偏高、供热效果不理想的现象。

4.9.1　热源概况

该集中供热系统始建于 1993 年，经过十几年的发展不断扩建并网，供热面积现已达到 377.69 万 m²。锅炉房额定出力现为 271MW，共有 4 台额定热功率为 46MW 的单锅筒横置式链条炉排燃煤热水锅炉和 3 台额定热功率为 29MW 的双锅筒横置式链条炉排燃煤热水锅炉，其具体参数如表 4-12 和表 4-13 所示，供热系统流程图如图 4-35 所示。

锅炉参数详表　　　　**表 4-12**

序号	名称	数量(台)	吨位	热功率	额定出水压力	额定进出水温	燃料	型号
1	热水锅炉Ⅰ	3	41t	29MW	1.25MPa	70℃/120℃	Ⅲ类烟煤	SHL29-1.25/120/70AⅢ
2	热水锅炉Ⅱ	4	65t	46MW	1.6MPa	70℃/120℃	Ⅲ类烟煤	DHL46-1.6/120/70AⅢ

锅炉房附属处理方式表　　表 4-13

名称	方　式
水处理方式	设置两台大气压力式热力喷雾式除氧器,大气式热力除氧,阴阳离子交换单极除盐,并向锅内加磷酸三钠
除灰方式	水力冲灰
除尘方式	烟气净化方式为双击式脱硫除尘以及麻石脱硫塔
上煤方式	移动式倾斜皮带运输机—多斗提升机—水平皮带运输机—锅炉间原煤斗
烟囱	高度 100m,上口直径 1000mm

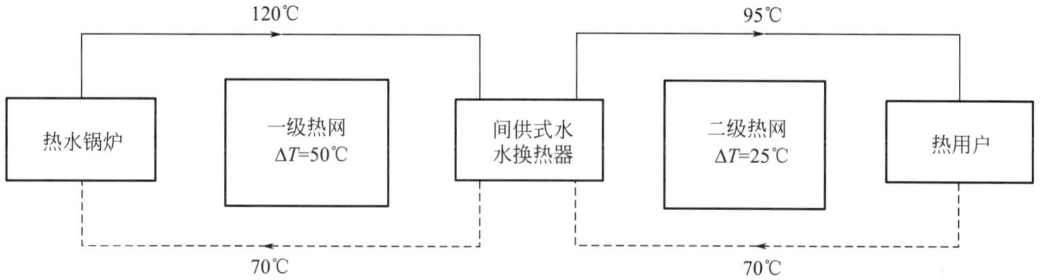

120℃
95℃
热水锅炉
一级热网
ΔT=50℃
间供式水
水换热器
二级热网
ΔT=25℃
热用户
70℃
70℃

图 4-35　供热系统流程图

4.9.2　一级管网、换热站及热用户概况

1. 一级管网

集中供热系统一级管网为双管闭式支状系统。从锅炉房 DN900 的总母管分出五支总管，分别承担 A、B、C、D、E 五个区域的供热负荷，如图 4-36 所示。其中 A 区、B 区、

E区
D区
C区
B区
A区

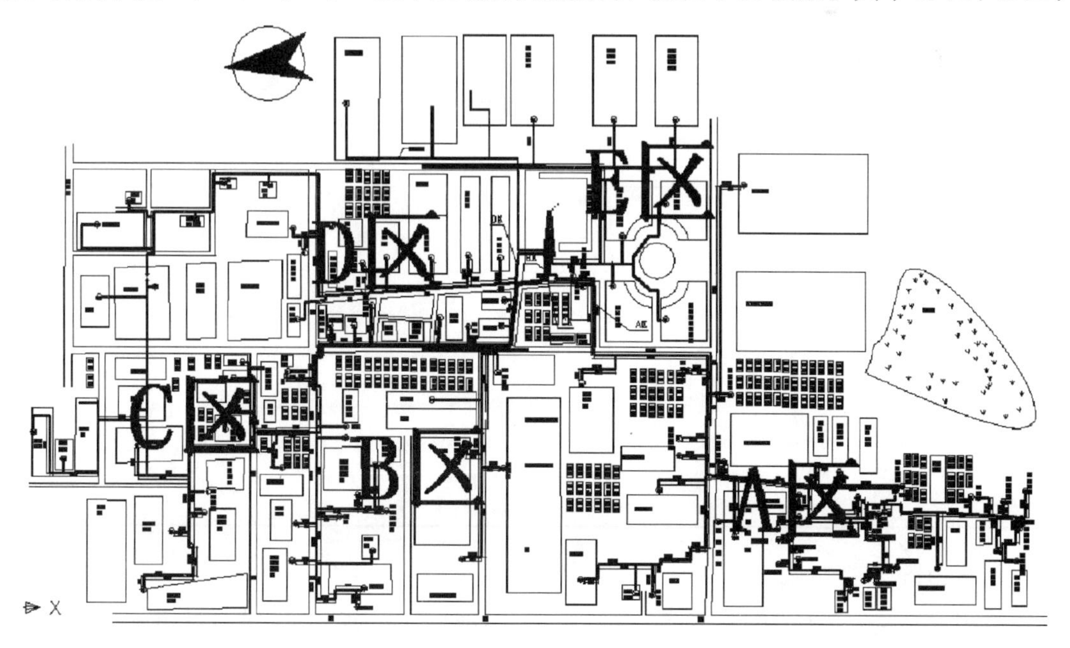

图 4-36　供热系统一级管网总规划示意图

C 区、D 区初始管径为 DN500，E 区初始管径为 DN400。主循环泵采用一台卧式离心清水泵，其参数如表 4-14 所示。

集中供热系统一级管网系统循环参数表　　表 4-14

名称	台数	额定流量 (m^3/h)	额定扬程 (mH_2O)	轴功率 (kW)	额定转速 (r/min)	型号	类型	是否变频	备注
循环泵	1	5500	76	1299	760	80038UA	离心清水泵	否	2008 年更新安装

五个区新旧管网交错布置，所承担的供热负荷也相差甚远，其中 A 区承担的供热面积最大，水力状况最差，整个管网系统运行流量调节主要以手动调节阀或者闸阀进行人工调节为主，无良好的水力平衡装置，水力失调现象严重，热用户冷热不均。部分一级热网的管道为地沟敷设，包括不通行地沟、通行地沟、半通行地沟，其余均为直埋敷设。管道保温材料主要有聚氨酯、硅酸盐、玻璃棉等。由于供热管网已运行多年，加之大部分为直埋敷设，无法修缮更新，管道锈蚀、保温层腐烂、漏水、结垢等现象严重。

2. 换热站

现热力系统共有大小换热站 105 个，均为间供连接，大部分换热站均承担有公共建筑以及居住建筑的供热任务，除小部分供热面积不大的换热站无人看守外，其余的换热站均由业主方或热力公司看守。大多数换热站使用年限均在 10 年以上，设备陈旧，部分换热站采用一级管网回水为二级管网补水定压的方式。换热站均无流量平衡调节装置，且换热站二级管网循环水泵也采用定流量调节。集中供热系统换热站概况，如表 4-15 所示。

集中供热系统换热站概况　　表 4-15

区域	热媒方式	供热方式	供热面积 (万 m^2)	换热站数量	主要保温材料	敷设方式	供热半径 (m)
A	热水	间接连接	144.91	44	岩棉、玻璃棉、聚氨酯	地沟＋直埋	2896
B	热水	间接连接	73.50	24	岩棉、玻璃棉、聚氨酯	直埋	2808
C	热水	间接连接	90.00	14	岩棉、聚氨酯	地沟＋直埋	2599
D	热水	间接连接	42.98	14	岩棉、玻璃棉、聚氨酯	直埋	3076
E	热水	间接连接	12.08	9	玻璃棉、聚氨酯	直埋	858

3. 热用户

热用户建筑大多是 1980～2005 年建造的，各类建筑围护结构保温材料和施工工艺、设计指标均不相同，导致所需实际热负荷差异悬殊；此外，近年来不少经济条件较好的用户进行辐射地板供热改造，系统供给的热负荷往往大于实际所需，用户端没有安装流量计和温控阀，对于这部分用户而言，通过开窗来散热是进行室内温度调节的主要方式。

4.9.3　一级管网节能检测目的及方法

集中供热系统一级管网对整个系统的热量传输、能源消耗起着十分重要的作用。提高一级管网的输送效率是提高整个供热系统能效的重要环节。一级管网的水力工况直接影响着整个系统的供热质量。该集中供热系统运行时间久，管网复杂，问题诸多，通过对一级管网的实际检测和调查得到实测数据，可以达到以下几个主要目的：

（1）计算一级管网的水力平衡度，全面了解供热质量现状，研究解决的方法；

（2）计算一级管网的输送效率，掌握一级管网的能耗现状，分析管网保温现状；

（3）计算一级管网的系统补水率，探讨系统补水率的高低对能耗的影响；

（4）分析一级管网当前运行调节方式的能耗现状，研究符合该热网系统运行调节方式的节能改造策略；

（5）计算一级管网的节能潜力，预测改造后所带来的经济效益、社会效益和环境效益，评价其一级管网的改造必要性。

集中供热系统一级管网的改造难度高、投资大，通常分批进行。改造前需要对一级管网进行检测和分析，为节能改造制定详细方案提供参考依据。

1. 分区测试

进行分区测试，画出一级管网示意图，将各个分区换热站命名编号、标出分担的供热面积。A 区一级管网示意图如图 4-37 所示；编号说明表如表 4-16 所示。同理，也要给出 B 区、C 区、D 区和 E 区的一级管网示意图、编号说明表。限于篇幅，此外只讨论 A 区的情况，其他分区给出结论即可。

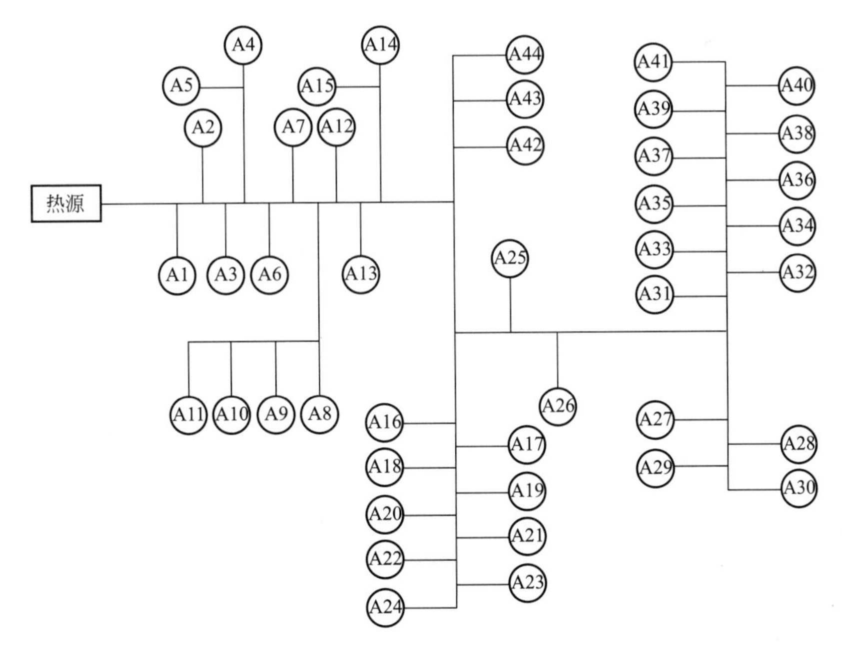

图 4-37　A 区一级管网示意图

A 区一级管网示意图编号表　　　　**表 4-16**

编号	换热站名称	供热面积(m^2)	编号	换热站名称	供热面积(m^2)
A1	MLG	43000.00	A23	YKDS	6000.00
A2	DMWXZ	14151.13	A24	WJ	9526.60
A3	YFWY	6393.00	A25	HJDS	25000.00
A4	JBGS	161556.15	A26	ALSKWY	10385.96
A5	HLEQ	66918.00	A27	DSBG	5700.00
A6	DSZZ	111290.86	A28	JSWBG	11944.10
A7	XSQFY	23994.83	A29	SMG	39263.21
A8	ZLYY	51213.00	A30	YTDS	16422.16
A9	KJJ	58627.20	A31	LTGS(X)	1781.00
A10	JQJLZX	75000.00	A32	GS	19323.56
A11	HBS	34584.93	A33	ZZGS	4739.16
A12	HXDS	10000.00	A34	JGY	46971.03
A13	HLYQ(SZHY)	168911.22	A35	WT	8000.00
A14	KPXQ	90082.00	A36	HX	32198.36
A15	KPEQ	100000.00	A37	SKY	29740.00
A16	GXSYZGS	25458.59	A38	JSWZZ	7818.50
A17	ZSGY	18000.00	A39	NKJ	42652.93
A18	MRY	45269.24	A40	YDXQ	30442.03
A19	MKJS	9305.63	A41	JJZX	11990.97
A20	XJDS	20032.22	A42	SNZZ	6521.00
A21	MKDS	30480.00	A43	XJZZ	9009.00
A22	ZXFC	6818.26	A44	HTRX	15173.52
				合计	1561689.35

2. 一级管网检测步骤

对于集中供热管网的节能检测，主要通过三个步骤完成：

（1）校验管网的水力工况是否存在失调。水力失调可以导致高能耗、二级管网不满足设计要求；

（2）检测管网的输送效率是否达标。输送效率反映了输送单位能量所需要投入的能耗，管网保温、漏滴的现状；

（3）检测管网系统的补水率是否达标。补水率超标会增加管网运行成本。

集中供热系统水力工况检测和评价，由于检测在 2009～2010 年，故依据《采暖居住建筑节能检验标准》JGJ 132-2001 的相关规定。该标准中要求同步测试管网的温度和流量，且温度检测持续时间不应少于 168h，流量检测持续时间为 30min，与现行标准《居住建筑节能检测标准》JGJ/T 132-2009 不矛盾。管网系统检测合格标准如表 4-17 所示。[29]

3. 一级管网检测原理

依据《采暖居住建筑节能检验标准》JGJ 132-2001 中所述的检测原理进行测试和分析。

集中供热系统管网各项检测判定指标 表 4-17

检测项目	合格区间	备注
管网系统水力平衡度	0.9～1.2	JGJ 132—2001 第 5.2.6 条
管网系统输送效率	≥0.9	JGJ 132—2001 第 5.2.8 条
管网系统补水率	≤0.5%	JGJ 132—2001 第 5.2.7 条

（1）管网的水力平衡度检测原理[29]

管网水力平衡度 HB 为：

$$HB_j=\frac{G_{\mathrm{m},j}}{G_{\mathrm{d},j}} \tag{4-1}$$

式中 HB_j——第 j 个热力入口的水利平衡度；

$G_{\mathrm{m},j}$——第 j 个热力入口处的测试平均流量，t/h，由流量计检测获得；

$G_{\mathrm{d},j}$——第 j 个热力入口设计流量，t/h，由原始设计资料获得；

j——热力入口序号。

（2）管网输送效率检测原理[29]

管网输送效率 η 为：

$$\eta=\sum Q_j/Q \tag{4-2}$$

式中 Q_j——检测持续时间内在第 j 个换热站入口处测得的热量累计值，MJ；

Q——检测持续时间内在热源总管处测得的热量累计值，MJ。

（3）供热系统管网补水率检测原理[29]

供热管网的系统补水率 R_{mu} 为：

$$R_{\mathrm{mu}}=\frac{G_{\mathrm{mu}}}{G_{\mathrm{wt}}}\times100\% \tag{4-3}$$

式中 G_{mu}——检测期间，系统总补水量，t；

G_{wt}——检测期间，系统设计循环水量累计值，t。

4. 检测仪器与使用方法

（1）温度检测仪器

管网供回水温度参数的检测采用 WZY-1C 型温度自记仪（见图 4-38），该记录仪是一种智能化的温度测量和记录仪表，使用铂电阻测温，精度高、寿命长。它以微处理器为核心，能定时对目标环境及表面温度进行自动测量，并把测量结果保存在存储器中。该仪表设计符合《建筑物围护结构传热系数及采暖供热量检测方法》GB/T 23483-2009 和北京市地方标准《民用建筑节能现场检验标准》DB11/T 555-2008 的要求，也符合其他记录温度变化情况的相关标准。

（2）温度检测方法

检测位置设在热源总管处，供水管一个，各区域回水管各一个。同时，设在换热站一级管网总管处：供回水管测点各一个。检测时间取 2min 间隔记录，检测连续时间不少于 168h。

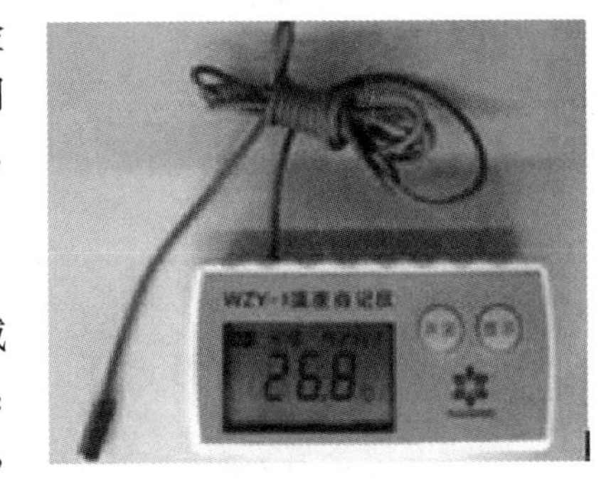

图 4-38 WZY-1C 温度自记仪

(3) 流量检测仪器

管网流量参数检测，采用TDS-100H型手持式超声波流量计，如图4-39所示。采用非接触附着式传感器，安装简单、操作方便。

(4) 流量检测方法

测量位置在热源总管处，供回水管段；换热站一级管网总管处，回水管。

流量检测持续时间为30min，每5min记录一次数据，共计6次。

5. 管网检测流程

管网检测流程如图4-40所示。

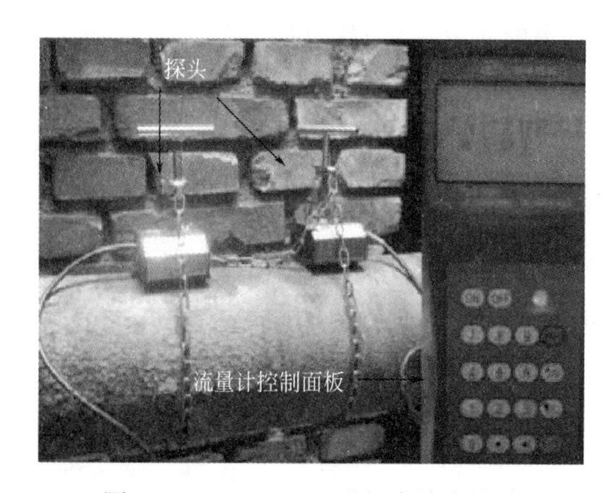

图4-39 TDS-100H型超声波流量计及其测试安装方法示意图

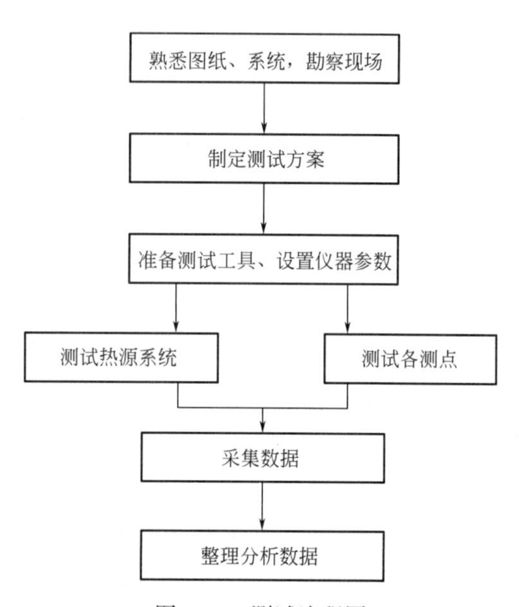

图4-40 测试流程图

测点布置及目标参数如表4-18所示。

测试目标参数及测点布置 **表4-18**

目标参数	换热站	热源总管
一级管网供水温度	√	√
一级管网水温度	√	√
一级管网水流量	√	√
一级管网回水流量	√	√
系统小时补水量	—	√
室外温度	—	—

4.9.4 一级管网调查与实测结果

一级管网调查与实测内容包括：集中供热系统基础数据表，如表4-19所示；各区域总管调查与测试结果表，如表4-20所示；各区域换热站调查与测试结果表，如表4-21所示；测试期间室外温度表，如表 4-22 所示；测试期间补水量表，如表 4-23 所示。

集中供热系统基础数据表 **表 4-19**

序号	项　　目	数值	单位	数据来源
1	A 区供热面积	1561689.35	m^2	原设计资料
2	B 区供热面积	764630.85	m^2	原设计资料
3	C 区供热面积	900062.59	m^2	原设计资料
4	D 区供热面积	429767.50	m^2	原设计资料
5	E 区供热面积	120779.12	m^2	原设计资料
6	2009～2010 年供暖期一级网循环水泵总耗电量	6354000.00	kWh	热力公司资料
7	该供暖期 A 区换热站循环水泵总耗电量	3171309.70	kWh	热力公司资料
8	该供暖期 B 区换热站循环水泵总耗电量	2239681.77	kWh	热力公司资料
9	该供暖期 C 区换热站循环水泵总耗电量	2242813.53	kWh	热力公司资料
10	该供暖期 D 区换热站循环水泵总耗电量	1028450.29	kWh	热力公司资料
11	该供暖期 E 区换热站循环水泵总耗电量	278433.96	kWh	热力公司资料
12	该年供暖期总补水量	193649.00	m^3	公司补水曲线图

各区域总管调查与测试结果表 **表 4-20**

区域	总管设计流量(t/h)	总管供水测试流量(t/h)	总管回水测试流量(t/h)	平均小时补水量(t/h)	测试平均供水温度(℃)	测试平均回水温度(℃)	总管管径 DN	最不利环路单侧长度(m)
A	2166.06	2131.33	2038.47	92.86	84.0	57.4	500	2896
B	1060.54	1247.59	1183.43	64.16	84.0	57.8	500	2808
C	1237.65	1647.24	1591.13	56.11	84.0	58.1	500	2599
D	596.09	761.48	704.85	56.63	84.0	54.8	500	3076
E	167.52	195.17	183.42	11.75	84.0	58.4	400	858
母管	5227.86	5982.81	5701.30	281.51	84.0	58.8	900	—

各区域换热站调查与测试结果表 **表 4-21**

编号	换热站名称	供热面积(m^2)	设计热负荷(kW)	设计流量(t/h)	测试平均供水温度(℃)	测试平均回水温度(℃)	供回水温差(℃)	测试流量(t/h)	入网管径 DN
A1	MLG	43000.00	2420.04	59.64	83.2	63.6	19.6	114.2	150
A2	DMWXZ	14151.13	686.33	19.63	84.6	67.1	17.5	41.93	125
A3	YFWY	6393.00	403.97	8.87	82.4	59.8	22.6	14.24	150
A4	JBGS	161556.15	7638.37	224.08	82.0	59.3	22.7	235.64	400
A5	HLEQ	66918.00	2800.52	92.82	79.5	54.6	24.9	74.06	300
A6	DSZZ	111290.86	5119.38	154.36	81.9	59.4	22.5	143.97	150
A7	XSQFY	23994.83	1407.06	33.28	81.2	64.1	17.1	52.22	125
A8	ZLYY	51213.00	3510.14	71.03	80.3	62.6	17.7	80.92	200
A9	KJJ	58627.20	2742.58	81.32	80.1	60.2	19.9	69.82	200

续表

编号	换热站名称	供热面积(m^2)	设计热负荷(kW)	设计流量(t/h)	测试平均供水温度(℃)	测试平均回水温度(℃)	供回水温差(℃)	测试流量(t/h)	入网管径DN
A10	JQJLZX	75000.00	4713.75	104.03	79.0	57.6	21.4	76.3	200
A11	HBS	34584.93	1871.04	47.97	72.8	55.5	17.3	34.88	200
A12	HXDS	10000.00	615.00	13.87	81.1	62.7	18.4	25.6	125
A13	HLYQ(SZHY)	168911.22	7927.00	234.28	81.0	59.9	21.1	176.99	200
A14	KPXQ	90082.00	3746.51	124.94	80.4	49.6	30.8	140.52	400
A15	KPEQ	100000.00	4258.00	138.70	80.5	60.9	19.6	113.3	250
A16	GXSYZGS	25458.59	1240.34	35.31	78.9	62.1	16.8	48.75	150
A17	ZSGY	18000.00	915.66	24.97	79.2	54.3	24.9	18.37	125
A18	MRY	45269.24	2444.54	62.79	79.3	59.7	19.6	78.02	150
A19	MKJS	9305.63	423.41	12.91	78.5	57.9	20.6	11.89	150
A20	XJDS	20032.22	950.53	27.78	78.1	59.4	18.7	34.13	150
A21	MKDS	30480.00	1742.85	42.28	78.4	52.9	25.5	29.76	150
A22	ZXFC	6818.26	306.82	9.46	76.2	53.3	22.9	10.45	125
A23	YKDS	6000.00	261.00	8.32	75.5	61.6	13.9	5.08	150
A24	WJ	9526.60	419.17	13.21	75.3	57.4	17.9	10.43	125
A25	HJDS	25000.00	1529.00	34.68	78.8	59.1	19.7	55.94	150
A26	ALSKWY	10385.96	556.06	14.41	74.6	61.3	13.3	21	125
A27	DSBG	5700.00	384.98	7.91	76.1	60.7	15.4	5.31	100
A28	JSWBG	11944.10	813.75	16.57	77.7	57.6	20.1	12.73	125
A29	SMG	39263.21	2140.63	54.46	74.6	62.8	11.8	32.98	250
A30	YTDS	16422.16	911.76	22.78	75.5	54.6	20.9	10.95	125
A31	LTGS(X)	1781.00	106.86	2.47	75.6	55.2	20.4	4.05	100
A32	GS	19323.56	818.35	26.80	75.2	57.8	17.4	31.91	150
A33	ZZGS	4739.16	272.50	6.57	75.3	62.6	12.7	10.41	100
A34	JGY	46971.03	2354.66	65.15	71.8	58.8	13.0	45.92	150
A35	WT	8000.00	450.80	11.10	74.1	45.6	28.5	8.26	125
A36	HX	32198.36	1446.67	44.66	74.0	55.3	18.7	58	150
A37	SKY	29740.00	1423.95	41.25	74.8	50.1	24.7	18.51	150
A38	JSWZZ	7818.50	361.92	10.84	73.0	55.8	17.2	15.65	125
A39	NKJ	42652.93	2101.51	59.16	75.9	52.3	23.6	21.48	200
A40	YDXQ	30442.03	1502.31	42.22	71.8	49.2	22.6	35.02	200
A41	JJZX	11990.97	742.60	16.63	73.1	54.4	18.7	19.41	200
A42	SNZZ	6521.00	316.33	9.04	76.0	61.9	14.1	17.63	125
A43	XJZZ	9009.00	424.41	12.50	77.4	57.8	19.6	12.82	100
A44	HTRX	15173.52	831.96	21.05	75.9	53.8	22.1	12.12	125

续表

编号	换热站名称	供热面积（m^2）	设计热负荷（kW）	设计流量（t/h）	测试平均供水温度（℃）	测试平均回水温度（℃）	供回水温差（℃）	测试流量（t/h）	入网管径DN
A区小计	—	1561689.35	78055.05	2166.06	2091.57	—	—	—	—
B1	JSGW	34584.00	1482.96	47.97	83.4	64.6	18.8	97.87	150
B2	PJH	16000.00	824.96	22.19	84.3	67.3	17.0	74.27	200
B3	TN	8068.10	498.93	11.19	83.6	65.1	18.5	41.82	100
B4	DCXQ	54418.85	2324.77	75.48	82.4	60.5	21.9	62.2	200
B5	BZCF	26767.86	1327.15	37.13	79.0	59.8	19.2	43.57	200
B6	WT	8000.00	509.20	11.10	81.5	54.3	27.2	28.2	125
B7	LXSCYY	18249.39	1053.72	25.31	81.0	52.8	28.2	28.93	125
B8	EGXZF	39998.44	1873.93	55.48	78.6	59.7	18.9	43.39	200
B9	WX	6000.00	283.44	8.32	77.8	62.6	15.2	9.4	100
B10	LW	2500.00	137.08	3.47	77.6	58.7	18.9	4.22	80
B11	XBSYNY	39983.94	1814.87	55.46	76.7	56.8	19.9	49.79	150
B12	DSZBSC	15020.80	901.85	20.83	75.3	45.2	30.1	13.63	150
B13	TDGHY	14726.66	685.23	20.43	73.6	57.9	15.7	23.86	150
B14	XNH	20000.00	1370.80	27.74	76.8	58.6	18.2	22.7	150
B15	GSGX	23000.00	1250.28	31.90	75.4	59.6	15.8	61.39	250
B16	XBSYBY	40024.00	2132.48	55.51	76.8	55.7	21.1	41.04	200
B17	LGS	23000.00	973.13	31.90	72.9	57.3	15.6	51.76	250
B18	FYZ	30392.92	1653.68	42.15	71.2	59.4	11.8	19.44	100
B19	XYY	15051.49	850.86	20.88	70.0	59.7	10.3	37.05	200
B20	XYSS	18181.00	809.78	25.22	82.7	61.1	21.6	31.1	150
B21	LHS	8000.00	522.12	11.10	81.1	57.9	23.2	17.45	250
B22	DZJCD	31000.00	1478.39	43.00	79.5	64.3	15.2	57.21	125
B23	KXY	217200.00	9465.58	301.26	77.3	56.0	21.3	259.82	300
B24	DZJ	54463.40	2637.66	75.54	76.4	54.5	21.9	98.72	200
B区小计	—	764630.85	36862.85	1060.54	—	—	—	1218.84	—
C1	HGJX	30056.25	1697.17	40.55	81.3	59.8	21.5	102.41	200
C2	HDXQ	38953.02	2513.59	53.83	80.2	56.4	23.8	56	200
C3	SS	6000.00	406.44	8.29	79.8	53.7	26.1	25.86	150
C4	HL	9000.00	493.72	12.44	79.2	60.4	18.8	20.2	150
C5	JXXQ	17000.00	630.83	23.41	78.4	59.9	18.5	23.78	125
C6	JSLXQ	51781.00	3842.17	71.55	80.1	48.4	31.7	128.19	200
C7	JDYXQ	160000.00	8259.46	220.33	78.8	57.7	21.1	142.29	250
C8	FDSBC	102209.36	4451.74	140.75	77.4	61.2	16.2	139.45	150
C9	ALPKXQ	64177.00	2277.53	88.37	79.3	67.6	11.7	230.77	250

续表

编号	换热站名称	供热面积（m²）	设计热负荷（kW）	设计流量（t/h）	测试平均供水温度（℃）	测试平均回水温度（℃）	供回水温差（℃）	测试流量（t/h）	入网管径DN
C10	CDDQ	70000.00	3613.58	96.06	75.4	54.3	21.1	115.71	200
C11	TSGF	10385.96	469.09	14.25	72.9	56.4	16.5	32.39	100
C12	JSY	110000.00	5323.27	151.47	77.4	58.2	19.2	263.89	250
C13	SJ	10500.00	592.95	14.46	76.5	53.0	23.5	27.28	100
C14	JHY	220000.00	10646.86	301.89	75.3	56.4	18.9	313.19	300
C区小计	—	900062.59	45218.40	1237.65	—	—	—	1621.41	—
D1	SLY	40000.00	2171.20	55.48	84.4	62.1	22.3	87.97	150
D2	LDD	35497.63	2168.55	49.24	83.2	62.3	20.9	43.98	150
D3	XYYY	2929.00	204.65	4.06	82.9	65.9	17.0	25.9	125
D4	ZLY	106688.04	5785.69	147.98	82.4	54.8	27.6	154.56	300
D5	THZY	13184.39	883.62	18.29	80.8	61.2	19.6	64.53	125
D6	EGZHL	2000.00	142.66	2.77	79.9	63.5	16.4	13.21	100
D7	TJXQ(HY)	9561.29	521.19	13.26	78.0	59.7	18.3	18.39	125
D8	HTSXQ	20931.50	1264.68	29.03	77.6	53.4	24.2	31.49	150
D9	XNY	16690.00	1327.52	23.15	77.3	59.6	17.7	50.83	150
D10	JYZ	375.00	24.38	0.52	75.8	64.7	11.1	6.69	65
D11	4S	6703.60	434.19	9.30	77.1	58.6	18.5	10.94	125
D12	XWDZ	19000.00	1282.69	26.35	74.0	54.9	19.1	21.99	150
D13	JCY	6207.05	470.09	8.61	76.5	52.8	23.7	8.8	125
D14	GL	150000.00	9058.50	208.05	75.7	48.8	26.9	200.47	350
D区小计	—	429767.50	25739.61	596.09	—	—	—	739.75	—
E1	LTGS(D)	1781.00	106.86	2.47	83.6	69.2	14.4	14.2	100
E2	YFFC	6456.17	334.17	8.95	83.1	58.7	24.4	10.02	100
E3	BTZZGLZ	4739.16	288.57	6.57	82.5	61.5	21.0	9.62	150
E4	YTWYHRZ	8406.19	522.11	11.66	81.0	53.9	27.1	8.49	100
E5	LLZZ	6818.00	315.28	9.46	81.3	52.8	28.5	8.31	125
E6	YYGS	13665.12	787.66	18.95	78.5	62.9	15.6	43.04	125
E7	JKDS	11462.59	617.49	15.90	79.1	61.3	17.8	31.2	200
E8	XNJTGZ	44082.92	1850.60	61.14	78.2	55.7	22.5	40.33	150
E9	DYRMYYFY	23367.97	1459.80	32.41	77.4	56.9	20.5	27.61	150
E区小计	—	120779.12	6282.53	167.52	—	—	—	192.82	—
总计	—	3776929.41	192158.43	5227.86	—	—	—	5864.39	—

测试期间室外温度表 表 4-22

日期	最高温度(℃)	最低温度(℃)	日平均温度(℃)	测试期平均温度(℃)
2010 年 3 月 1 日	1	−8	−3.5	−7.95
2010 年 3 月 2 日	−4	−12	−8	
2010 年 3 月 3 日	−5	−13	−9	
2010 年 3 月 4 日	−8	−15	−11.5	
2010 年 3 月 5 日	−8	−16	−12	
2010 年 3 月 6 日	−6	−16	−11	
2010 年 3 月 7 日	−4	−13	−8.5	
2010 年 3 月 8 日	−2	−12	−7	
2010 年 3 月 9 日	−2	−11	−6.5	
2010 年 3 月 10 日	2	−7	−2.5	

测试期间补水量表 表 4-23

日期	时段	补水量(t)	日总补水量(t)	小时补水量(t/h)
2010 年 3 月 1 日	12:00～19:00 20:00～3:00 4:00～11:00	360 381 340	1081	45.04
2010 年 3 月 2 日	12:00～19:00 20:00～3:00 4:00～11:00	363 341 327	1031	42.96
2010 年 3 月 3 日	20:00～3:00 4:00～11:00 12:00～19:00	352 348 392	1092	45.50
2010 年 3 月 4 日	20:00～3:00 4:00～11:00 12:00～19:00	355 342 407	1104	46.00
2010 年 3 月 5 日	20:00～3:00 4:00～11:00 12:00～19:00	366 351 374	1091	45.46
2010 年 3 月 6 日	20:00～3:00 4:00～1:00 12:00～19:00	383 360 355	1098	45.75
2010 年 3 月 7 日	20:00～3:00 4:00～11:00 12:00～19:00	380 300 387	1067	44.46
2010 年 3 月 8 日	20:00～3:00 4:00～11:00 12:00～19:00	341 415 430	1186	49.42
2010 年 3 月 9 日	20:00～3:00 4:00～11:00 12:00～19:00	396 429 314	1139	47.46

续表

日期	时段	补水量(t)	日总补水量(t)	小时补水量(t/h)
2010 年 3 月 10 日	20:00～3:00 4:00～11:00 12:00～19:00	375 380 399	1154	48.08
合计	—	—	11043	46.01

4.9.5　一级管网水力工况实测分析与评价

1. 一级管网水力平衡度分析与评价

该集中热力系统近些年随着不断并网、扩建，供热半径不断延长，管网缺少有效的流量调节设备，供热系统水力失调状况加剧。供热系统的温度和热量分布称为热力工况，热力工况依靠流量作为载体来输送到换热站，所以水力工况的好坏直接反映了供热效果的好坏。一级管网是供热系统第一级输送纽带，既影响热源的输送能耗，又影响着二级管网的热力输送能力。所以对于一级热网的水力平衡度进行分析与评价，具有重要意义。根据测试和调查结果，以 A 区 MLG 为例，按照式（4-1）对各个区域的水力状况进行计算，该换热站设计流量为 59.64t/h，测试平均流量为 144.2t/h，则水力平衡度为：

$$HB_j=\frac{G_{\mathrm{m},j}}{G_{\mathrm{d},j}}=\frac{144.2}{59.64}=1.91$$

同理，其他换热站水力平衡度计算结果列入表 4-24 中。

A 区各换热站水力平衡度计算结果表　　**表 4-24**

编号	换热站名称	供热面积(m^2)	设计流量(t/h)	测试流量(t/h)	水力平衡度	单侧管总长(m)
A1	MLG	43000.00	59.64	114.2	1.91	355.00
A2	DMWXZ	14151.13	19.63	41.93	2.14	735.00
A3	YFWY	6393.00	8.87	14.24	1.61	1066.00
A4	JBGS	161556.15	224.08	235.64	1.05	1196.00
A5	HLEQ	66918.00	92.82	74.06	0.80	1725.00
A6	DSZZ	111290.86	154.36	143.97	0.93	1393.00
A7	XSQFY	23994.83	33.28	52.22	1.57	1453.00
A8	ZLYY	51213.00	71.03	80.92	1.14	1579.00
A9	KJJ	58627.20	81.32	69.82	0.86	1983.00
A10	JQJLZX	75000.00	104.03	76.3	0.73	1942.00
A11	HBS	34584.93	47.97	34.88	0.73	2171.00
A12	HXDS	10000.00	13.87	25.6	1.85	1500.00
A13	HLYQ(SZHY)	168911.22	234.28	176.99	0.76	1527.00
A14	KPXQ	90082.00	124.94	140.52	1.12	1782.00
A15	KPEQ	100000.00	138.70	113.3	0.82	1850.00
A16	GXSYZGS	25458.59	35.31	48.75	1.38	1937.20

续表

编号	换热站名称	供热面积（m^2）	设计流量（t/h）	测试流量（t/h）	水力平衡度	单侧管总长（m）
A17	ZSGY	18000.00	24.97	18.37	0.74	1969.00
A18	MRY	45269.24	62.79	78.02	1.24	1990.00
A19	MKJS	9305.63	12.91	11.89	0.92	2102.00
A20	XJDS	20032.22	27.78	34.13	1.23	2185.00
A21	MKDS	30480.00	42.28	29.76	0.70	2203.00
A22	ZXFC	6818.26	9.46	10.45	1.11	2233.00
A23	YKDS	6000.00	8.32	5.08	0.61	2550.00
A24	WJ	9526.60	13.21	10.43	0.79	2460.00
A25	HJDS	25000.00	34.68	55.94	1.61	2098.00
A26	ALSKWY	10385.96	14.41	21	1.46	2150.00
A27	DSBG	5700.00	7.91	5.31	0.67	2199.00
A28	JSWBG	11944.10	16.57	12.73	0.77	2281.00
A29	SMG	39263.21	54.46	32.98	0.61	2324.00
A30	YTDS	16422.16	22.78	10.95	0.48	2354.00
A31	LTGS(X)	1781.00	2.47	4.05	1.64	2170.00
A32	GS	19323.56	26.80	31.91	1.19	2265.00
A33	ZZGS	4739.16	6.57	10.41	1.58	2322.00
A34	JGY	46971.03	65.15	45.92	0.70	2602.00
A35	WT	8000.00	11.10	8.26	0.74	2577.00
A36	HX	32198.36	44.66	58	1.30	2678.00
A37	SKY	29740.00	41.25	18.51	0.45	2793.00
A38	JSWZZ	7818.50	10.84	15.65	1.44	2743.00
A39	NKJ	42652.93	59.16	21.48	0.36	2896.00
A40	YDXQ	30442.03	42.22	35.02	0.83	2769.00
A41	JJZX	11990.97	16.63	19.41	1.17	2834.00
A42	SNZZ	6521.00	9.04	17.63	1.95	1886.40
A43	XJZZ	9009.00	12.50	12.82	1.03	1907.00
A44	HTRX	15173.52	21.05	12.12	0.58	2143.00
合计	—	1561689.35	2166.06	2091.57	—	—

将表 4-24 的计算结果以图示表示，如图 4-41 所示。

从表 4-24 和图 4-41 可以得到如下结论：

（1）该区域各换热站水力平衡度呈现近大远小的趋势。随着各换热站与热源中心距离的增加，水力平衡度值基本呈现递减的趋势。由于该区域管线最不利长度单侧为 2896m，所以按照距离分为近端 3 个，中间 12 个，远端 29 个换热站，水力平衡度分别为：近端 1.61～2.14，中间 0.76～1.95，远端 0.36～1.64。

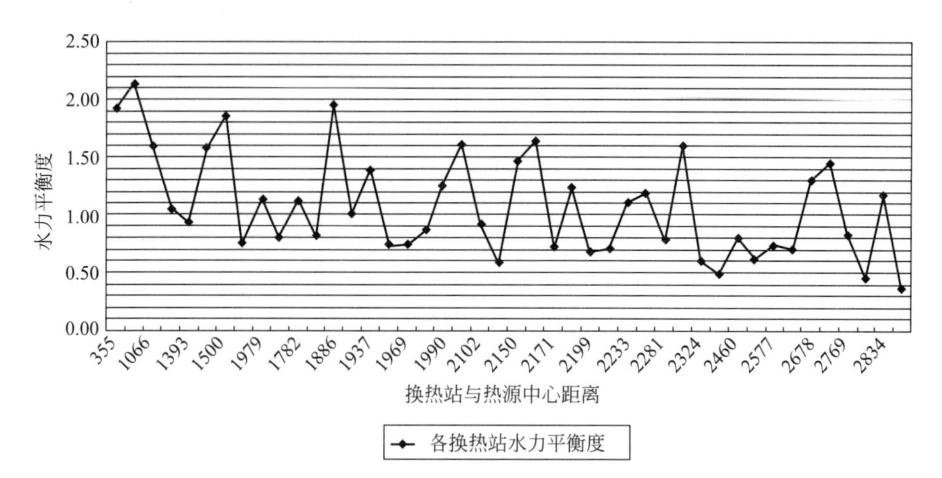

图 4-41　A 区各换热站水力平衡度数值分布图

(2) 该热网系统一级管网各换热站水力失调严重，图 4-42 中水力平衡度在 0.9～1.2 之间判定为合格区域，则该集中供热系统一级管网仅有 9 个换热站水力平衡度达标，其余 35 个换热站水力平衡度都不达标，占该区域换热站总数的 80%。该区域水力平衡度低于标准值的换热站有 20 个，据调查得知，该区域大部分远端用户在供暖期内房间温度较低，通常在 13～15℃。

(3) 该热网系统水力平衡度的最大峰值为 2.14，是编号 A2，DMWXZ，距离热源中心距离为 735m；最小谷值为 0.36，是编号 A39，NKJ，距离热源中心距离为 2896m，为最不利环路最末端的用户。同理，可对 B 区、C 区、D 区和 E 区的水力平衡度进行计算，并做出评价，详见表 4-25。

一级管网各个分区换热站水力平衡度及评价　　表 4-25

区域	水力平衡度				评价
	近端	中间	远端	不达标比例	
A	1.61～2.14	0.76～1.95	0.36～1.64	80%	水力失调严重
B	1.23～3.74	0.78～2.54	0.46～1.92	79%	水力失调严重
C	无	0.61～3.12		64%	水力失调严重
D	0.89～6.38	1.08～12.86	0.83～1.18	64%	水力失调严重
E	1.12～5.75	0.66～1.46	0.85～2.27	89%	水力失调严重

该集中供热系统一级管网中 105 个换热站，换热站水力平衡度低于标准值的数量占 34%左右。表明一级管网水力工况不好，1/3 的换热站一级侧供水流量小于设计值，这些换热站所得到的热量在一定程度上可能无法满足热用户的需热量。另外，超过 1/3 的换热站所得到的供水量大于设计值 20%以上，由于这类换热站得到的热量大于设计值，所以其承担的末端热用户得到的热量也容易大于实际所需要的热量，造成能源的浪费。

2. 一级管网输送效率分析与评价

集中供热系统一级管网的输送效率反映了管网沿程的热量耗散损失和漏散损失的大小，可以从客观上验证当前管网的保温层损坏现状以及滴漏状况。热网投入运行的年限越长，管网的保温性能和跑冒漏滴现象可能也越严重，导致的能量损失也越大。该集中供热系统已运行20多年，一级管网大部分是直埋敷设方式，保温层的损坏速度也较快。一级管网总长度约24.5km，管网检修难度较大，所以漏散热损失现象比较严重。对于一级管网进行输送效率计算与分析对于节能改造工作具有重要意义。

本次测试时间为240h，以E区为例，根据公式（4-2）进行该热力系统一级管网的输送效率计算。

E区共有9个换热站，其输送效率计算流程如下：

（1）计算各换热站的测试平均得热负荷

测试供水平均温度为 t_{jg}=83.6℃，测试回水平均温度为 t_{jh}=69.2℃，测试平均流量为 G_j=14.2t/h，则该换热站测试平均得热负荷为：

$$q_j=\frac{G_{m,j}\cdot(t_{jg}-t_{jh})}{0.86}=14.2\times(83.6-69.2)\div0.86=237.77\text{kW}$$

（2）将该区域各换热站的测试平均得热负荷累加，得：

$$\sum q_j=4439.67\text{kW}$$

（3）计算该区域供水总管测试平均得热负荷

查表4-20可得E区供水总管测试流量为193.20t/h，测试平均供水温度为84℃，测试平均回水温度为58.4℃，计算得到该区域总管测试平均输送热负荷 q 为5746.70kW。

（4）计算输送效率

该区域输送效率为：

$$\eta=\sum q_j/q=4439.67/5746.70=0.77$$

即E区一级管网输送效率为0.77。

同理，可以计算得到集中供热一级管网总的输送效率，计算结果列入表4-26中。

集中供热系统一级管网输送效率表 **表4-26**

区域	总管测试平均输送热负荷(kW)	换热站测试平均得热负荷累计值(kW)	输送效率
A	64820.55	50645.59	0.78
B	37232.57	27658.39	0.74
C	48920.17	36810.78	0.75
D	25246.32	20191.45	0.80
E	5746.70	4439.67	0.77
合计	181966.32	139745.88	0.77

由表4-26可知，该集中供热系统各区域一级管网的输送效率范围在0.74～0.80之间，系统总输送效率为0.77，而当时的标准《采暖居住建筑节能检验标准》JGJ 132-2001第5.2.8条规定的室外供热管网输送效率不应低于0.9[29]。说明该集中供热系统一级管网输送效率不达标。因此可以判断该集中供热系统一级管网的保温层破坏较为严重，保温性能降低，管网的耗散热损失和漏散热损失较为严重。若以输送效率0.9为达标值进行计算，该热力系统约有13%的能量浪费在一级管网的耗散热损失和漏散热损失上。

3. 一级管网补水率分析与评价

集中供热系统的补水率影响系统补水泵的能耗，也与管网漏散热损失密切相关。对于一级管网而言，因为循环水的软化费用很高，所以过高的系统补水率会增加企业的运行成本。另一方面，系统的补水率高低也可以侧面反映管网当前的漏水情况，便于制定管网检修计划。所以对于集中供热系统补水率的分析与评价具有节能、节约成本的意义。

根据式（4-3）和表 4-20、表 4-23 中所列的数据，可进行该热网系统的补水率计算，如：

测试期间系统的总补水量 G_{mu}=11043t，设计循环流量 G_d=5227.86t/h，测试时间 t=240h，则系统设计循环水量累计值 G_{wt}=1254686.4t，则系统补水率为：

$$R_{mu}=\frac{G_{mu}}{G_{wt}}\times 100\%=(11043/1254686.4)\times 100\%=0.88\%$$

表 4-27 列出了测试期间该集中供热系统一级管网各区域以及系统总的补水率。由该表可以看出，测试期内该一级管网补水率不满足当时的标准《采暖居住建筑节能检验标准》JGJ 132-2001 第 5.2.7 条规定的供热系统补水率不应大于 0.5%的要求[29]，判定该热网系统一级管网补水率不达标。

测试期内集中供热系统一级管网补水率　　**表 4-27**

区域	检测时间(h)	设计流量(t/h)	设计循环水量累计值(t)	平均小补水量(t/h)	系统补水量累计值(t)	补水率(%)
A	240	2166.06	519854.4	15.18	3643.2	0.70
B		1060.54	254529.6	10.49	2517.6	0.99
C		1237.65	297036	9.17	2200.8	0.74
D		596.09	143061.6	9.26	2222.4	1.55
E		167.52	40204.8	1.92	460.8	1.15
总系统		5227.86	1254686.4	46.01	11043	0.88

通过以上计算该集中供热系统一级管网的水力平衡度、输送效率和系统补水率三项指标，显示该集中供热系统一级管网水力平衡度较差；一级管网输送效率为 0.77，低于标准值；一级管网系统补水率为 0.88，远超出标准值。这说明该集中供热系统一级管网水力工况较差，需要进一步对一级管网能耗损失作出定量分析。

4.9.6　一级管网能耗分析诊断

集中供热系统一级管网的能耗主要分为三个部分：循环动力设备输送能量所消耗的电能、输送过程中因漏水、散热等所消耗的热能和输送到换热站的热能。此外，因系统管网漏水而增加的补充水也属于能量消耗范畴。

1. 一级管网水力平衡度对能耗的影响分析

对于一级管网而言，输送到换热站的热能中，包含了因水力平衡度高于标准值而输送了过多的热能，这部分热能本应该输送给其他因水力平衡度低于标准值而得不到设计热负荷的换热站，该部分能量会因为二级用户开窗散热而浪费掉，这可以通过管网流量控制设备改善或避免。

该一级管网采用集中质调节，整个供暖季期间流量不变，因此可以将各换热站热力入口测得的热量相加，然后与设计工况下这些换热站的设计热量值做比较，从而得到因水力失调所带来的能耗损失。假定经过管网水力平衡度改造后，各换热站的水力平衡度均等于1，即实际流量=设计流量，来作为管网改造的期望值，依据能量守恒原理推论，因水力失调所造成的能量损失为：

$$q_{ohw}=q_s-q_d \tag{4-4}$$

式中 q_{ohw}——水力失调所造成的能量损失，kW；

q_s——水力平衡度不等于1的换热站在实际流量工况下得到的能量，kW；

q_d——换热站在设计流量工况下得到的能量，kW。

其中

$$q_s=\sum\frac{G_{m,j}(t_{g,j}-t_{h,j})}{0.86}(j=1、2、3\cdots n) \tag{4-5}$$

式中 $G_{m,j}$——测试期内各换热站入口处的测试平均流量，t/h；

$t_{g,j}$——测试期内各换热站入口处的测试平均供水温度，℃；

$t_{h,j}$——测试期内各换热站入口处的测试平均回水温度，℃。

同理

$$q_d=\sum\frac{1.2G_{d,j}(t_{g,j}-t_{h,j})}{0.86}(j=1、2、3\cdots n) \tag{4-6}$$

式中 $G_{d,j}$——各换热站设计流量，t/h。

各计算参数均在换热站入口处测得，上述能量计算中并不包含管网的漏散热损失。该热力系统属于集中质调节，整个供暖季中流量不变，假定在整个供暖期间，因水力失调所造成的能量损失与总管输送能量的比例是不变的，则得到：

$$\xi_{oh}=\frac{q_{ohw}}{q} \tag{4-7}$$

式中 ξ_{oh}——因水力失调造成的能量损失占管网输送总能量的比值；

q——管网输送的总能量，kW。

根据上述水力失调引起的能量损失计算原理，以表4-20、表4-21中的数据进行计算，计算结果列入表4-28中。

测试期内一级管网水力失调造成的能量损失计算表 **表4-28**

编号	换热站名称	测试平均供水温度 $t_{g,j}$（℃）	测试平均回水温度 $t_{h,j}$（℃）	设计流量 $G_{d,j}$（t/h）	测试流量 $G_{m,j}$（t/h）	测试负荷 q_s（kW）	计算热负荷 q_d（kW）	差值 q_{ohw}（kW）
A1	MLG	83.2	63.6	59.64	114.2	2602.70	1359.26	1243.44
A2	DMWXZ	84.6	67.1	19.63	41.93	853.23	399.40	453.83
A3	YFWY	82.4	59.8	8.87	14.24	374.21	233.02	141.20
A4	JBGS	82.0	59.3	224.08	235.64	6219.80	5914.63	305.17
A5	HLEQ	79.5	54.6	92.82	74.06	2144.30	2687.33	−543.03
A6	DSZZ	81.9	59.4	154.36	143.97	3766.66	4038.50	−271.84
A7	XSQFY	81.2	64.1	33.28	52.22	1038.33	661.75	376.58
A8	ZLYY	80.3	62.6	71.03	80.92	1665.45	1461.95	203.50
A9	KJJ	80.1	60.2	81.32	69.82	1615.60	1881.61	−266.01

续表

编号	换热站名称	测试平均供水温度 $t_{g,j}$ (℃)	测试平均回水温度 $t_{h,j}$ (℃)	设计流量 $G_{d,j}$ (t/h)	测试流量 $G_{m,j}$ (t/h)	测试负荷 q_s (kW)	计算热负荷 q_d (kW)	差值 q_{uliw} (kW)
A10	JQJLZX	79.0	57.6	104.03	76.3	1898.63	2588.53	−689.90
A11	HBS	72.8	55.5	47.97	34.88	701.66	964.96	−263.31
A12	HXDS	81.1	62.7	13.87	25.6	547.72	296.75	250.97
A13	HLYQ(SZHY)	81.0	59.9	234.28	176.99	4342.43	5748.03	−1405.60
A14	KPXQ	80.4	49.6	124.94	140.52	5032.58	4474.73	557.85
A15	KPEQ	80.5	60.9	138.70	113.3	2582.19	3161.07	−578.88
A16	GXSYZGS	78.9	62.1	35.31	48.75	952.33	689.80	262.53
A17	ZSGY	79.2	54.3	24.97	18.37	531.88	722.85	−190.98
A18	MRY	79.3	59.7	62.79	78.02	1778.13	1430.99	347.14
A19	MKJS	78.5	57.9	12.91	11.89	284.81	309.17	−24.36
A20	XJDS	78.1	59.4	27.78	34.13	742.13	604.16	137.97
A21	MKDS	78.4	52.9	42.28	29.76	882.42	1253.53	−371.11
A22	ZXFC	76.2	53.3	9.46	10.45	278.26	251.82	26.44
A23	YKDS	75.5	61.6	8.32	5.08	82.11	134.51	−52.40
A24	WJ	75.3	57.4	13.21	10.43	217.09	275.02	−57.93
A25	HJDS	78.8	59.1	34.68	55.94	1281.42	794.30	487.12
A26	ALSKWY	74.6	61.3	14.41	21	324.77	222.78	101.99
A27	DSBG	76.1	60.7	7.91	5.31	95.09	141.57	−46.48
A28	JSWBG	77.7	57.6	16.57	12.73	297.53	387.19	−89.67
A29	SMG	74.6	62.8	54.46	32.98	452.52	747.22	−294.70
A30	YTDS	75.5	54.6	22.78	10.95	266.11	553.55	−287.44
A31	LTGS(X)	75.6	55.2	2.47	4.05	96.07	58.60	37.47
A32	GS	75.2	57.8	26.80	31.91	645.62	542.27	103.35
A33	ZZGS	75.3	62.6	6.57	10.41	153.73	97.07	56.66
A34	JGY	71.8	58.8	65.15	45.92	694.14	984.81	−290.67
A35	WT	74.1	45.6	11.10	8.26	273.73	367.72	−93.98
A36	HX	74.0	55.3	44.66	58	1261.16	971.08	290.09
A37	SKY	74.8	50.1	41.25	18.51	531.62	1184.72	−653.10
A38	JSWZZ	73.0	55.8	10.84	15.65	313.00	216.89	96.11
A39	NKJ	75.9	52.3	59.16	21.48	589.45	1623.45	−1034.00
A40	YDXQ	71.8	49.2	42.22	35.02	920.29	1109.58	−189.29
A41	JJZX	73.1	54.4	16.63	19.41	422.05	361.64	60.42
A42	SNZZ	76.0	61.9	9.04	17.63	289.05	148.29	140.76
A43	XJZZ	77.4	57.8	12.50	12.82	292.18	284.78	7.40
A44	HTRX	75.9	53.8	21.05	12.12	311.46	540.82	−229.37

续表

编号	换热站名称	测试平均供水温度 $t_{g,j}$ (℃)	测试平均回水温度 $t_{h,j}$ (℃)	设计流量 $G_{d,j}$ (t/h)	测试流量 $G_{m,j}$ (t/h)	测试负荷 q_s (kW)	计算热负荷 q_d (kW)	差值 q_{ohw} (kW)
B1	JSGW	83.4	64.6	47.97	97.87	2139.48	1048.60	1090.88
B2	PJH	84.3	67.3	22.19	74.27	1468.13	438.68	1029.45
B3	TN	83.6	65.1	11.19	41.82	899.62	240.72	658.89
B4	DCXQ	82.4	60.5	75.48	62.2	1583.93	1922.08	−338.15
B5	BZCF	79.0	59.8	37.13	43.57	972.73	828.88	143.84
B6	WT	81.5	54.3	11.10	28.2	891.91	350.94	540.96
B7	LXSCYY	81.0	52.8	25.31	28.93	948.63	829.99	118.64
B8	EGXZF	78.6	59.7	55.48	43.39	953.57	1219.22	−265.65
B9	WX	77.8	62.6	8.32	9.4	166.14	147.09	19.05
B10	LW	77.6	58.7	3.47	4.22	92.74	76.20	16.54
B11	XBSYNY	76.7	56.8	55.46	49.79	1152.12	1283.27	−131.15
B12	DSZBSC	75.3	45.2	20.83	13.63	477.05	729.18	−252.13
B13	TDGHY	73.6	57.9	20.43	23.86	435.58	372.89	62.69
B14	XNH	76.8	58.6	27.74	22.7	480.61	587.06	−106.45
B15	GSGX	75.4	59.6	31.90	61.39	1127.86	586.09	541.77
B16	XBSYBY	76.8	55.7	55.51	41.04	1006.91	1362.01	−355.10
B17	LGS	72.9	57.3	31.90	51.76	938.90	578.67	360.23
B18	FYZ	71.2	59.4	42.15	19.44	266.73	578.41	−311.67
B19	XYY	70.0	59.7	20.88	37.05	443.74	250.03	193.71
B20	XYSS	82.7	61.1	25.22	31.1	781.12	633.36	147.76
B21	LHS	81.1	57.9	11.10	17.45	470.74	299.33	171.41
B22	DZJCD	79.5	64.3	43.00	57.21	1011.15	759.95	251.21
B23	KXY	77.3	56.0	301.26	259.82	6435.08	7461.35	−1026.27
B24	DZJ	76.4	54.5	75.54	98.72	2513.92	1923.65	590.26
C1	HGJX	81.3	59.8	40.55	102.41	2560.25	1013.75	1546.50
C2	HDXQ	80.2	56.4	53.83	56	1549.77	1489.71	60.05
C3	SS	79.8	53.7	8.29	25.86	784.82	251.59	533.23
C4	HL	79.2	60.4	12.44	20.2	441.58	271.94	169.64
C5	JXXQ	78.4	59.9	23.41	23.78	511.55	503.59	7.96
C6	JSLXQ	80.1	48.4	71.55	128.19	4725.14	2637.37	2087.78
C7	JDYXQ	78.8	57.7	220.33	142.29	3491.07	5405.77	−1914.70
C8	FDSBC	77.4	61.2	140.75	139.45	2626.85	2651.34	−24.49
C9	ALPKXQ	79.3	67.6	88.37	230.77	3139.55	1202.24	1937.30

续表

编号	换热站名称	测试平均供水温度 $t_{g,j}$ (℃)	测试平均回水温度 $t_{h,j}$ (℃)	设计流量 $G_{d,j}$ (t/h)	测试流量 $G_{m,j}$ (t/h)	测试负荷 q_s (kW)	计算热负荷 q_d (kW)	差值 q_{ohw} (kW)
C10	CDDQ	75.4	54.3	96.06	115.71	2838.93	2356.82	482.11
C11	TSGF	72.9	56.4	14.25	32.39	621.44	273.40	348.03
C12	JSY	77.4	58.2	151.47	263.89	5891.50	3381.66	2509.84
C13	SJ	76.5	53.0	14.46	27.28	745.44	395.13	350.31
C14	JHY	75.3	56.4	301.89	313.19	6882.90	6634.56	248.34
D1	SLY	84.4	62.1	55.48	87.97	2281.08	1438.61	842.47
D2	LDD	83.2	62.3	49.24	43.98	1068.82	1196.53	−127.71
D3	XYYY	82.9	65.9	4.06	25.9	511.98	80.31	431.67
D4	ZLY	82.4	54.8	147.98	154.56	4960.30	4749.01	211.29
D5	THZY	80.8	61.2	18.29	64.53	1470.68	416.77	1053.92
D6	EGZHL	79.9	63.5	2.77	13.21	251.91	52.90	199.01
D7	TJXQ(HY)	78.0	59.7	13.26	18.39	391.32	282.19	109.13
D8	HTSXQ	77.6	53.4	29.03	31.49	886.11	816.95	69.17
D9	XNY	77.3	59.6	23.15	50.83	1046.15	476.44	569.71
D10	JYZ	75.8	64.7	0.52	6.69	86.35	6.71	79.63
D11	4S	77.1	58.6	9.30	10.94	235.34	200.01	35.32
D12	XWDZ	74.0	54.9	26.35	21.99	488.38	585.28	−96.90
D13	JCY	76.5	52.8	8.61	8.8	242.51	237.25	5.26
D14	GL	75.7	48.8	208.05	200.47	6270.52	6507.61	−237.10
E1	LTGS(D)	83.6	69.2	2.47	14.2	237.77	41.36	196.41
E2	YFFC	83.1	58.7	8.95	10.02	284.29	254.06	30.22
E3	BTZZGLZ	82.5	61.5	6.57	9.62	234.91	160.51	74.40
E4	YTWYHRZ	81.0	53.9	11.66	8.49	267.53	367.41	−99.87
E5	LLZZ	81.3	52.8	9.46	8.31	275.39	313.39	−38.00
E6	YYGS	78.5	62.9	18.95	43.04	780.73	343.81	436.92
E7	JKDS	79.1	61.3	15.90	31.2	645.77	329.06	316.70
E8	XNJTGZ	78.2	55.7	61.14	40.33	1055.15	1599.67	−544.53
E9	DYRMYYFY	77.4	56.9	32.41	27.61	658.15	772.60	−114.45
合计	—	—	—	—	—	139745.88	127086.64	12659.24

注：表中 A1 中的字母“A”代表 A 区。

由表 4-28 可知，测试期内该集中供热系统一级管网由水力失调引起的能量损失为 12659.24kW。由表 4-26 可知，测试期内一级管网总管处输送平均热量为 181966.32kW，则因水力失调造成的能量损失占管网输送总能量的比值 ξ_{oh} = 12659.24/181966.320.0696 =

0.0696，即因一级管网水力失调引起的能量损失占管网输送总能耗的百分比为6.96%。该热力公司2009～2010年供暖季的耗煤量为132669.84t，平均发热值为26.653MJ/kg。假定整个供暖季中 ξ_{oh} 不变，可以推算出因水力失调引起的燃煤损失为132669.84(t)×6.96%=9233.82t。能量损失为9233.82(t)×1000(kg/t)×26.653(MJ/kg)=2.461亿MJ。可见，因水力失调所造成的能源浪费是很大的。

2. 一级管网输送效率对能耗影响分析

输送效率反映了供热管网沿程因管网保温性能降低和管网附件漏水造成的能量损失程度，减少这部分热量损失是提高能源利用率的主要措施。当时的标准《采暖居住建筑节能检验标准》JGJ 132-2001中规定热网的输送效率应不低于0.9，令管网沿程因保温性能降低和管网附件漏水造成的散热漏水热损失与各区域管网输送总热量之比称散热漏水热损失比为 θ_l，则：

$$\theta_l = 0.9 - \eta \tag{4-8}$$

式中　η——管网输送效率。

根据表4-26的数据，可以求出该集中供热系统一级管网各区域的 θ_l 值，计算结果列入表4-29中，并以图4-42表示。

一级管网散热漏水热损失与管网输送总热量的比值计算表　　表4-29

区域	输送效率	输送效率最低达标值	散热漏水热损失比 θ_l
A	0.78	0.9	0.12
B	0.74	0.9	0.16
C	0.75	0.9	0.15
D	0.80	0.9	0.10
E	0.77	0.9	0.13
平均	0.77	0.9	0.13

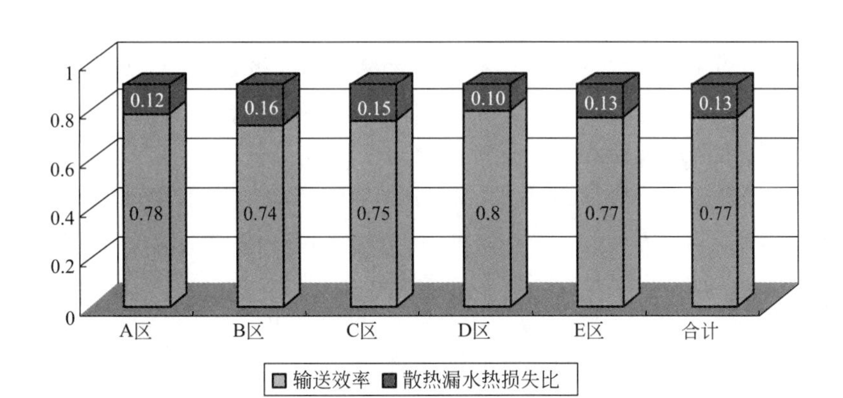

图4-42　一级管网输送效率、散热漏水热损失比

从表4-29和图4-42可以看出，该集中供热系统一级管网因散热漏水损失的热量占整个系统输送总热量的比值为0.13，即有13%的热量在沿程散热和管网附件漏水方面。假定整个供暖季一级管网输送效率不变，则一级管网散热漏水热损失比也不变，可以计算出该集中供热系统在2009～2010年供暖季因输送效率较低所造成的最低燃煤损失为：

132669.84(t)×0.13=17247.1t，能量损失为 4.597 亿 MJ。

由于该集中供热系统一级管网各区域输送的热量不同，各区域的散热漏水所造成的热量损失也不同，所以还需要计算出各区域散热漏水热损失占系统总体散热漏水热损失的比例 δ_l 值，才能合理的评价出各区域管网保温性能和漏水的严重性。

$$\delta_l = \frac{q_{rl}}{q_{rl,total}} = \frac{q_R - q_{Hes}}{q - \sum q_{Hes}} \tag{4-9}$$

式中　q_{rl}——各区域一级管网散热漏水损失负荷，kW；

$q_{rl,total}$——一级管网系统总散热漏水损失热负荷，kW；

q_R——各区域总管输送的热负荷，kW；

q_{Hes}——各区域换热站得热负荷总值，kW；

q——供热系统输送的总热负荷，kW；

$\sum q$——供热系统全部换热站得热负荷总值，kW。

以上均可查 4-26 表可得。

根据式（4-9），可计算出各区域一级管网散热漏水热损失占总散热漏水热损失的比值 δ_l，以及整个供暖季所消耗的燃煤量，计算结果列入表 4-30 中。

各区域一级管网散热漏热水损失占总散热漏水热损失的比例计算表　　表 4-30

区域	总管输送热负荷(kW)	换热站热负荷(kW)	散热漏水热损失(kW)	δ_l	散热漏水热损失总燃煤量(t)	各区域散热漏水热损失燃煤量(t)
A	64820.55	50645.59	14174.96	0.34	17247.08	5790.48
B	37232.57	27658.39	9574.18	0.23		3911.06
C	48920.17	36810.78	12109.39	0.28		4946.69
D	25246.32	20191.45	5054.87	0.12		2064.92
E	5746.70	4439.67	1307.03	0.03		533.92
合计	181966.32	139745.88	42220.44	—		—

由表 4-30 可以看出，虽然 A 区在五个区中的输送效率较高，但散热漏水热损失情况是五个区中最严重的，表明 A 区一级管网系统的保温性能最差，跑冒漏滴现象也可能最严重。

3. 一级管网补水率对能耗的影响分析

前面已经定量分析了一级管网因沿程漏水和散热造成输送效率低于标准值的能耗损失，整个供暖季折合 17247.08t 燃煤。其中需要分辨出有多大比例是因为沿程热力耗散和漏水损失造成的，这有益于在管网改造的方案制定中有计划地选择比较重要的部分进行优先改造。由于各区域均有部分换热站利用一级管网回水补充二级管网回水的定压补水方式，回水管段损失的水中所携带的部分能量在供水管段进入到换热器时，与二级网进行了热交换而得到了利用，所以由供水管段和回水管段损失的水所造成的能耗损失是不一样的。漏水损失能耗的计算方法如下：

$$q_{ls} = q_{gls} + q_{hls} \tag{4-10}$$

式中　q_{ls}——测试期内漏水损失的能量，kW；

q_{gls}——测试期内供水管段漏水损失的能量，kW；

q_{hls}——测试期内回水管段漏水损失的能量，kW。

其中，q_{ls} 应该是与标准相比，多出的漏水量所造成的能量损失。以标准的最高限值0.5%作为计算依据。则：

$$q_{gls}=\frac{G_{gl}(t_g-t_{szg})}{0.86}$$

式中 G_{gl}——规范允许之外的测试期内供水管段平均漏水量，t/h；

g_t——测试期内总管平均供水温度，℃；

t_{szg}——该地区市政供水最低温度，℃，由《建筑给水排水设计规范（2009年版）》GB 50015-2003查得乌鲁木齐市市政供水最低温度为8℃。

同理，

$$q_{hls}=\frac{G_{hl}(t_h-t_{szg})}{0.86}$$

式中 G_{hl}——规范允许之外的测试期内回水管段平均漏水量，t/h；

t_h——测试期内总管平均回水温度，℃。

一般来说，热网系统的漏水率越低越好，但一个系统的热量完全不耗散是不可能的，所以以当时的标准《采暖居住建筑节能检验标准》JGJ 132-2001中规定的补水率不大于0.5%作为计算值[29]，则上述 G_{gl} 和 G_{hl} 可以按下式进行计算，

$$G_{gl}=(G_{总cl}-0.005G_d)\ \frac{G_{供cl}}{G_{总cl}}$$

式中 $G_{总cl}$——测试期内该区域测试平均漏水量总和，t/h；

G_d——该区域管网设计总流量，t/h；

$G_{供cl}$——测试期内该区域供水管段上测试平均漏水量，t/h。

同理可得到：

$$G_{hl}=(G_{总cl}-0.005G_d)\ \frac{G_{回cl}}{G_{总cl}}$$

式中 $G_{总cl}$——测试期内该区域测试平均漏水量总和，t/h；

G_d——该区域管网设计总流量，t/h；

$G_{回cl}$——测试期内该区域回水管段上测试平均漏水量，t/h。

由上述计算公式，利用表4-27中的数据进行了详细计算，将计算结果列入表4-31中。

系统漏水产生的热损失计算 **表4-31**

区域	总管设计流量(t/h)	$G_{总cl}$ (t/h)	$G_{总cl}$ (t/h)	$G_{回cl}$ (t/h)	t_g (℃)	t_h (℃)	t_{szg} (℃)	G_{gl} (t/h)	G_{hl} (t/h)	q_{gls} (kW)	q_{hls} (kW)	q_{ls} (kW)
A	2166.06	15.18	6.5	8.68	84.0	57.4	8	1.86	2.49	164.59	142.96	307.55
B	1060.54	10.49	4.7	5.79	84.0	57.8	8	2.32	2.86	205.39	165.90	371.29
C	1237.65	9.17	4.22	4.95	84.0	58.1	8	1.37	1.61	121.26	93.80	215.07
D	596.09	9.26	3.55	5.7	84.0	54.8	8	2.41	3.87	212.75	210.30	423.05
E	167.32	1.92	0.38	1.54	84.0	58.4	8	0.21	0.87	18.93	50.90	69.83
合计	5227.86	46.01	19.35	26.66	—	—	—	—	—	722.93	663.86	1386.78

参见表4-30，前面已经得知该一级管网的输送能量为181966.32kW；参见表4-29，

一级管网散热漏水热损失与管网输送总热量的比值为 13%，可以推算出该集中供热系统一级管网的散热漏水热损失为：181966.32kW×13%=23655.62kW。参见表 4-31，系统漏水产生的热损失为 1386.78kW，则测试期间漏水损失的能量占的一级管网散热漏水热损失的能量比值为：1386.78kW÷23655.62kW=0.0586=5.86%。

虽然该一级管网补水率超过当时的标准《采暖居住建筑节能检验标准》JGJ 132-2001 中的规定值[29]，但其所消耗的能量仅占据了一级管网消耗在散热漏水热损失总能量的 5.86%，表明输送效率的降低主要是由于管网保温层的保温性能降低所造成的。但也不能忽视因管网附件漏水破坏保温层保温性能的情况。换算成整个供暖季所消耗的燃煤耗量为：17247.08t×5.86%=1010.68t，即该集中供热系统一级管网漏水导致的煤耗量为 1010.68t。

该热力系统 2009～2010 年供暖季总补水量为 193649t，而标准规定范围内的补水量应为：设计流量（t/h）×0.5%×24(h/天)×180(天)=5227.86(t/h)×0.5%×24(h/天)×180(天)=112922t。说明该热网系统多浪费了 193649t－112922t=80727t 水量。

总结：通过推算因水力失调引起的燃煤损失为 9233.82t；因输送效率较低所造成的最低燃煤损失为 17247.1t；因补水率偏高、漏水导致的燃煤损失为 1010.68t，浪费水量为 80727t。供暖季总耗煤量 132669.84t。该集中供热系统一级网因水力工况不良而导致能源浪费数量如表 4-32 所示。

集中供热系统一级网因水力工况不良导致能源浪费情况　　表 4-32

水力工况	燃煤损失(t)	供暖季总耗煤量(t)	损失比例(%)	补水损失(t)
水力平衡失调	9233.82	132669.84	6.96	—
输送效率低	17247.1		13	—
补水率高	1010.68		0.8	80727
合计	27491.6		20.76	80727

诊断结论：由表 4-32 可知，该集中供热系统一级管网一个供暖季节，理论上具有节约燃煤 27491.6t，占总耗煤量的 20.76%；节水 80727t，占总补水量的 41.6%的节能潜力。

4.10 集中供热一级管网运行调节方式对能耗的影响分析与诊断

目前国内集中供热系统运行调节的方法中，纯质调节和分阶段变流量的质调节占据多数。纯质调节是早期传统落后的调节方法，保持系统流量不变，根据室外温度只改变系统供回水温度，但不能降低循环水泵的运行能耗。而分阶段变流量的质调节具有技术难度不大、节能效果明显、自动化控制要求相对不高等特点，目前使用更多一些。其他调节方式相对应用少一些。本案例的集中供热系统一级管网目前采用纯质调节的运行方式，其循环水泵的能耗有较大的节能潜力。拟采用分阶段变流量质调节运行方式，对该集中供热系统一级管网循环水泵进行节能潜力分析。

4.10.1 分阶段变流量质调能耗分析

采用分阶段变流量质调节运行方式时，如何划分阶段和确定流量，对能耗影响较大。

通常有二阶段和三阶段之分[30]；二阶段相对流量比定为60%～80%，三阶段相对流量比定为60%，80%，100%的场合，分阶段处的室外气温 $t_{w60\%}=-6℃$，$t_{w80\%}=-14℃$；二阶段相对流量比定为70%，100%的场合，分阶段处的室外气温 $t_{w70\%}=-10℃$。本案例采用水泵运行最低耗电量最小期望值法[31]，确定出二阶段变流量质调节的最佳相对流量比为62.8%，分阶段处的室外气温 $t_w=-12.9℃$。

1. 三阶段变流量60%、80%、100%条件下水泵能耗

假定：(1) 流量改变时管网阻抗不变；(2) 流量变化引起的水泵效率以及附加装置效率也不变，将流量变化与水泵功率的变化近似看成三次方关系进行计算[32]。当室外温度 $t_w>-6℃$ 时，水泵按原来流量的60%运行，则水泵耗电功率为原来的 $(60\%)^3=21.6\%$；当 $-6℃\leqslant t_w<-14℃$ 时，水泵按原来流量的80%运行，则水泵耗电功率为原来的 $(80\%)^3=51.2\%$；当 $t_w\leqslant-14℃$ 时，水泵按原流量100%运行，则水泵耗电功率也为原来 $(100\%)^3=100\%$。根据该地区统计部门历年的日平均气温统计，年供暖期气温出现频率如表4-33所示。

该地区供暖期气温出现频率 **表4-33**

室外气温(℃)	5～3	3～0	0～−2	−2～−4	−4～−6	−6～−8	−8～−10
频率(h/a)	276	344	238	282	300	316	346
室外气温(℃)	−10～−12	−12～−14	−14～−16	−16～−18	−18～−20	−20～−22	≤−22
频率(h/a)	321	352	329	231	183	128	122

由表4-33可以得出，当室外温度 $t_w>-6℃$ 时，共有1440h/a；当 $-6℃\leqslant t_w<-14℃$ 时，共有1335h/a；当 $t_w\leqslant-14℃$ 时，共有993h/a。

当 $t_w>-6℃$、水泵处于第一阶段运行时，第一阶段的运行时间与整个供暖季时间的比值 $\zeta=1440/3768=0.38$。此时，水泵功率为原流量的21.6%。当年度供暖期内一级管网循环泵耗电量为6354000kWh，则第一阶段的循环泵耗电量为：

$$E=6354000\text{kWh}\times0.38\times21.6\%=521536\text{kWh}$$

同理，第二阶段80%流量运行时的耗电量为1138637kWh；第三阶段100%流量运行时的耗电量预测值为1715580kWh。

则采用三阶段变流量质调节在一个供暖季可以节约电量为：

$$\Delta E=6354000\text{kWh}-521536\text{kWh}-1138637\text{kWh}-1715580\text{kWh}=2978247\text{kWh}$$

2. 二阶段变流量62.8%条件下水泵能耗

当室外温度 $t_w>-12.9℃$ 时，水泵按照原流量的62.8%运行，则水泵耗电功率也为原来的 $(62.8\%)^3=24.8\%$；当 $t_w\leqslant-12.9℃$ 时，水泵按照原流量的100%运行，则水泵耗电功率也为原来的100%。当室外气温大于12.9℃、水泵处于第一阶段运行时，第一阶段的运行时间与整个供暖季时间的比值 $\zeta=2423/3768=0.64$。

此时，水泵功率为原流量的24.8%；当年供暖期内一级管网循环泵耗电量为6354000kWh，则第一阶段的循环泵耗电量为：

$$E=6354000\text{kWh}\times0.248\times0.64=1008507\text{kWh}$$

同理，第二阶段100%流量运行时的耗电量为2287440kWh，则采用二阶段变流量质调节在一个供暖季可以节约的电量为：

$$\Delta E=6354000\text{kWh}-1087296\text{kWh}-2287440\text{kWh}=2979264\text{kWh}$$

通过上述计算可以看出，对该集中供热系统一级管网循环水泵采用二阶段或三阶段变流量质调节运行方式，可节电47%左右。上述两种方式节能率接近。

4.10.2 分阶段变流量质调节水温设定

二阶段和三阶段变流量质调节在不同室外温度下的系统供回水调节温度，以逆流换热器考虑，列入表4-34和表4-35中。水温调节图如图4-43和图4-44所示。

二阶段变流量质调节水温调节表　　表4-34

阶段	一级管网供水温度(℃)	一级管网回水温度(℃)	相对流量比	$\varphi_K \cdot A_o$	二级管网供水温度(℃)	二级管网回水温度(℃)	室外温度(℃)	相对热负荷
第一阶段	77.51	41.68	62.8%	0.75	56.58	38.67	0	0.45
	80.2	42.60			58.33	39.42	−1	0.475
	83.31	43.50			60.06	40.15	−2	0.5
	86.19	44.39			61.78	40.88	−3	0.525
	89.06	45.27			63.48	41.58	−4	0.55
	91.91	46.13			65.17	42.28	−5	0.575
	94.75	46.98			66.84	42.96	−6	0.6
	97.58	47.81			68.51	43.63	−7	0.625
	100.39	48.64			70.16	44.29	−8	0.65
	103.20	49.46			71.81	44.94	−9	0.675
	106.00	50.26			73.44	45.58	−10	0.7
	108.78	51.06			75.07	46.21	−11	0.725
	111.56	51.85			76.68	46.83	−12	0.75
第二阶段	100.43	61.68	100%	0.85	72.55	53.18	−13	0.775
	102.74	62.74			73.96	53.96	−14	0.8
	105.04	63.79			75.37	54.74	−15	0.825
	107.34	64.84			76.77	55.52	−16	0.85
	109.63	65.88			78.16	56.28	−17	0.875
	111.91	66.91			79.54	57.04	−18	0.9
	114.19	67.94			80.91	57.79	−19	0.925
	116.45	68.95			82.28	58.53	−20	0.95
	118.72	69.97			83.64	59.27	−21	0.975
	120.97	70.97			85.00	60.00	−22	1

三阶段变流量质调节水温调节表　　表4-35

阶段	一级管网供水温度(℃)	一级管网回水温度(℃)	相对流量比	$\varphi_K \cdot A_o$	二级管网供水温度(℃)	二级管网回水温度(℃)	室外温度(℃)	相对热负荷
第一阶段	78.35	40.85	60%	0.75	57.00	38.25	0	0.45
	81.30	41.72			58.77	38.98	−1	0.475
	84.24	42.57			60.52	39.69	−2	0.5
	87.17	43.42			62.26	40.39	−3	0.525
	90.08	44.24			63.99	41.07	−4	0.55
	92.98	45.06			65.70	41.74	−5	0.575
第二阶段	88.61	51.11	80%	0.80	64.28	45.53	−6	0.6
	91.19	52.12			65.84	46.30	−7	0.625
	93.75	53.12			67.38	47.07	−8	0.65
	96.30	54.11			68.92	47.83	−9	0.675
	98.84	55.09			70.45	48.57	−10	0.7
	101.37	56.06			71.96	49.31	−11	0.725
	103.90	57.02			73.47	50.04	−12	0.75
	106.41	57.97			74.97	50.75	−13	0.775

续表

阶段	一级管网供水温度(℃)	一级管网回水温度(℃)	相对流量比	$\varphi_K \cdot A_o$	二级管网供水温度(℃)	二级管网回水温度(℃)	室外温度(℃)	相对热负荷
第三阶段	102.74	62.74	100%	0.85	73.96	53.96	−14	0.8
	105.04	63.79			75.37	54.74	−15	0.825
	107.34	64.84			76.77	55.52	−16	0.85
	109.63	65.88			78.16	56.28	−17	0.875
	111.91	66.91			79.54	57.04	−18	0.9
	114.19	67.94			80.91	57.79	−19	0.925
	116.45	68.95			82.28	58.53	−20	0.95
	118.72	69.97			83.64	59.27	−21	0.975
	120.97	70.97			85.00	60.00	−22	1

通过以上分析可知，针对本案例的集中供热系统现行的一级管网纯质调节运行方式，可改造为二阶段或三阶段变流量质调运行方式，变流量质调节水温调节可参照表 4-34 或表 4-35、图 4-43 和图 4-44。节能率在 47%左右。

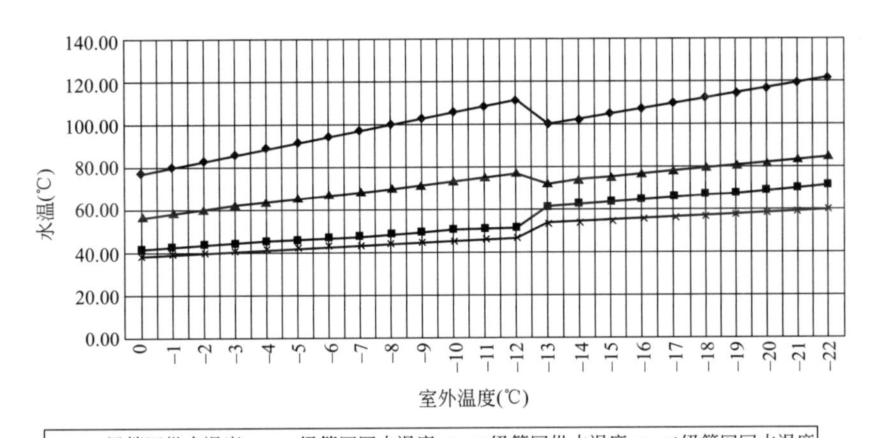

图 4-43　一级管网二阶段变流量质调节水温图

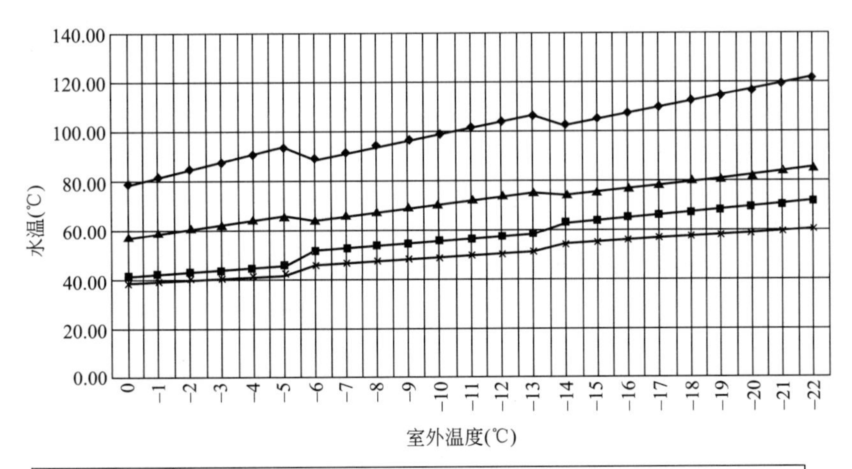

图 4-44　一级管网三阶段变流量质调节水温图

本章参考文献

[1] 王欣. 我国集中供热技术发展方向的探讨 [J]. 林业科技情报，1997，(1)：26.

[2] 王传明. 城市集中供热现状与发展 [J]. 滁州职业技术学院学报，2006，(4)：45-46.

[3] 王魁荣. 供热系统常见技术通病的分析及处理 [J]. 区域供热，2006，(3)：4-18.

[4] 徐忠堂. 发展中的中国城市集中供热 [J]. 城市发展研究，2000，(4)：51-55.

[5] 丁崇功. 工业锅炉设备 [M]. 北京：机械工业出版社，2009.

[6] 钟坤. 新疆医科大学供热管网节能改造方案研究 [D]. 重庆：重庆大学，2011.

[7] 车得福主编. 供热锅炉及其系统节能 [M]. 北京：机械工业出版社，2008.

[8] 王立. 基于实际工程案例的某集中供热系统一级管网能耗分析及节能改造研究 [D]. 重庆：重庆大学，2012.

[9] 王旭. 动态平衡电动阀与变流量空调水系统设计 [J]. 节能与环保，2007，(7)：38-52.

[10] 林引高. 暖通空调变流量系统几种平衡调节方案的选择 [J]. 广东建材，2005，(11)：118-120.

[11] 汪训吕. 论空调水系统的水力平衡动态调节与节能 [J]. 暖通空调，2005，(35)：47-52.

[12] 李保群. 新疆医科大学集中供热系统节能改造项目技术经济研究 [D]. 重庆：重庆大学，2008.

[13] 赴丹麦区域供热考察学习组. 丹麦区域供热考察分析 [J]. 资源节约和联合利用，1994，9 (3)：22-25.

[14] 高海旺. 自力式平衡阀的原理及在供热系统中的应用 [J]. 科技情报开发与经济，2006，16 (11)：261-262.

[15] 符永正等. 自力式调节阀适用条件分析 [J]. 区域供热，2002，(4)：12-16.

[16] 孙春华. 动态规划在分阶段质调节阶段划分中的应用 [J]. 哈尔滨工业大学学报，2003，(8)：1019-1021.

[17] 胡思科等. 分阶段变流量质调节下热网运行经济流量比的确定 [J]. 暖通空调，2007，37 (2)：119-122.

[18] 贺平. 热水供暖系统采用分阶段改变流量的质调节的优化分析 [J]. 区域供热，1993，(3)：22-28.

[19] 穆伟杰. 新疆医科大学集中供热系统节能改造方案技术经济性策略研究 [D]. 重庆：重庆大学，2009.

[20] 石兆玉. 供热系统节能潜力与节能技术 [J]. 供热制冷，2012，12：60-63

[21] 潘军华. 实例浅析分布式变频泵系统方案在城市集中供热中的应用 [J]. 区域供热，2014，(1)：58-74.

[22] 李艳杰. 分布式变频供热系统改造实践（设计篇）[J]. 区域供热，2011，(4)：37-40.

[23] 孙海霞. 分布式变频泵供热系统的控制策略研究 [J]. 暖通空调，2012，40 (6)：5-7.

[24] 秦冰. 分布式变频泵供热系统的运行调节方式 [J]. 煤气与热力，2007，27 (2)：73-75.

[25] 刘卫东. 供热系统运行设计参数的选择、分析与探讨 [J]. 区域供热，2012 (3)：54-56.

[26] 孙庆典. 供热管网热平衡调节技术探讨 [J]. 暖通空调，2010，38 (7)：21-23.

[27] 陈镇. 自力式压差控制阀实现高低区直接连接供热 [J]. 煤气与热力，2011，31 (1)：A13-A15.

[28] 崔文忠 SCADA 系统在热水供热管网水力平衡的应用. [J]. 煤气与热力，2013，33 (8)：A06-A08.

[29] JGJ 132-2001. 采暖居住建筑节能检验标准 [S]. 北京：中国建筑工业出版社，2001.

[30] 胡思科. 分阶段变流量质调节下热网运行经济流量比的确定 [J]. 暖通空调，2007，37 (2)：119-122.

[31] 贺平. 热水供暖系统采用分阶段改变流量的质调节的优化分析 [J]. 区域供热，1993 (3)：22-28.

[32] 付祥钊 主编. 流体输配管网 [M]. 北京：中国建筑工业出版社，2005.

第5章 集中供热热源节能技术与典型案例

热电联产作为集中供热的热源节能技术得到了广泛应用。但对热电联产的节能条件还需要论证[1]。我国从20世纪80年代开始发展热电联产以来，曾走过曲折的道路，开始的政策是以热定电，背压机为主。后来因为背压机不适应热负荷的变化，而当时又缺电，曾使用背压机排汽发电，造成了能源的浪费。后来又采取背压机加后置机的措施，以减少能源的损失。新建热电厂改为背压机加一台抽汽机的模式，背压机带基本负荷，抽汽机带尖峰热负荷。为了缓解电力供应紧张的情况，又将抽汽机纯凝运行。21世纪初，随着我国大型凝汽机组的增加，平均发电煤耗有大幅度下降，随着煤价大幅度提高，造成了抽凝机发电亏损的情况，导致50MW以下的抽凝机组关停。这时供热机组开始转向使用大于135MW的机组的大型凝汽机组，或生产新型的大型抽汽机组。大型机组蒸汽流量较大，不适合利用背压机组。到底是使用小型背压机供热还是使用大型抽凝机组供热，需要进行技术经济分析。

5.1 热电联产节能技术及经济分析

下面依据热力学理论对热电联产装置进行热量分析和㶲分析、节能比较，进一步明确热电联产的布局方向。

5.1.1 热电联产装置热量分析和㶲分析

依据热力学第二定律，热电联产和热电分产相比，节能主要体现在高品位热能用来发电，低品位的热能用于供热，减少了锅炉直接供低压蒸汽产生的㶲损失，减少热源损失的节能量仅占一小部分[2]。

依据热力学第一定律，热电联产节能主要体现在减少了热源损失，大锅炉代替小锅炉，提高锅炉效率产生的节能效果是次要的[2]。

可见，依据热力学第一定律和第二定律分析的结果不一致，导致了热电联产热电价的差异。热力学第一定律认为，热电联产供出的热量和热电分产是一样的，减少热源损失给发电带来了收益。热力学第二定律认为，热能中有用的成分是㶲值，热电成本的分担应按生产过程中耗用的㶲值分担。这样热电联产的节能成果应由热电共同分享，热能占的比例大，电能占的比例小。该问题讨论了20多年也没有结论，热电的价格最后还是按市场规律确定。

热力学第二定律分析法比热力学第一定律分析法更全面、更科学。热力学第一定律只考虑了热能的数量而没有考虑质量，认为温度不同的热能是等价的，这在技术上和经济上都是行不通的。另外，热力学第一定律分析中，把热能中不能转化为功的炕也看成损热源损失，这和卡诺定理是矛盾的。

卡诺定理指出，热能 Q 转变为功的最大量为 $Q\ (1-T_1/T_u)$，而不能转化为功的部分为 $Q\ (T_1/T_u)$，其中 T_u 为环境温度，T_1 为工质初温，只有比 $Q\ (T_1/T_u)$ 多的热能才能算是损失。而背压式汽轮机利用了热源损失，通过加入了可用能提高了炕的品位后利用的。因此判定热能利用是否合理，还是利用热力学第二定律分析法较为合理。

5.1.2　背压式机组㶲分析法计算例

下面以供 1.0MPa、300℃蒸汽为例，用㶲分析法计算中压（3.5MPa，435℃），次高压（5.0MPa，475℃）和高压（8.83MPa，535℃）背压机组的发电煤耗、供热煤耗及机组的㶲效率。计算中取锅炉效率为：中压 0.85，次高压 0.88，高压 0.90，背压汽轮机的㶲效率按 0.90 计算[2]。背压式机组参数及㶲分析计算结果如表 5-1 所示。

背压式机组参数及㶲分析计算结果　　表 5-1

背压式机组型号		B0.6-3.5/435/0.8	B1.2-5.0/0.75/0.95	B25-9.0/535/0.98
初参数	压力(MPa)	3.5	5.0	8.83
	温度(℃)	435	475	535
焓值(kJ/kg)		3300	3420	3480
㶲值(kJ/kg)		1300	1490	1630
锅炉效率(%)		0.85	0.88	0.90
背压(MPa)		0.98	0.98	0.98
背压汽㶲(kJ/kJ)		1100	1100	1100
热电比(㶲值)		3.09	2.90	2.64
热电比(焓值)		12.2	2.84	7.10
㶲效率		0.324	0.345	0.379
发电煤耗㶲(g/kWh)		300	288	240
供热煤耗㶲(kJ/GJ)		29.8	28.1	25.7
热效率		0.765	0.792	0.810
发电煤耗热分析(g/kWh)		160.6	155.1	151.7
供热煤耗热分析(kJ/GJ)		44.6	43.0	42.1

5.1.3　超临界 350MW 大型抽汽供热机组的㶲分析

该机组进汽参数 24.2MPa，566℃，再热参数 4.05MPa，566℃，凝汽压力 0.0049MPa。工业抽汽 0.85MPa，346.4℃，50t/h。供暖抽汽 0.4MPa，254.6℃，500t/h[2]。根据上述参数，分别计算出凝汽、抽汽发电的煤耗，再按加权平均计算出整机的发电煤耗。计算中取锅炉热效率为 92%。机组参数及㶲分析计算结果如表 5-2 所示。

350MW 超临界供热机组参数及㶲分析计算结果　　表 5-2

机组参数	压力(MPa)	温度(℃)	焓(EkJ/kg)	㶲(EkJ/kg)
初参数	24.4	566	3396.6	1710
再热段	3.9	566	3596.5	162
	4.2	311.4	2986.3	1200

续表

机组参数	压力(MPa)	温度(℃)	焓(EkJ/kg)	㶲(EkJ/kg)
工业抽汽(50t/h)	0.85	346	3154.9	1140
凝汽参数	0.0049	32.6	2513.0	260
生活抽汽(500t/h)	0.4	254.6	2974.9	970
生活抽汽热化发电量	[(1710—1200)+(1620—970)]×500×10³+3600=161MW			
工业抽汽热化发电量	[(1710−1200)+(1620−1140)]×50×10³−3600=13.8MW			
蒸汽总㶲值	1710+(1620−1200)=2130kJ/kg			
蒸汽总焓值	(3396.6−12429)+(3596.5−2986.3)×(860÷1605)=2646kJ/kg			
工业抽汽㶲值热电比	1140÷(2130−1140)=1.15			
生活抽汽热化发电煤耗	500×10³÷161000=3.1kg/kWh			
工业抽汽热化发电煤耗	50×10³÷13800=3.62kg/kWh			
1kg标准煤产汽量	7000×4.186×0.92÷2646=10.2kg/kg			
生活抽汽发电煤耗	1000g×(3.1/6.73)×[(2130—970)+2130]=165.6g/kWh			
工业抽汽发电煤耗	1000g×(3.62+6.73)×[(2130−1140)+2130]=165.6g/kWh			
凝汽发电煤耗	{(3396.6—1242.9)×(1066—550)+(3596.5−2986.8)×(860−550)−550(1242.9)−136)}+{0.92×4.186×7000×(273−161−13.8)}=(1109155.5+185958.5—60879.5)+2647259.9=259.1g/kWh			
加权平均发电煤耗	259.1×0.36+165.6×0.64=93.3+106=199.3g/kWh			
供热㶲分析煤耗	工业(10×10⁶÷3154.9)÷0.92÷10.2×0.535=17.5kg/GJ			
	生活(10×10⁶÷2974.9)÷0.92÷10.2×0.455=16.3kg/GJ			
发电热分析煤耗	185.4kg/GJ			
供热煤耗	39kg/GJ			

从表5-1和表5-2的数据可以看出：

(1) 超临界350MW抽凝机组的热效率高于背压机。背压式机组热负荷和电负荷不能独立调节，电网还要调峰容量，单位造价高于350MW供热机组。因此，在可以建大型机组的地方应尽量用大型机组供热。在不能满足建大型机组的地区可用高压背压式机组供热。文献[2]的统计数据表明，某地的背压式机组热电联产的发电煤耗低于大型机组，这是因为大型机组的供热能力没有完全发挥出来所致。大型供热机组多为新建，规划热负荷没有全部到位所致。

(2) 㶲分析法得出热化发电煤耗和凝汽发电煤耗相差不大，如350MW机组热化发电煤耗165g/kWh；而凝汽发电煤耗259.1g/kWh，这表明热源损失在凝汽发电中占的份额很小。而中压小机组凝汽发电煤耗为420g/kWh，热化发电煤耗为300g/kWh，两者相差较大，说明热源损失在低参数小机组中占的比重较大。在小机组中采用背压机更有必要。

(3) 从热电联产的热力学分析结果可以看出，热分析得出的发电煤耗低于根据卡诺循环的效率计算所得煤耗。而㶲分析所得到的供热煤耗低于热力学第一定律热平衡的热量。㶲分析中供热煤耗是按热量的㶲值分担的。如果燃料供给分担的㶲值通过热泵系统是可以产生一定的供热量的，而热分析中的发电煤耗是无论如何也达不到的。

5.1.4　大型凝汽机组的抽汽方式对能耗的影响

大型抽凝式供热机组还可以提供 3.0～5.0MPa 的工业动力用汽，来满足工业需要。对于大型汽轮机而言，抽取大于 3.0MPa 和低于 0.2MPa 的蒸汽，在结构上都难于处理。因为大于 3.0MPa 蒸汽温度高于 400℃，使旋转隔板等调压装置不能安全运行，只能采用不可调节的抽汽。低于 0.2MPa 的蒸汽，因为容积流量大，在抽汽量较大时，低压缸抽汽口不好布置，因而被迫采用高参数抽汽供生活用汽。这些都造成了能量的损失。要解决上述问题，一般采用压力匹配器和汽机联合运行，用高加抽汽或锅炉新汽引射高压排汽，都能供 3.0～5.0MPa 的动力蒸汽。用中压缸抽汽引射低压缸抽汽，能供出 0.2～0.4MPa 的生活用汽。这样可以提高汽机的效率，增加发电量。

5.1.5　㶲效率与供热单价

从㶲效率上看，高压背压机组 0.38 和凝汽机组 0.34 相差不多，但由于市场上的蒸汽单价不是以㶲值定价的，故背压机组的经济效益大大高于凝汽机组。目前热电联产的供热量只占一小部分，还有大量的小锅炉只供热、不发电。而这些小锅炉的供热成本较高，导致热电联产的热价也参照小锅炉的供热单价制定，这是热电联产节能而单价不降低的原因，也是造成热电联产的性价比大大高于凝汽发电的原因之一。

5.2　2×660MW 机组辅机循环水热泵余热回收利用集中供热

某发电有限公司 2×660MW 机组，由纯凝机组改为热电联产机组，作为城市集中供热热源。供热期间两台机组每天需要消耗大量的高品质蒸汽，而辅机循环水却有大量的低品位热量对空排放，造成机组供热后热效率降低。利用热泵技术回收辅机循环水余热，减少了高品位蒸汽的耗量，提高了机组的热效率。电厂循环水冷却余热属于低品位热源，直接向环境释放造成巨大的能源浪费，也会对环境造成负面影响。电厂循环水冷却余热排空，是世界普遍存在的问题。随着热泵技术的日趋成熟，特别是大型热泵在电厂投入运行，使得电厂循环水冷却余热回收成为可能，且能效系数 *COP* 可保持较高水平，无疑为推广余热热能回收利用提供了可靠的技术保证。

5.2.1　吸收式热泵工作原理

第一类吸收式热泵工作原理如图 5-1 所示。吸收式热泵的工质进行了制冷剂循环和溶液循环。制冷剂循环是由发生器出来的制冷剂高压汽在冷凝器中被冷凝放热而形成高压饱和液体，再经膨胀阀节流到蒸发压力进入蒸发器中，在蒸发器中吸热汽化变成低压制冷剂的蒸汽；溶液循环是从发生器来的浓溶液在吸收器中喷淋吸收来自蒸发器的冷剂蒸汽，这一吸收过程为放热过程，为使吸收过程能够持续有效进行，需要不断从吸收器中取走热量，吸收器中的稀溶液再用溶液泵加压送入发生器，在发生器中，利用外热源对溶液加热，使之沸腾，产生的制冷剂蒸汽进入冷凝器冷凝，溶液返回吸收器再次用来吸收低压制冷剂，实现了低压制冷剂蒸汽转变为高压蒸汽的压缩升压过程。

吸收式热泵参数特性：热泵的供热温度取决于用热对象和供热方式，供热温度越高，制相同热量需要消耗的高位能越多，即热泵的性能系数 *COP* 越低，因此在满足用热需求的前提下，应尽量降低供热温度。低位热源的温度和性质也是决定热泵性能的一个重要因素，一般来说，低位热源的温度越高、传热性能越好、比热容越大，热泵的性能就越好，制相同热量需要消耗的高位能越少，成本越低。对于第一类吸收式热泵而言，驱动蒸汽压力也是决定热泵性能的一个重要因素。在一定范围内，驱动蒸汽压力越高，制热能力也越强，供热温度也越高，对低位热源的温度要求也越低。在偏离设计值一定范围内，热水温度提高1℃，热泵制热能力下降3%左右；低温热源温度降低1℃，热泵制热能力下降2.1%左右；蒸汽压力下降0.1MPa，热泵制热能力下降8%左右。

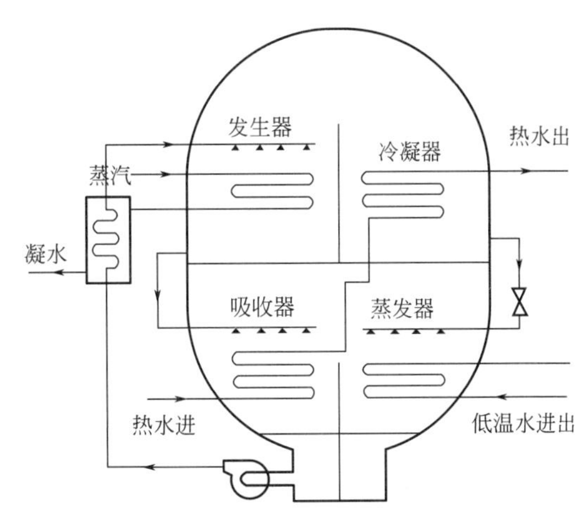

图 5-1 第一类吸收式热泵工作示意图

5.2.2 改造技术方案

采用A、B号机组供暖抽汽，选择10台XRI8-35/27-3489（60/90）型第一类溴化锂吸收式热泵机组最大限度回收利用A、B号机组的辅机循环水余热。进、出热泵的循环水温度分别为35℃、27℃，热泵将60℃的热网回水加热到90℃，再利用A、B号机组热网首站中的汽水换热器将热水温度提高到110℃，对外供热。热泵与原供热首站、管网配套满足1000万m^2供热面积。非供热高峰期，热泵独立运行，热网首站中的汽水换热器可不投入运行，供热高峰期热泵与热网首站中的汽水换热器投入运行。

5.2.3 设备配置

本案例主体建筑热泵站占地87.5m×34.0m。热网供回水管道通过架空管架的方式连接A、B号机组供热首站及热泵站；供回水管道与市政管网通过直埋连接；蒸汽管道、凝结水管道通过架空管架的方式连接A、B号机组汽机房与热泵站。改造项目中热泵性能参数如表5-3所示；系统其他辅助设备技术参数如表5-4所示。

蒸汽型溴化锂吸收式热泵机组技术参数 表5-3

型号		XR18-35/27-3489(60/90)	
制热量		kW	34890
		$\times 10^4$kcal/h	3000
热水	进/出口温度	℃	60/90
	流量	t/h	1000
	压力降	MPa	0.14
	接管直径(DN)	mm	400

续表

型号		XR18-35/27-3489(60/90)	
余热水	进/出口温度	℃	35/27
	流量	t/h	1503
	压力降	MPa	0.12
	接管直径(DN)	mm	450
蒸汽	压力	MPa(G)	0.8
	耗量	kg/h	31266
	凝水温度	℃	≤87
	凝水背压	MPa(G)	≤0.05
	蒸汽管直径(DN)	mm	2×200
	电动调节阀连接管径(DN)	mm	2×200
	凝水管直径(DN)	mm	2×100
电气	电源	3Φ-380V-50Hz	
	总电流	A	120
	功率容量	kW	37

系统其他辅助设备技术参数　　表 5-4

设备名称	型号	数量台	功率(kW)	工作流量(t/h)	工作扬程(mH_2O)	进/口压力(MPa)
余热水循环增压泵	KQSN900-M14J/871	3	800	7500	30	0.04/0.19
热网循环水泵	KQSN700-M20/590	3	560	5000	32	0.17/0.5
容量减温器		2	一次蒸汽参数 0.98MPa,355℃			
			二次蒸汽参数 0.98MPa,179℃			
			310t 减温水参数 3.5MPa,85℃			
凝结水泵	工作温度 87～92℃	6	220	155	335	0.1-0.3
闭式凝结水回收器		2				
滤水器		1				
疏水扩容器		1				

5.2.4　系统结构组成

第一类溴化锂吸收式热泵余热回收再利用集中供热系统原理图如图 5-2 所示。

1. 蒸汽系统

热泵所需蒸汽量为 250.8t/h；单独运行的场合，A、B 号机组首站汽水换热器所需蒸汽量为 693.3t/h；与热泵同时运行的场合，A、B 号机组首站汽水换热器所需蒸汽量为 287.8t/h。

溴化锂吸收式热泵驱动汽源由 A、B 号机组至热网首站的蒸汽管道接出两根 DN500 支管后合并为一根 DN800 母管，经减温装置减温后由 DN900 总管再分为两根 DN600 的

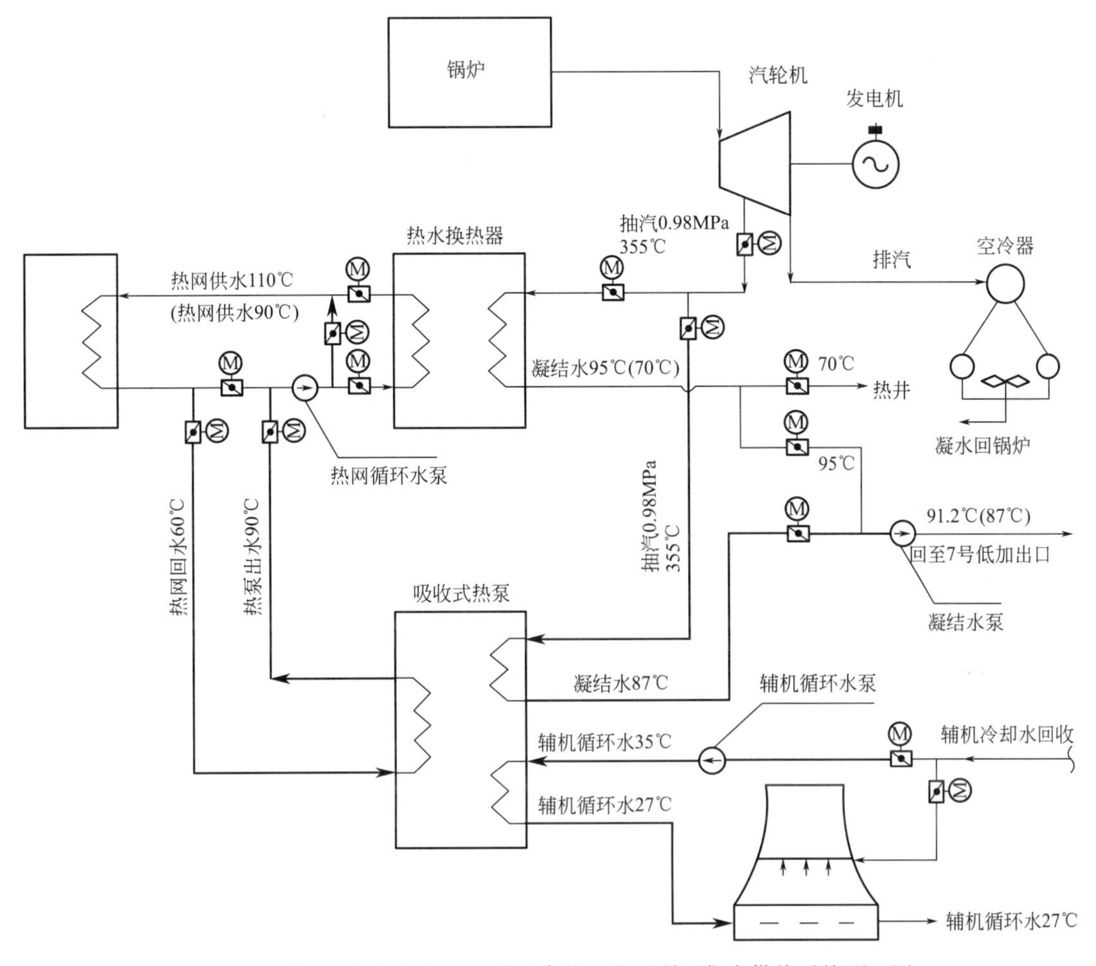

图 5-2 第一类溴化锂吸收式热泵余热回收再利用集中供热系统原理图

支管，分别为 5 台热泵机组提供启动用饱和蒸汽，每根蒸汽主管路上设一个电动调节阀、两个检修用手动蝶阀及其旁路系统，旁路阀采用手动蝶阀。

2. 热泵余热水系统

单台热泵余热水流量为 1500t/h，共设 10 台热泵，总余热水量为 15000t/h，小于总循环水量 2×9500t/h，可提供足够的余热水量。

余热水系统采用母管制。采用 2×DN1000 钢管，分别由 A、B 号机辅机循环水供、回水管道上引接，汇入 DN1400 供、回母管。从辅机冷却循环水管道上接出的余热水进水支管，应分别设电动阀门和流量控制阀。2×DN1000 回水管直埋于热泵站外，并设电动蝶阀，然后汇入 DN1400 回水总管送至通风冷却塔下集水池。

3. 热网水系统

热网水系统在供暖期间分三种运行方式如表 5-5 所示。

4. 凝结水系统

为了回收热泵机组做功后的蒸汽凝结水，系统中设有一个 $50m^3$ 的立式凝结水箱，3 台凝结水泵，两用一备。凝结水箱、水泵均采用低位布置。A、B 号机组热网凝结水系统

热网水系统三种运行方式说明　　　　表 5-5

运行方式	时段	系统流程	参数
第一种运行方式	冬季供热初期	从热用户返回的热网回水经滤水器过滤，由热泵机组升温后通过 A、B 号机组首站的热网循环水泵直接供到外网热用户，完成一个供热循环	90℃/60℃热水
第二种运行方式	供热高峰期	从热泵站出来的热水接至 A、B 号机组供热首站，经热网换热器升温后供至外网热用户	110℃/90℃热水
第三种运行方式	热泵供热系统事故时备用	从热用户返回的热网回水经滤水器过滤，通过热网换热器升温后，由热网循环水泵直接供到外网热用户	110℃/65℃

分三种运行方式。第一种运行方式，只热泵供热运行时，10 台热泵机组的 87℃凝结水分别接入凝结水母管后引入凝结水回收装置，凝结水泵将凝结水送回到 A、B 机组的凝结水出口管路，与电厂主凝结水汇合后一起送至除氧器除氧、加热。第二种运行方式，只 A、B 号机组供热运行时，热网换热器蒸汽凝结水分别引至 A、B 号机组排气装置。第三种运行方式，热泵机组与 A、B 号机组热网首站同时投入运行，两部分系统产生的蒸汽凝结水均靠系统压力回到凝结回收装置，最终靠凝结水泵送回到 A、B 机组的凝结水出口管路，与电厂主凝结水汇合后一起送至除氧器除氧、加热。

5.2.5　运行效果

投产试运行初期，单台热泵调试情况如下：统计计算结果如表 5-6 所示。此工况下机组供热量为 35.3MW，达到 101％额定负荷；热水由 46.3℃加热到 89.8℃，温升达到 43.5℃，超过了设计的 30℃温升；原因在于热网首站能提供的热网水流量较少，只有 697t/h，小于 1000t/h 的设计值。余热水则由 31℃下降到 22.8℃，温降达到 8.2℃，提取余热能力比设计值（8℃）多 0.2℃，提取余热量为 14.1MW。热泵的性能系数 *COP* 为 1.67，达到了设计值。这说明该工况下，热泵系统运行达到了设计要求。8 号热泵机组基本在额定负荷稳定运行了 8h，运行稳定，达到了设计要求。

热泵机组调试阶段统计计算数据　　　　表 5-6

热水进口温度(℃)	热水出口温度(℃)	热水流量(t/h)	热水功率(MW)
46.3	89.8	697	35.3
余热水进口温度(℃)	余热水出口温度(℃)	余热水流量(t/h)	余热水功率(MW)
31	22.8	1480	14.1
饱和蒸汽压力(MPa)	凝结水温度(℃)	蒸汽流量(t/h)	蒸汽功率(MW)
0.4795	70.6	31.1	21.2

综合 8 号和 9 号热泵机组的实时和历史数据，表明热泵机组可以在 30％～105％负荷范围运行，制热量和性能系数 *COP* 达到了设计要求。热水进口温度、余热水出口温度和蒸汽压力三者相互关联。热水进口温度降低会增加热泵机组的制热能力；余热水出口温度降低会引起热泵机组制热能力的下降；蒸汽压力降低也会导致热泵机组制热能力的下降。这与前面厂家提供的修正曲线的趋势相吻合。

本案例冬季运行工况下，A、B 号机组辅机循环冷却水可回收的余热量如表 5-7 所示。由表 5-7 可以看出，A、B 号机组辅机循环冷却水可回收的余热量是非常可观的。采用了 10 台 34.89MW 的热泵机组，在设计条件下，可以回收 130.27MW 的余热。冷凝余热是发电机组的最大一部分能量损失，利用热泵设备回收余热的方式是比较成熟的节能技术，有效提高了电厂能源利用率。

辅机循环冷却水可回收的余热量 **表 5-7**

小机总排汽流量(t/h)	小机排汽焓(kJ/kg)	小机排汽凝结水焓(kJ/kg)	小机总放热量(MW)	小机总循环水流量(t/h)
217.9	2541.2	188.41	141.17	15172
闭式循环水总流量(t/h)	**闭式循环水温升(℃)**	**闭式循环水放热量(MW)**	**机力通风塔总流量(t/h)**	**机力通风塔总热量(MW)**
5122	8	47.65	20172	188.82

5.2.6 节能减排效果

本案例所回收的余热占热电厂总供热量的 24%，可大幅度回收热电厂循环水余热。节能指标如表 5-8 所示，节能减排效果十分显著。

热电联产系统节能指标数据 **表 5-8**

项目	节能指标
供热面积($\times10^4m^2$)	1000
回收余热量(MW)	130.27
节省标准煤(万 t)	6.95
少排放 CO_2(万 t)	19.42
少排放 SO_2(万 t)	0.17
节约用水量(万 t)	79.84

注：1. A、B 号机组热网供回水管径：1200mm；流速 2.5m/s；热网水流量为 9335t/h；供热面积：1000 万 m^2。
2. 供暖热指标：54.28W/m^2；总供热负荷：542.8MW；汽机最大抽汽流量：760t/h；热泵余热水总流量：15000t/h；热泵热网水入口温度：60℃；热泵热网水出口温度：90℃；热泵 *COP* 值：1.667；热泵需要抽汽量：250.8t/h。热泵余热利用热负荷：130.27MW，热泵总负荷：325.68MW。

本章参考文献

[1] 王振铭. 我国热电联产发展的历史、现状和问题 [C]. 无锡：大机组供热改造和优化运行技术年会论文集，2012.

[2] 王汝武. 热电联产的节能分析 [C]. 济南：集中供热优化运行节能技术研讨会论文集，2013.